이과형 두뇌 활용법

A MIND FOR NUMBERS
by Barbara Oakley

이과형 두뇌 활용법

수학 근육을 만드는 10가지 방법

바버라 오클리 지음 | 김아림 옮김

A MIND
for
NUMBERS

문학동네

현명함과 열정으로 전 세계의 수학, 과학, 공학, 기술 교육에 큰 발전을 가져온 리처드 펠더 박사님께 이 책을 바친다. 다른 수많은 교육자들과 마찬가지로 나 또한 펠더 박사님의 풍부한 교육적 접근법 덕분에 성공할 수 있었다. 그는 최고의 스승이다.

세렌디피티의 법칙

행운은 무언가를 시도하는 사람을 좋아한다.

차례

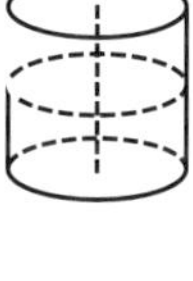

일러두기

1. 원서에서 이탤릭체로 강조된 부분은 고딕체로, 진하게 강조한 부분은 굵게 표기했다.
2. 단행본, 잡지는 『 』로, 논문과 기사는 「 」로, 노래 및 영화 제목은 〈 〉로 표기했다.
3. 인명, 지명 등 외래어는 국립국어원 외래어표기법을 따랐으나 일반적으로 통용되는 표기가 있을 경우 이를 참조했다.

시작하기 전에

여러분의 두뇌는 놀라운 능력을 가졌지만, 그 사용 설명서까지 함께 제공되지는 않았다. 설명서가 있다면 바로 이 책이다. 초심자든 전문가든 간에 이 책을 통해 특히 수학, 과학과 연관된 분야에 대한 학습법과 기술을 개선해줄 대단하고도 새로운 방법을 알게 될 것이다.

19세기의 수학자 앙리 푸앵카레는 몇 주 동안 아무 성과 없이 열심히 매달렸던 어려운 수학 문제를 결국 어떻게 풀었는지 이야기한 적이 있다. 그는 휴가를 떠났다고 했다. 버스에 몸을 싣고 남프랑스로 떠나자, 애먹이던 문제의 답이 번뜩 떠올랐다. 휴가를 즐기는 동안 두뇌의 일부는 그 문제를 계속 해결하려 했고 그러다가 예상치 못하게 답이 떠오른 것이다. 푸앵카레는 휴가를 마치고 파리로 돌아가서야 그 과정을 자세하게 적으며 풀었지만 그전에도 그게 정답이라는 걸 알았다.

바바라 오클리가 통찰력 넘치는 이 책에서 설명한 것처럼, 푸앵카레에게 통했던 방식이 여러분에게도 통할 수 있다. 놀랍게도 여러분의 두뇌 역시 잠을 자거나 아무것도 의식하지 않을 때에도 어떤 문제를 계속 풀 수 있다. 하지만 그러려면 잠들기 전까지 문제 풀이에 집중해야 한다. 아침이 되면, 문제 풀이를 도와줄 새로운 실마리가 머릿속에 반짝 떠오를 것이다. 휴가를 가거나 잠들기 전, 해결해야 할 무언가에 몰두하는 일은 두뇌를 준비시키는 데 중요하다. 안 그러면 우리 두뇌는 다른 데로 눈을 돌린다. 이런 점에서 본다면 수학과 과학은 그리 특별하지 않다. 여러분이 최근에 사회 문제 풀이로 골몰했다면, 여러분의 두뇌는 수학과 과학 문제를 푸는 것만큼이나 사회 문제를 해결하려 애쓸 것이다.

매혹적이고도 시의적절한 이 책을 통해 효과적인 학습법에 대한 많은 통찰과 요령을 발견할 것이다. 이 책은 공부란 힘든 노동이 아니라 하나의 모험임을 보여준다. 내용을 아는지 모르는지에 대해 두뇌가 스스로를 속인다는 점, 공부에 집중하거나 학습 시간끼리 간격을 두는 방법, 핵심 내용을 축약해서 좀더 쉽게 기억하는 요령을 배울 것이다. 이 책에서 간결하게 정리한 단순하고 실용적인 접근법을 익힌다면, 더욱 효과적으로 학습할 것이고 좌절도 덜할 것이다. 이 놀라운 안내서는 여러분의 공부와 삶 모두를 풍족하게 이끌어줄 것이다.

—테런스 J. 세즈노스키(소크생물학연구소의 프랜시스 크릭 석좌교수)

서문

이 책은 학습에 대한 여러분의 인식과 이해를 완전히 바꿀 것이다. 이 책을 통해 여러분은 연구자들이 파악한 **가장 간단하고, 가장 효율적이며, 가장 효과적인** 학습법을 배울 것이다. 그리고 그 과정에서 즐거움도 얻을 것이다.

놀랍게도 많은 학생들이 비효과적이고도 비효율적인 방법으로 공부를 한다. 예컨대 우리 실험실에서 대학생들의 학습법을 조사해보니, 많은 학생들이 책이나 필기 내용을 단순히 여러 번 거듭해서 읽는 **반복해서 읽기** 전략을 애용했다. 우리 연구팀 및 다른 연구자들의 연구 결과, 이런 수동적이고 피상적인 학습 전략은 전혀 효과가 없거나 최소한의 효과만 일으켰다. 우리는 이런 방식을 '헛수고'라 불렀다. 학생들은 힘들여 노력하지만 아무것도 성취하지 못한다.

하지만 우리가 이렇게 수동적인 재독을 하는 건 멍청하거나 게을러서가 아니다. 인지적인 착각에 빠졌기 때문이다. 학습 자료를 반복해서 읽다보면 그 내용이 점차 익숙해져 술술 읽히는데, 이는 곧 그 내용이 우리 머릿속에서 쉽게 처리될 만한 상태가 되었다는 걸 의미한다. 그러면 우리는 그 내용을 충분히 학습했기 때문에 술술 넘어간다고 여기는데 실은 그게 아닐 수도 있다.

이 책은 학습에 관한 이런 착각과 이를 극복할 방법을 소개한다. 그리고 '안 보고 내용 떠올리기' 같은 훌륭한 새 학습법을 통해 '들인 시간만큼 본전을 뽑을 수 있게' 이끈다. 몇몇 접근법이 왜 다른 방법들보다 훨씬 효과적인지를 확실하게 알려주는, 무척 실용적이면서도 통찰력 있는 내용이 이 책에 담겼다.

어떻게 하면 가장 능률적으로 학습할 수 있는지에 대해 이제부터 넘칠 만큼 알아볼 것이다. 새로운 통찰이 가득한 세계에서, 이 책은 필수 안내서가 되어줄 것이다.

—제프리 D. 카피크(퍼듀대 심리과학과 부교수)

독자들에게

수학과 과학 분야의 전문가들은 종종 효과적인 학습법을 찾느라 많은 세월을 보낸다. 만약 그 비결을 발견했다면, 축하한다! 그런 분은 자기도 모르는 사이에 수학과 과학 분야 종사자들의 미스터리한 모임에 합류할 입회식을 통과한 셈이다.

나는 여러분이 이런 간단한 학습법을 정리해 금방 활용했으면 하는 마음에서 이 책을 썼다. 전문가들이 수년간 고생해서 발견한 비법이 이제 바로 여러분의 손닿을 거리에 있다.

이 책에서 소개할 기법들을 활용하면, 수학과 과학 실력이 어느 정도든 간에 여러분의 사고법과 인생이 바뀔 것이다. 이미 전문가라면, 이 책을 통해 여러분의 머릿속을 들여다보면서 터보 엔진을 단 듯 효과적으로 공부하는 법을 배울 것이다. 언뜻 반직관적으로 보이는 시험 치르는 법이라든지, 숙제를 하거나 해결할 문제를 접했을 때 가장 효율적으로 시간을 활용하는 법에 대해 통찰을 얻을 것이다. 여러분이 아직 고투중인 학생이라면, 제대로 길을 찾는 데 필요한 보물 같은 실질적인 기술들을 배울 것이다. 어떤 분야에서 능숙해지고 싶든 간에 이 책이 길잡이가 되어줄 것이다.

이 책은 예술 수업이나 국어 수업은 사랑하지만 수학이라면 진저리치는 고등학생들을 위한 책이다. 이미 수학과 과학, 공학, 경영학 분야에서 실력이 뛰어나지만 새로운 학습법을 익히고 싶은 대학생들을 위한 책이기도 하다. 이미 수학 포기자 대열에 올랐거나, 수학과 과학에서 탁월한 성과를 얻고 싶은 자녀를 둔 부모님들을 위한 책이기도 하다. 중요한 자격시험에 계속 낙방했던, 아홉시부터 다섯시까지 일하느라 기진맥진한 노동자들이나 간호사 또는 의사가 꿈인 편의점 야간 근무자를 위한 책이기도 하다. 점차 증가중인 홈스쿨링 학생들을 위한 책이자, 수학과 과학, 공학, 기술 분야를 비롯해 교육학이나 심리학, 경영학 같은 분야를 가르치는 교사나 교수를 위한 책이다. 컴퓨터 조작법이라든지, 맛있는 요리를 만들기 위한 복잡한 레시피 같은 새로운 지식을 흡수할 준비가 된 은퇴자들을 위한 책이기도 하다. 그리고 어떤 지식이든 기꺼이 배우고자 하는 모든 연령대의 독자를 위한 책이다. 즉, 이 책은 여러분을 위한 책이다. 즐거운 시간이 되길!

—바바라 오클리(미국 의생명공학원AIMBE 석학회원이자
국제전기전자기술자협회IEEE 산하 의용생체공학회EMBS 부회장)

1장

문을 열고 들어서다

여러분이 냉장고 문을 열었을 때 거기서 양말을 뜨개질중인 좀비를 발견할 확률은 얼마나 될까? 아마 나처럼 감상적이고 언어 중심적으로 살던 사람이 공학 교수가 될 확률과 비슷할 것이다.

자라면서 나는 수학과 과학을 증오했다. 고등학교 시절 내내 수학과 과학 과목에서 낙제를 했었고 스물여섯 살이 되어서야 실력을 보충하기 위해 삼각법 정도만 공부를 했다.

어린 시절에는 시계 보는 법처럼 간단한 원리도 얼른 이해가 가지 않았다. 어째서 작은 바늘이 '시'를 가리킬까? 분보다 시가 더 중요하니까 큰 바늘이 시를 가리켜야 하는 게 아닐까? 지금은 10시 10분일까? 아니면 1시 50분일까? 나는 끊임없이 혼란스러웠다. 시계 보기보다 더 심각한 문제는 텔레비전 시청이었다. 리모컨이 없던 시절에는 어떤 버튼을 눌러야 텔레비전을 켤 수 있는 건지도 몰랐다. 그래서 언니나 오빠가 옆에 있을 때만 텔레비전을 봤다. 두 사람은 텔레비전 전원을 켤 줄도 알았고 보고 싶은 채널로 돌릴 줄도 알았다. 좋았어.

이처럼 기계치인데다 수학과 과학 낙제생이었던 나는 '내가 그렇게 똑똑하지 않구나' 하고 결론을 내릴 수밖에 없었다. 최소한 그 분야에서는 말이다. 당시에는 깨닫지 못했지만 과학과 기술, 수학에는 영 젬병이라는 자화상은 내 인생을 특정한 모양으로 빚었다. 그 모든 뿌리에는 내가 수학을 못한다는 전제가 깔려 있었다. 나는 숫자나 방정식을 치명적인 질병처럼 여겼고 어떻게든 이를 피하려 했다. 그때만 해도 수학에 집중하게 해줄 간단한 머릿속 기술이 있다는 사실을 몰랐다. 수학에 서툰 사람뿐만 아니라 이미 수학을 잘하는 사람에게도 유용할 기술이 있다는 걸 말이다. 이런 사고방식이 수학과 과학을 못한다고 스스로 믿는 사람들에게 전형적으로 나타난다는 사실도 몰랐다. 하지만 이제는 그동안의 문제가 세계를 바라보는 서로 다른 두 가지 독특한 모드에 뿌리를 둔다는 걸 안다. 예전에는 무언가를 배울 때 그중 한 가지 모드에만 치중했기에 그 결과 수학을 통해 울려퍼지는 음악을 듣지 못했다.

미국의 학제에서 일반적으로 가르치는 수학이란 과목은 성스러운 어머니처럼 다뤄진다. 논리적이고 위풍당당하게 덧셈부터 시작해 뺄셈, 곱셈, 나눗셈으로 뻗어나간다. 그러고는 수학적 아름다움이라는 천국을 향해 휘몰아친다. 하지만 수학은 사악한 새어머니가 될 수도 있다. 여러분이 수학적 논리 단계의 어딘가를 놓쳤을 때 그 새어머니는 가차없이 용서해주지 않는다. 한 단계를 놓치는 일이 흔하게 벌어지는데도 말이다. 가족에게 안 좋은 일이 생기거나 선생님이 번아웃되거나 불행히도 병치레를 오래 하게 되는 경우 등 심각한 시기가 일이 주일 정도만 이어져도 여러분은 수학 학습에서 낙오할 수 있다.

아니면 내 경우처럼 수학에 흥미가 없거나 잠재적인 재능 따위가 전혀 보이지 않을 수도 있다.

7학년 시절, 우리 가족에게 큰 재난이 덮쳤다. 아버지가 등을 심하게 다쳐서 실직하신 것이다. 결국 우리는 걸핏하면 화를 내는 수학 선생님이 푹푹 찌는 더위 속에서 몇 시간 동안 덧셈과 곱셈 암기만 지루하게 반복시키는 가난한 학군으로 이사를 갔다. 괴팍한 선생님은 설명이라고는 전혀 하지 않았다. 그는 우리가 허둥대고 쩔쩔매는 걸 즐기는 듯했다.

당시에는 수학이 대체 어디에 쓸모가 있는지 모르는 건 당연하고 적극적으로 혐오까지 했다. 과학 역시 마찬가지였다. 생애 첫 화학 실험을 할 때, 선생님은 나와 내 실험 짝꿍에게 다른 아이들과는 다른 화학 물질을 주셨다. 그리고 우리가 다른 친구들의 실험 결과와 일치하도록 데이터를 짜맞추자 우리를 조롱했다. 내 성적이 엉망진창이 되자 사람 좋은 우리 부모님은 방과후에 선생님을 찾아가 상담을 해보라고 했다. 그때 나는 수학과 과학은 가치가 없다는 걸 좀더 실감했다. 필수 교과목이란 존재는 마치 절대 신처럼 내 목구멍에 수학과 과학을 욱여넣으려고 작정을 했다. 이 싸움에서 이기려면 배운

염소 얼과 함께 놀던 열 살인 나.
나는 동식물과 책읽기, 몽상을 사랑했다.
수학과 과학은 내게 놀잇거리가 아니었다.

걸 이해하기를 거부하고 모든 시험에서 당당히 낙제 점수를 받는 수밖에 없었다. 내 전략은 무적이었다.

그래도 다른 분야에는 관심이 있었다. 역사와 사회, 문화를 좋아했고 특히 언어에 흥미가 있었다. 다행히도 이런 과목이 내 평균 점수를 높여주었다.

고등학교를 졸업하자마자 나는 입대를 했는데 군대에서는 외국어 공부를 지원해주었기 때문이었다. 나는 충동적으로 시작한 러시아어에서 꽤 뛰어난 성적을 거둬 ROTC 장학금을 받게 됐고 워싱턴대에 들어가 슬라브어문학을 전공해 우등 졸업을 했다. 따뜻한 시럽이 부드럽게 흐르는 것처럼 내 입에서 러시아어가 술술 나왔다. 내 억양은 가끔 러시아어 모국어 화자라고 오해받을 정도로 꽤 괜찮았다. 이런 능력을 얻기까지 많은 시간을 투자하기는 했지만 말이다. 많이 배울수록 할 수 있는 게 많아져서 기뻤고 공부하는 게 즐거우니 거기에 더 많은 시간을 쏟았다. 그 분야를 잘했기에 더 많이 연습하고 싶어졌고, 그러면서 실력이 더 좋아졌다.

하지만 전혀 생각도 못한 상황에서 미국 육군통신대의 소위로 임관하게 되었다. 갑자기 무선통신과 케이블, 전화 교환망에 대한 전문지식을 익혀야 했다. 정말이지 청천벽력 같은 일이었다! 외국어 전문가가 되어 내 운명을 조종할 수 있을 듯 의기양양했던 것도 잠시, 갑자기 공학이라는 낯선 세계로 내던져져 나무 그루터기에 발이라도 걸린 듯 비틀댔다.

세상에나!

수학 지식을 기초로 갖춰야 하는 전자기학 훈련을 받아야만 했고(성적은 바닥이었다) 가련한 통신 소대장으로 발령받아 독일 서부지역으로 떠났다. 그곳엔 공학적 소양을 갖춘 장교나 입대자가 많이 있었다. 그들이 앞장서서 문제를 해결하고 나면 다른 사람들이 임무를 마칠 수 있었다.

지금까지의 내 커리어를 되짚어보다가 '그동안 새로운 능력은 개발하지 않고 내면의 열정만 따랐구나' 하고 깨달았다. 결과적으로 무심코 스스로를 좁은 영역에 가둔 셈이었다. 군생활을 계속한다면 공학에 대한 지식이 부족하니 언제나 2등 시민에 머물 터였다.

군대를 전역한다면, 슬라브어문학 학사학위로 뭘 할 수 있을까? 러시아어 전공자가 갈 만한 일자리는 그리 많지 않았다. 학사학위를 받은 수백만 명의 문과생들과 진입장벽이 낮은 비서직 자리를 두고 경쟁해야 할 터였다. 순수주의자라면 내게 전공과 업무에서 모두 두각을 보였으니 훨씬 좋은 일자리를 찾을 거라고 말할지도 모른다. 하지만 그건 일자리를 구하기가 얼마나 힘든지 모르고 하는 소리다.

다행히 내게는 흔치 않은 선택지가 하나 있었다. 제대군인원호법에 따라 제대 후 학비를 지원받을 수 있었다. 직업군인에게만 주어지는 큰 혜택이었다. 그렇다면 그 지원금을 받아 감히 상상도 해본 적 없던 분야에서 재훈련을 받으면 어떨까? 내 두뇌를 수학 혐오자에서 수학 애호가로 재정비할 수 있을까? 기술 혐오자였던 내가 전문 기술 분야를 파고드는 괴짜가 될 수 있을까?

그렇게 바뀌었다는 사람의 이야기는 전혀 들어본 적이 없었다. 게다가 어린 시절부터 푹 빠져 지냈던 수학과 과학에 대한 혐오라는 늪에서 아직 헤어나지도 못한 채였다. 수학과 과학을 마스터한다니 내게는 너무 낯선 일이었다. 하지만 군대 동료들의 모습으로 보건대 그렇게 하면 확실한 이점이 있었다.

그것은 도전이었다. 그것도 너무나 유혹적인 도전이었다.

결국 내 두뇌를 재훈련하기로 결심했다.

물론 쉽지는 않았다. 첫 학기는 무시무시한 좌절의 연속이었다. 마치 눈가리개를 한 기분이었다. 나보다 어린 주변 학생들은 대부분 문제의 해답을 찾는 요령을 타고난 듯했다. 반면 나는 계속 벽에 부딪혔다.

하지만 조금씩 깨우쳤다. 잘못된 방식으로 노력을 기울였다는 게 내 근본적인 문제였다는 걸 깨달았다. 마치 나무 위에 올라선 채로 통나무를 들어올리려고 애쓰는 꼴이나 다름없었다. 나는 어떤 방식으로 공부해야 할지뿐만 아니라 어느 시점에서 멈춰야 할지에 대한 사소한 요령을 배웠다. 그리고 특정 개념과 기법을 내면화하면 강력한 도구로 활용할 수 있다는 사실을 알아차렸다. 그뿐만 아니라 한 번에 너무 많은 것을 익히기보다는 충분히 시간을 들여 배워야 한다는 걸 알게 됐다. 매 학기 다른 학생들보다는 수업을 적게 들어 가끔 같은 반 학생들이 나보다 먼저 졸업하게 되더라도 말이다.

조금씩 수학과 과학을 **공부하는 법**을 깨우치자 모든 것이 보다 수월해졌다. 놀랍게도 외국어를 공부할 때와 마찬가지로 많이 알면 알수록 더 즐거워졌다. 그렇게 한때 수학 포기자 중 여왕급이었던 내가 전기공학 학사학위와 전기컴퓨터공학 석사학위를 취득했다. 그리고 결국 시스템공학 박사학위까지 땄는데, 그 과정에서 열역학과 전자기학, 음향학, 물리화학에 대한 광범위한 배경지식을 갖추게 됐다. 더 높이 올라갈수록 내 실력은 점점 더 좋아졌다. 박사과정을 밟을 무렵에는 식은 죽 먹기로 완벽한 성적을 받았다. (좋은 성적을 얻으려면 어쨌든 공부를 해야 하니 완전히 식은 죽 먹기는 아니었을지도 모르나 내가 뭘 어떻게 공부해야 할지는 확실히 알았다.)

현재 공학을 가르치는 교수로서 나는 뇌에서 어떤 일이 벌어지느냐에 관심을 쏟고 있다. 두뇌의 기능을 알아내는 데 필요한 의료 영상의 핵심에 공학이 자리한다는 사실을 알게 되자 자연스럽게 생긴 관심사였다. 나는 이제 내 두뇌를 어떻게, 왜 변화시켰는지를 좀더 명료하게 안다. 그리고 여러분이 나처럼 좌절과 고난을 겪지 않고 더 효율적으로 공부하게 도울 방법도 안다.[1] 그뿐 아니라 공학과 사회과학, 인문학이라는 여러 분야를 아우르는 연구자로서 예술과 문학만이 아니라 수학과 과학에도 창의력이 필수적으로 필요하다는 사실도 깨달았다.

여러분이 (아직) 수학과 과학에 소질이 없다고 생각한다면 **우리 두뇌가 엄청난 양의 암산을 하도록 설계되었**다는 사실에 놀랄지도 모른다. 공을 잡거나 음악에 맞춰 몸을 흔들 때, 움푹 파인 도로를 피하려고 운전대를 돌릴 때마다 우리는 항상 머릿속에서 계산을 한다. 우리는 이미 해답을 알고 있다는 걸 인지하지 못한 채 천천히 이를 해결해 가면서 종종 무의식적으로 복잡한 계산을 하고 복잡한 방정식을 푼다.[2] 사실 우리 모두는 수학과 과학에 대한 자연적인 감각과 재능을 타고났다. 일단 그 분야의 용어와 문화에 익숙해지기만 하면 된다.

이 책을 집필하는 동안 수학, 물리학, 화학, 생물학, 공학, 교육학, 심리학, 신경과학뿐 아니라 경영학이나 보건과학 같은 전문 분야를 선도하는 전 세계 수백 명의 교수들과 연락했다. 놀랍게도 이런 세계적인 전문가들 중 많은 이들이 전공 분야를 공부할 때 이 책에서 대략적으로 다룬 바로 그 접근법을 활용했다. 이 전문가들은 이 기법을 자신이 가르치는 학생들에게도 사용하게 했지만 가끔은 이 방법이 반직관적이면서도 심지어 비논리적으로 보였기에 교수들은 그 간단한 본질을 전달하는 데 종종 애를 먹었다. 실은 이런 학습법과 교수법 가운데 일부를 평범한 교육자들은 조롱하기도 해서 슈퍼스타급 교육자들은 가끔 부끄러워하면서 자신의 학습법과 교수법을 내게 살짝 귀띔하기도 했다. 수많은 여러 정상급 교육자들이 비슷한 접근법을 활용한다는 걸 모르고서 말이다. 이런 쓸모 있는 통찰들을 이 책에 한데 모아뒀으니 여러분 역시 '최고 중의 최고'인 교사들과 교수들에게 조금씩 얻은 실용적인 기술을 쉽게 배워 실전에 적용할 수 있다. 이러한 방법들은 제한된 시간 내에 보다 깊게, 그리고 보다 효율적으로 학습하는 데 특히 유용하다. 그뿐 아니라 여러분과 비슷하게 생각하고 비슷한 지점에서 한계를 느끼는 학생들이나 동료들의 사례를 통해 통찰을 얻을 것이다.

명심하라. 이 책은 수학 전문가들과 수학 포기자들 모두를 위한 책이다. 여러분의 수학과 과학 성적이 어느 정도나 되는지, 이 과목들에 대해 얼마나 호불호를 가졌는지에 상관없이, 수학과 과학을 보다 수월하게 익히도록 쓰였다. 또한 사고과정을 분석해 여러분이 어떻게 배우는지를 직접 이해하도록 구성했다. 그뿐만 아니라 때로는 여러분의 마음이 어떻게 실제와 다르게 자기가 무언가를 배우고 있다고 스스로를 속이는지도 깨닫게 해준다. 그리고 지금 공부중인 분야에 직접 적용해볼 수 있는, 기량을 갖추게 도와줄 수많은 연습 문제들을 제시해준다. **만약 이미 숫자나 과학적 사고에 능숙한 사람이라면,**

이 책에 담긴 통찰이 여러분의 실력을 향상시켜줄 것이다. 그리고 여러분의 즐거움과 창의력, 우아하게 방정식을 푸는 힘을 보다 확장시켜줄 것이다.

만약 수학과 과학에 소질이 없다고 확신한다면, 이 책은 여러분의 마음을 바꿔줄 것이다. 지금 당장은 믿기 힘들겠지만 여러분에게는 희망이 있다. 실제 학습법을 다룬 이 책 속의 구체적인 도움말을 따르다보면 마음속에서 무언가가 바뀌었다는 사실을 깨닫고 놀랄 것이다. 그 변화는 여러분의 새로운 열정을 싹틔울 수 있다.

여러분이 이 책에서 발견한 그 무언가는 수학과 과학뿐만이 아니라 여러분이 하는 거의 모든 일에서 더 많은 효율성과 창의성을 발휘하게 해줄 것이다.

자, 이제 시작해보자!

2장

성급하게 굴지 말자

:

왜 너무 열심히 노력하는 게 가끔은 문제가 될까

수학과 과학을 공부하는 데 무척 중요한 몇 가지 비결을 얻고 싶다면 다음 페이지에 실린 사진을 한번 들여다보라.

사진 속 오른쪽 남자는 전설적인 체스 그랜드마스터 가리 카스파로프다. 그리고 왼쪽에 서 있는 소년은 당시 열세 살이었던 망누스 칼센이다. 칼센은 말의 움직임이나 전략을 짧은 시간 안에 생각해야 하는 스피드 체스 게임을 한참 하다가 잠깐 체스판 앞을 떠나 서성거렸다. 마치 나이아가라 폭포를 가로지르는 밧줄 위를 걷다가 아무 일도 아니라는 듯이 공중제비를 넘는 것과 같은 행동이었다.

그렇다. 칼센은 상대를 겁먹게 만들었다. 당황한 카스파로프는 애송이를 인정사정없이 꺾지 못하고 무승부로 경기를 마쳤다. 하지만 역사상 가장 젊은 상위권 체스 선수가 된 똑똑한 칼센은 나이가 더

2004년 '레이캬비크 래피드' 스피드 체스 경기에서 당시 열세 살이던
망누스 칼센(왼쪽)이 전설적인 체스 천재 가리 카스파로프와 맞붙었다.
카스파로프가 정신적으로 충격을 받은 기색이 점차 드러나고 있다.

많은 적수와 심리전을 펼치는 것보다 훨씬 더 나아간 무언가를 보여주었다. 우리는 칼센의 방식을 통해 우리의 정신이 어떻게 수학과 과학을 배우는지를 보다 잘 이해할 수 있다. 칼센이 심리전에서 카스파로프를 어떻게 이겼는지 알아보기 전에, 사람들의 사고법에 대한 몇 가지 중요한 개념부터 짚고 넘어가자. (약속건대 칼센 이야기로 금방 돌아올 것이다.)

이번 장에서는 이 책의 주요 주제 가운데 몇 가지를 다룬다. 여러분의 사고를 이리저리 약간 전환할 수도 있지만 놀라지 마라. 스위치를 돌리듯 사고를 전환하는 것 그러니까 일단 간단히 배울 내용을 훑어보고서 나중에 되돌아와 더욱 자세히 살피는 이런 방식 자체가 이 책의 핵심 개념 가운데 하나다!

한번 해보자!

머릿속을 펌프질하기

수학이나 과학의 개념을 알려주는 책의 장이나 절을 펼쳤을 때 해당 장 전체의 내용을 '시각적으로 산책하듯' 살피면 도움이 된다. 도표나 삽화, 사진뿐 아니라 각 절의 제목이나 요약문, 각 장 마지막에 제시된 질문까지 훑어봐도 좋다. 물론 이런 방식은 반직관적으로 보일 수 있다. 아직 그 장의 내용을 제대로 읽지도 않았기 때문이다. 하지만 이러한 과정은 머릿속을 펌프질하고 단련하는 데 유용하다. 자, 그럼 이제 이 장을 죽 넘겨보고서 장 끝머리에 정리해둔 질문들을 살펴보자.

정독하기 전에 1~2분 정도 이렇게 훑어보기만 해도 머릿속의 생각을 체계화하는 데 얼마나 도움이 되는지를 알면 놀랄 것이다. 이런 식으로 여러분의 생각이 매달릴 만한 조그만 신경세포 고리를 만들어두면 개념을 좀더 쉽게 파악하게 된다.

집중모드 대 분산모드

21세기가 막 시작될 무렵부터 신경과학자들은 인간의 두뇌가 서로 다른 두 가지 네트워크를 번갈아 오간다는 사실을 이해하는 데 엄청난 진전을 거뒀다. 바로 **고도로 집중한 상태** 그리고 보다 **느슨해진 휴식상태** 네트워크였다.[1] 우리는 이 두 가지 네트워크와 연계된 사고과정을 각각 **집중모드**와 **분산모드**라고 부를 텐데, 이 모드는 학습에 있어서 몹시 중요하다.[2] 여러분은 매일 일상생활을 하면서 이 두 가지 모드 사이를 자주 왔다갔다한다. 여러분은 이쪽 모드 아니면 저쪽 모드에 있으나 동시에 두 가지 모드를 취하는 것은 의식적으로 불가능하다. 분산모드는 여러분이 무인가에 적극적으로 집중하지 않을 때 배경에서 조용히 작동한다.[3] 가끔은 눈 깜박하는 순간에 분산모드로 전환되기도 한다.

집중모드는 수학과 과학을 공부할 때 필수적이다. 이 모드는 논리적이고 순차적이며 분석적인 접근법으로, 문제를 해결하는 직접적인 방식이다. 집중모드는 이마 바로 뒤에 자리한 전전두엽 피질의 집중력과 연계된다.[4] 여러분이 무언가에 집중하면 '짠' 하고 집중모드가 켜진다. 좁은 구역에 강한 빛이 집중되는 손전등 불빛처럼 말이다.

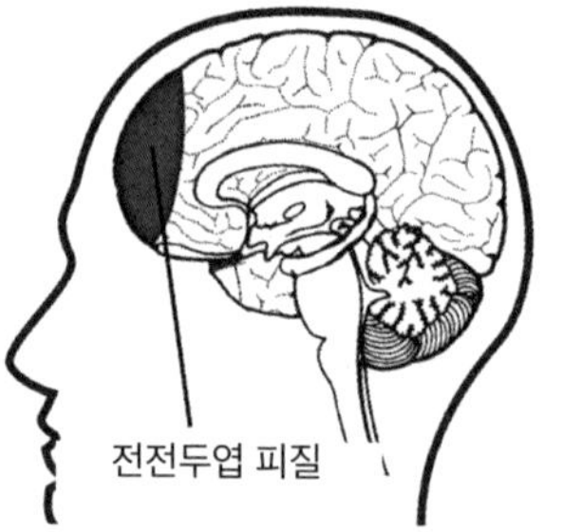

전전두엽 피질은 이마 바로 뒤에 자리한다.

분산모드 역시 수학과 과학을 공부할 때 꼭 필요하다. 분산모드는 고군분투중인 문제에 대해 새로운 통찰을 갑자기 제공해주거나 '큰 그림'을 그리게 해준다. 주의를 분산시키고 생각이 정처 없이 헤매도록 내버려두면 분산모드가 발현된다. 이렇게 마음을 이완하면 두뇌의 다른 영역들이 연결되면서 귀중한 통찰력이 생긴다. 집중모드와 달리 뇌의 특정 영역만 분산모드를 담당하는 게 아니다. 분산모드는 뇌 전체에 걸쳐 말 그대로 '분산되어' 있다.[5] 분산모드에서의 통찰은 보통 집중모드에서 이뤄졌던 예비 단계의 사고에서부터 나오곤 한다. (분산모드에 벽돌을 굽는 재료인 진흙이 있는 게 분명하다!)

학습하는 동안 뇌의 서로 다른 영역 사이에서, 그리고 좌우 대뇌 반구 사이에서 신경망 처리과정이 이리저리 복잡하게 이뤄진다.[6] 이 말은 즉 우리의 사고과정과 학습과정이 단순히 집중모드와 분산모드 사이를 오가는 것보다는 더 복잡하게 이루어진다는 뜻이다. 그렇지만 다행히도 물리적인 메커니즘을 깊게 파고들 필요는 없다. 우리는 다른 접근법을 택할 것이기 때문이다.

집중모드: 촘촘한 핀볼 머신

집중모드와 분산모드의 정신작용에 대해 알고 싶다면 핀볼 게임을 떠올려보라. (비유metaphors는 수학과 과학을 공부할 때 강력한 도구로 작용한다.) 구식 핀볼 게임을 보면, 용수철이 달린 막대 손잡이를 뒤로 당겼다가 놓아 공을 치면 공이 동그란 고무 범퍼에 부딪치며 이리저리 무작위로 튕긴다.

다음 그림을 보자. 어떤 문제에 집중을 하면, 우리 정신은 내면의 손잡이를 잡아당겨 생각을 발사한다. 부웅! 그러면 그 생각은 휙 날아올라 33쪽의 왼쪽 그림처럼 우리 머릿속에서 핀볼처럼 여기저기

한 좀비가 기분좋게 신경학적인 핀볼 게임을 즐기고 있다.

부딪치며 돌아다닌다. 이것이 **집중모드** 사고다.

집중모드일 때는 동그란 범퍼가 무척 촘촘히 배치되어 있다. 반면 분산모드를 묘사한 33쪽의 오른쪽 그림을 보면 동그란 고무 범퍼가 서로 멀리 떨어져 있다. (비유를 좀더 해보자면, 각각의 범퍼를 신경세포neurons 클러스터로 여길 수도 있다.)

집중모드에서 범퍼가 서로 가깝게 그려진 것은 이 모드에서는 보다 쉽게 정확한 사고를 할 수 있다는 의미다. 근본적으로 이미 그 기본 개념이 익숙하고 편안해서 마음속에서 이미 긴밀하게 연결되어 있는 대상에 집중할 때 집중모드가 사용된다. 만약 집중모드 사고 패턴의 윗부분을 좀더 자세히 살핀다면, '통행이 잦은' 보다 넓은 길이 보일 것이다. 이렇게 넓은 통로를 통해 여러분이 이미 연습했거나 경

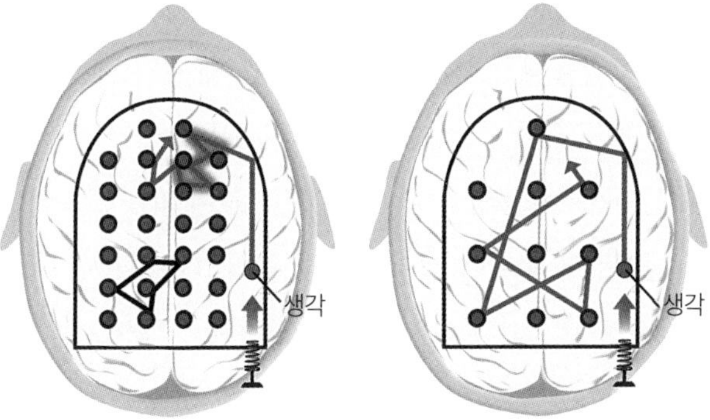

'핀볼 머신'에서 생각을 나타내는 공은 용수철이 장전된 막대기에서 발사되어 여러 줄의 고무 범퍼에 무작위로 부딪치며 나아간다. 위 그림 속 두 핀볼 머신은 각각 **집중모드 사고**(왼쪽)와 **분산모드 사고**(오른쪽)다. 집중모드는 특정 문제나 개념에 대해 고도로 집중하는 것과 관련된다. 하지만 집중모드에서는 가끔 자기도 모르게 골똘하게 집중하다가 잘못된 사고방식으로 문제를 풀려고 애쓰게 된다. 실제로 풀어야 할 문제의 '해답'인 사고방식이 아니라 두뇌의 다른 영역에서 이뤄지는 또다른 사고에 빠지는 것이다.

예를 들어 왼쪽의 핀볼 머신에서 '생각'이 맨 처음 여기저기 부딪히는 윗부분을 주목해보자. 동일한 두뇌에서 이뤄지는 보다 아래쪽에 놓인 사고 패턴과는 무척 멀리 떨어져 완전히 분리되어 있다. 그림에서 보듯 윗부분의 생각은 밑바탕에 넓은 통로가 깔려 있다. 예전에 비슷한 생각을 했던 적이 있기 때문이다. 반대로 아래쪽 생각은 새로운 것이라서 밑바탕에 패턴이 넓게 깔려 있지 않다.

오른쪽의 분산모드는 큰 그림을 그리는 관점과 관련되는 경우가 많다. 이 사고방식은 새로운 무언가를 배울 때 유용하다. 그림에서 볼 수 있듯이 분산모드는 특정 문제를 해결하도록 꼼꼼하게 주의를 기울이게 만들지는 않는다. 대신 다른 범퍼에 부딪치기 전에 훨씬 멀리 이동할 수 있어 해답이 존재하는 부근에 보다 가까이 갈 수가 있다.

험했던 경로를 따라서 집중모드 사고가 진행된다.

예를 들어 곱셈을 할 때 여러분은 집중모드를 활용한다. 이미 곱셈을 할 줄 알기 때문이다. 어떤 언어를 배울 때도 집중모드를 사용하면 지난주에 배웠던 스페인어 동사 활용법을 보다 익숙하게 받아들일 수가 있다. 여러분이 수영 선수라면 자신의 평영 자세를 분석할 때 집중모드를 활용해 어떻게 하면 전진하는 데 보다 많은 힘을 내도록 낮은 자세를 유지할 수 있는지 연습할 수 있다.

여러분이 무언가에 집중할 때면 의식적으로 주의를 기울이는 일에 관여하는 전전두엽 피질이 신경 회로를 따라 자동적으로 신호를 보낸다. 이 신호는 생각과 관계된 뇌의 서로 다른 부위를 연결하는데, 문어가 주변 여기저기로 촉수를 뻗어 지금 벌어지는 일에 손을 대는 과정과도 비슷하다. 여러분의 작업 기억working memory이 한번에 수용 가능한 용량이 한정적인 것과 마찬가지로 이 문어가 연결 가능한 촉수의 수 역시 한계가 있다. (작업 기억에 대해서는 나중에 더 자세히 다루겠다.)

여러분은 보통 책을 읽거나 강의 시간에 필기한 노트를 훑는 식으로 일단 단어에 집중하면서 그 문제를 머릿속에 주입한다. 그러면 머릿속 문어가 집중모드를 활성화한다. 처음에 주의를 집중하고 문제를 시험 삼아 건드려볼 때는, 서로 가깝게 자리한 핀볼 범퍼를 활용해 이미 알고 있거나 익숙한 무언가와 관계된 신경 회로를 따라서 촘촘하게 사고를 이어간다. 여러분의 생각이라는 공은 이미 익숙해진 패턴을 따라 덜컹거리며 쉽게 길을 지나가 빠르게 하나의 해답에 이른다. 하지만 수학과 과학 분야에서는 문제가 약간만 바뀌어도 패턴이 크게 달라지기도 한다. 그러면 문제 풀이 과정이 좀더 어려워진다.

수학과 과학은 왜 다른 분야보다 더 까다로울 수 있는가

수학과 과학 분야의 문제를 집중해서 풀 때는 언어나 사람에 관한 문제를 집중모드에서 사고할 때보다 더 많이 노력해야 한다.[7] 이는 아마도 인류가 지난 수천 년 동안 수학적 개념을 다루도록 진화하지 않아서일지도 모르는데, 수학적 개념은 관습적 언어로 된 문제들보다는 추상적으로 부호화된 경우가 많다.[8] 하지만 그렇다 해도 우리는 수학과 과학에 대해 사고할 수 있다. 그저 그 **추상성**과 **부호화**가 한 단계 혹은 이따금 여러 단계가 올라가 복잡해졌을 뿐이다.

그러면 추상성이란 무엇일까? 여러분은 풀밭에서 되새김질중인 살아 있는 소를 보고 '소'라는 글자와 동일시할 수 있다. 하지만 덧셈 부호인 '+'의 모델이 되는 현실 속의 어떤 대상은 머릿속에 떠오르지 않는다. 덧셈 부호의 밑바탕에 깔린 의미는 보다 추상적이다. 그리고 **부호화**란 하나의 기호가 다양한 연산이나 개념을 나타낼 수 있음을 뜻한다. 예컨대 곱셈 기호는 반복해서 덧셈을 하라는 의미를 부호화한다. 앞서 나온 핀볼 게임에 비유하자면, 수학의 추상성과 부호화는 핀볼 범퍼를 좀더 스펀지처럼 부드럽게 만든다. 그렇기에 범퍼를 더 단단하게 만들고 공이 적절하게 튕겨나가게 하려면 따로 연습이 필요하다. 미루지 않는 습관이 다른 분야에서도 중요하지만, 수학과 과학을 배울 때 특히 더 중요한 것은 바로 그래서다. 이 부분에 대해서는 뒤에서 더 자세히 이야기하겠다.

수학과 과학이 어려운 또다른 이유로 **아인슈텔룽 효과**Einstellung

effect를 들 수 있다. 아인슈텔룽 효과란 여러분의 머릿속에 이미 자리한 아이디어나 처음에 가졌던 단순했던 생각 때문에 더 나은 아이디어나 해법을 찾지 못하는 현상이다.[9] 집중모드의 핀볼 게임 그림을 보면 알 수 있듯, 핀볼 머신에서 최초의 생각은 뇌의 위쪽에 자리잡고 있지만 해답에 대한 사고 패턴은 아래쪽에 위치하고 있었다. (아인슈텔룽은 독일어로 '관점'이라는 뜻이다. 기본적으로 무언가를 처음 바라보는 관점 때문에 생긴 장애물을 아인슈텔룽이라고 생각하면 된다.)

특히 과학 분야에서는 이런 잘못된 접근법을 겪기가 쉽다. 이 분야에서는 어떤 일이 벌어졌는지에 대한 첫 직관이 잘못된 경우가 가끔 생기기 때문이다. 그렇기에 새로운 개념을 배우는 한편 오류가 있는 예전 개념을 잊어야 한다.[10]

아인슈텔룽 효과는 학생들에게 걸림돌이 된다. 이 현상 때문에 여러분은 타고난 직관을 재훈련해야 할 뿐 아니라 숙제로 주어진 문제와 씨름하면서 도대체 어디서부터 시작해야 할지를 몰라 고민한다. 여러분의 사고는 실제 해답과 동떨어진 곳에서 갈팡질팡한다. 집중모드의 촘촘한 핀볼 범퍼가 해답을 찾을지도 모를 새로운 장소로의 접근을 가로막기 때문이다.

그렇기에 **수학과 과학을 배울 때 학생들이 가끔 저지르는 큰 실수 중 하나인** 수영을 배우기 전에 일단 물에 뛰어들기 현상이 발생한다.[11] 바꿔 말하면, 학생들은 교과서를 읽거나, 수업을 듣거나, 온라인 강의에 참여하거나, 지식을 갖춘 누군가와 대화를 나누지 않고서 일단 무작정 과제에 뛰어든다. 그러면 물에 가라앉을 수밖에 없다. 이는 실제로 해답이 어디 있는지 주의해서 살피지 않고 어떤 생각이 집중모드의 핀볼 머신에서 무작위로 튀어다니게 놔두는 셈이다.

어떻게 해야 **진짜** 해답을 얻을 수 있는지를 파악하는 과정은 수학과 과학 문제를 풀 때만이 아니라 일상생활에서도 중요하다. 예를 들어, 약간의 조사와 자각, 자체 실험만 진행해도 엉터리 '과학적' 주장을 펼치는 상품에 돈이나 귀중한 건강을 허비하지 않을 수 있다.[12] 그리고 적절한 수학적 지식을 아주 조금만 갖춰도 우리 인생에 아주 부정적 영향을 미칠 수 있는 채무 불이행 사태를 막을 수 있다.[13]

분산모드: 넓게 퍼진 핀볼 머신

앞으로 몇 페이지를 넘겨 두뇌 속 분산모드 핀볼 머신을 살펴보자. 이 모드에서 범퍼는 서로 멀리 떨어져 있다. 분산모드 사고방식에서 우리 두뇌는 훨씬 폭넓은 관점에서 세계를 바라본다. 한 범퍼에서 다른 범퍼로 나아가 닿기까지 생각이 얼마나 멀리 이동하는지 보이는가? 연결고리가 서로 멀리 떨어져 있지만 하나의 생각 뭉치에서 꽤 멀리 떨어진 다른 생각 뭉치까지 빠르게 쌩 이동할 수 있다. (물론 이 모드에서는 정밀하고 복잡한 사고를 하기는 힘들다.)

새로운 개념을 이해하거나 새로운 문제를 해결하려는 상황이라면, 사고를 이끌어갈 기존의 신경 패턴이 존재하지 않는다. 여러분을 안내해줄 어렴풋한 경로가 전혀 없는 것이다. 가능성 있는 해법을 만나기 위해 여러분은 이리저리 헤매야 할지도 모른다. 이런 경우에 분산모드는 입장권에 불과하다!

집중모드와 분산모드의 차이점을 손전등에 빗대 이해할 수도 있다. 여러분은 좁은 구역을 깊게 파고들게끔 손전등을 조절해 빛줄기를 집중시킬 수 있다. 반면 어느 한 구역을 강하게 비추는 대신 넓은 구역을 두루 비추도록 좀더 빛줄기를 분산시킬 수도 있다.

만약 무언가 새로운 것을 이해하거나 파악해야 한다면, 정밀하게 집중된 사고방식의 모드를 끄고 '큰 그림'을 보는 분산모드의 버튼을 켜는 게 최선이다. 새롭고 보다 생산적인 접근법을 찾을 정도로 충분히 오랫동안 말이다. 앞으로 살피겠지만 분산모드는 자기만의 의지를 가지기 때문에 켜지라고 명령만 해서는 바뀌지 않는다. 하지만 곧 각각의 사고모드를 왔다갔다하게 해줄 몇 가지 비법을 알게 될 것이다.

반직관적인 창의성

분산모드를 배우자 일상생활에서 그 모드를 발견하게 됐어요. 예컨대 마음에 드는 최고의 기타 리프(반복 악절)는 언제나 그저 '빈둥댈 때' 찾아오더라고요. 명곡을 만들겠다며 앉아서 집중할 때는 아무 수확도 없었죠(오히려 집중할 때는 진부하거나 별 볼 일 없는 멜로디가 나오곤 했습니다). 교지에 글을 쓰거나, 프로젝트를 위해 아이디어를 짜내거나, 어려운 수학 문제를 풀 때도 마찬가지였습니다. 직접 경험해보니 이 기본 규칙이 옳았어요. 창의적인 무언가를 떠올리려고 뇌를 압박하면 할수록 덜 창의적인 아이디어가 나와요. 지금까지 단 한 번의 예외도 없었어요. 어려운 일을 해내려면 느긋하게 긴장을 풀어야 해요. 그래야 결과도 좋습니다.

—숀 바젤(컴퓨터공학과 신입생)

어째서 두 가지 사고모드가 존재할까?

그렇다면 어째서 두 가지 사고모드가 존재하는 걸까? 척추동물이 살아남아서 자손에게 유전자를 전하는 과정에서 마주하게 되는 두 가지 중요한 문제에서 그 해답을 찾을지도 모른다. 새를 예로 들자면, 새는 땅에서 먹이인 조그만 곡물 낟알을 쪼아먹기 위해 조심스럽게 주의를 집중하면서 매 같은 포식자가 다가오지는 않는지 지평선을 둘러보며 경계해야 한다. 이렇듯 상반된 두 가지 과제를 수행하는 최선의 방법이 뭘까? 당연히 나눠서 하는 것이다. 한쪽 뇌는 먹이를 쪼아먹는 데 필요한 집중력에 보다 특화되었고, 다른 한쪽 뇌는 위험요인을 찾기 위해 지평선을 살피는 일을 보다 잘한다. 이처럼 각각의 뇌 반구가 특정 유형을 지각하는 데 뛰어날 때 생존 확률이 높아진다.[14] 실제로 관찰해보면, 새들은 먼저 먹이를 쪼아먹고 잠깐 멈춰서 주변을 빙 둘러본다. 마치 집중모드와 분산모드 사이를 오가는 것처럼 보일 정도다.

인간 역시 비슷한 방식으로 두뇌의 기능을 나누어 활용한다. 좌뇌는 보다 조심스럽고 주의깊은 활동과 연계된다. 그뿐만 아니라 순차적인 정보와 논리적인 사고를 다루는 데 좀더 전문화되어 있어서 첫번째 단계가 두번째 단계로, 그리고 그후로 사고가 이어진다. 반면 우뇌는 주변 환경을 널리 살피고 다른 사람과 상호작용을 하고 감정을 처리하는 능력과 더욱 강하게 관련되는 듯하다.[15] 또한 동시에 벌어지는 처리과정을 큰 그림에서 다루기도 한다.[16]

이렇듯 좌뇌와 우뇌 사이에서 나타나는 약간의 차이로 왜 두 가지 사고모드가 나타나는지를 짐작할 수 있다. 하지만 어떤 사람을 두고 '좌뇌형' 인간이라거나 '우뇌형' 인간이라고 표현하는 일은 조심해야 한다. 연구 결과에 따르면 전혀 그렇지 않기 때문이다.[17] 사실 좌뇌와 우뇌 모두가 집중모드와 분산모드에 사용된다. 그러니 **수학과 과학을 배우고 이 분야에서 창의성을 발휘하려면, 집중모드와 분산모드를 둘 다 단련하고 활용해야 한다.**[18]

연구 결과에 따르면, 어려운 문제와 씨름할 때는 일단 집중모드에서 노력을 쏟아부어야 한다. (우리는 초등학교에서 그렇게 배운다!) 그런데 여기서 흥미로운 사실이 있다. 분산모드 역시 문제를 해결할

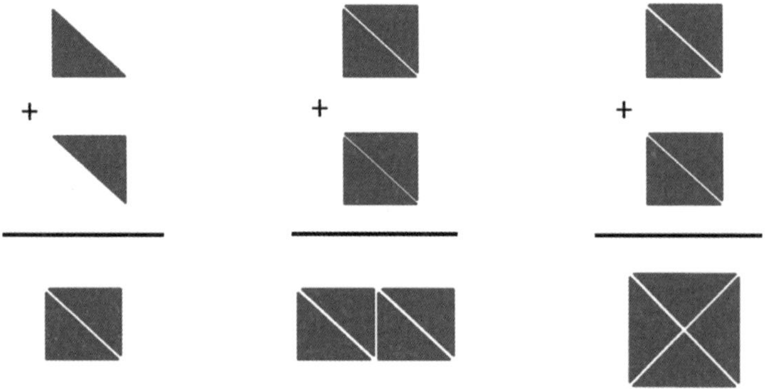

집중모드와 분산모드의 차이를 쉽게 알려주는 한 가지 사례가 있다. 만약 삼각형 두 개를 주고 둘을 합쳐 정사각형을 만들라고 하면, 맨 왼쪽 그림처럼 꽤 쉽게 할 수 있다. 그런데 그다음에 두 개 이상의 삼각형을 주고 정사각형을 만들라고 하면 사람들은 가운데 그림처럼 일단 직사각형을 만드는 실수를 저지른다. 사람들이 이미 들어간 집중모드를 따르기 때문이다. 직관적인 분산모드로 도약을 해야 맨 오른쪽 그림처럼 삼각형 조각들을 완전히 재배열해 또다른 정사각형을 만들 수 있다.[19]

때 종종 중요한 역할을 담당한다. 까다로운 문제를 해결할 때 특히 더 그렇다. 하지만 의식적으로 어떤 문제에 집중하는 순간 분산모드는 차단돼버린다.

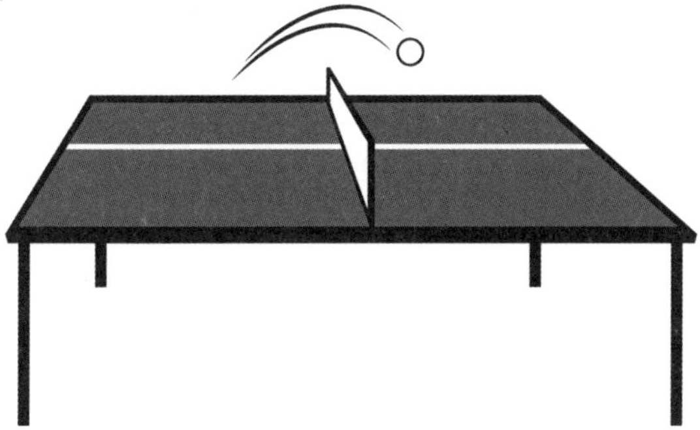

탁구 경기에서는 공이 왔다갔다해야만 승자를 가릴 수 있다.

이리저리 헤매도 좋다!

이리저리 헤매는 건 무언가를 배울 때 나타나는 바람직한 과정입니다. 학생들은 어떻게 해결해야 할지 모를 문제를 마주하면 자기가 그 과목을 못한다고 결론내리죠. 특히 똑똑한 학생일수록 이럴 때 힘들어합니다. 고등학교 교과과정을 수월하게 마쳤기 때문에 자신이 길을 헤매고 혼란스러워하는 상황을 정상적이며 꼭 필요한 과정이라고 생각하지 못하죠. 하지만 헤매다가 길을 찾아 빠져나오는 게 바로 학습과정입니다. 질문을 정확하게 파악만 해도 이 싸움의 80퍼센트는 끝나죠. 다시 말해 무엇이 헷갈리는지를 확실히 파악하면, 그 질문에 대한 답을 스스로 찾을 가능성이 높아진답니다!

—케네스 R. 레오폴드(미네소타대 화학과 교수, 우수강의상 수상자)

어떤 분야든 문제를 해결할 때는 근본적으로 다른 두 가지 사고모드 사이를 오가는 과정이 필요하다는 게 핵심이다. 한 가지 모드에서는 정보를 습득해 이를 처리하고 그 결과를 다른 모드로 보낸다. 두 뇌가 의식적으로 문제의 해답을 찾는 동안 이렇게 정보를 주고받는 과정이 이뤄지는데 사소하지 않은 모든 문제를 처리하고 그 개념을 이해하는 데 이는 필수적인 과정이다.[20] 지금 소개한 이 개념은 수학과 과학의 학습과정을 이해하는 데 아주 유용하다. 하지만 여러분도 지금쯤 알아차렸겠지만 이는 외국어 학습과 음악, 문예창작 같은 여러 다른 교과를 배울 때도 도움이 될 수 있다.

한번 해보자!

사고모드 전환하기

집중모드에서 분산모드로 전환하는 게 어떤 느낌인지 알려줄 인지력 향상 훈련을 하나 해보자. 아래 그림에서 동전을 세 개만 옮겨 아래쪽을 향하는 새로운 삼각형을 만들어보자.

긴장을 풀고 특정 대상에 집중하지 않게 주의력을 자유롭게 풀어놓으면 어렵지 않게 해답이 떠오를 것이다.

몇몇 아이들은 이 문제를 단숨에 해결했지만 매우 지적인 몇몇 교수들은 결국 이 문제를 포기했다. 이 질문에 답하려면 여러분 마음속의 아이를 불러내야 한다. 이 도전 과제를 비롯해 '한번 해보자!'에 실린 문제의 해답은 전부 책 마지막 주석 부분에 나와 있다.[21]

미루는 습관: 서곡

수많은 사람들이 미루는 습관과 싸운다. 어떻게 해야 미루는 습관에 효과적으로 대처할 수 있는지는 이 책 뒷부분에서 상세히 다룰 것이다. 일단 지금은 이 사실만 명심하라. **무언가를 미루는 것은 피상적인 집중모드에서 학습하는 시간만 스스로에게 넉넉히 주는 일일 뿐이다.** 게다가 즐겁지 않은 과제를 끝내야 한다는 부담감 때문에 스트레스도 더 받는다. 그 결과 신경 패턴은 희미해지고 분열되어서 금방 사라질 테고 그러면 불안하게 흔들리는 토대만 여러분에게 남는다. 특히 수학과 과학 분야에서 이러한 상황은 심각한 문제를 일으킬 수 있다. 만약 시험 마지막 순간까지 벼락치기 공부를 하거나 숙제를 빠르게 해치우는 데만 집중한다면, 더 어려운 개념이나 문제와 맞서 싸울 학습모드에 들어설 시간이 없어질 뿐 아니라 지금 학습중인 내용을 서로 연결해서 한데 합칠 수도 없다.

한번 해보자!

열심히, 하지만 짧게 집중하기

많은 이들이 그렇듯 여러분도 할 일을 종종 미루는가? 그렇다면 한 가지 조언을 해주겠다. 휴대전화를 끄고 방해가 될 만한 소리나 시각적인 자극(또는 웹사이트)을 치워라. 그런 다음 25분짜리 알람을 설정하고 25분 동안 하나의 작업에 집중해라. 어떤 작업이든 좋다. 그 작업을 끝낼 수 있을까 걱정하지 말고 작업에만 신경쓰자. 25분이 지나면 웹서핑을 하거나 휴대전화를 확인하거나 무엇이든 좋아하는 일을 하면서 자신에게 보상을 주어라. 작업만큼이나 이 보상이 중요하다. 25분 동안 집중하면 얼마나 일을 생산적으로 해낼 수 있는지를 보고 깜짝 놀랄 것이다. 일을 끝내는 것이 아니라 일 자체에만 집중한다면 특히 더 그렇다. ('포모도로 기법'으로 알려진 이 방식에 대해서는 6장에서 더 자세히 다룰 것이다.)

여기서 한 단계 더 나아가고 싶다면, 하루를 마무리하면서 그날 성취한 가장 중요한 과제를 되돌아보는 자신의 모습을 그려보자. 그 과제는 무엇이었나? 그것을 적어보라. 그리고 그걸 해보자. 하루 25분 세션을 최소 세 번 진행하려고 노력해보자. 무엇보다 중요하다고 생각하는 과제라면 뭐든 괜찮다.

하루를 마무리할 때 적어둔 목록을 보고 성취감을 즐기자. 그러고 나서 다음날 무엇을 하고 싶은지 핵심 과제를 몇 가지 적어보자. 이렇게 미리 준비해두면 다음날 어떻게 이런 과제들을 수행할지 분산모드가 생각해보게 된다.

요약

- 우리 두뇌는 집중모드와 분산모드라는 서로 매우 다른 두 가지 사고과정을 활용한다. 이 두 가지 모드를 스위치로 돌리듯이 전환해 어느 한쪽 모드를 사용한다.
- 새로운 개념이나 문제에 처음 집중할 때는 혼란스럽고 헤매는 게 당연하다.
- 새로운 개념을 이해하고 문제를 해결하려면, 처음에 집중하는 게 중요하다. 하지만 그다음에 배우고자 하는 대상에서 다른 곳으로 주의를 돌리는 과정도 필요하다.
- 아인슈텔룽 효과란 기존의 잘못된 접근법에 사로잡혀서 어떤 문제를 풀거나 개념을 이해하는 데 방해를 받아 꼼짝 못하는 현상이다. 집중모드에서 분산모드로 사고모드를 전환하면 이 효과에서 자유로워질 수 있다. 가끔은 유연한 사고가 필요하다는 걸 명심하자. 어떤 문제를 풀거나 개념을 이해하려면 모드를 전환해야 할 수도 있다. 문제를 해결하고자 맨 처음 떠올린 아이디어 때문에 이따금 문제에 대해 전혀 갈피를 못 잡을 수도 있다.

잠깐 멈춰 복습하기

책을 덮고 다른 곳으로 눈길을 돌려보자. 이번 장의 핵심 내용은 무엇이었는가? 이런 과정을 처음 진행해봐서 그렇게 많이 기억나지 않는다 해도 괜찮다. 이 기술을 계속해서 연습하다보면 책을 읽는 방식이나 내용을 기억하는 양이 상당히 달라졌다는 걸 깨달을 것이다.

배운 내용 다지기

1. 분산모드일 때가 언제인지를 어떻게 알아차릴까? 분산모드일 때는 어떤 기분이 드는가?
2. 어떤 문제를 의식적으로 생각할 때에는 어떤 모드가 활성화되고 어떤 모드가 차단되는가? 이런 차단상태에서 벗어나려면 어떻게 해야 할까?
3. 아인슈텔룽 효과를 경험했던 적이 있는가? 이미 잘못 형성된 과거의 사고에서 어떻게 벗어날 수 있는가?
4. 광폭을 조절할 수 있는 손전등 불빛에 집중모드와 분산모드를 빗대어보자. 어떤 경우에 더 멀리까지 볼 수 있는가? 어떤 경우에 보다 폭넓게는 볼 수 있지만 멀리까지는 볼 수 없는가?
5. 미루기 습관이 왜 수학과 과학을 공부하는 사람에게 특히 더 문제가 되는 걸까?

정체된 상태에서 벗어나기: 경제학과 4학년생 나디아 노우이메히디의 조언

11학년 시절(한국의 고등학교 2학년 과정—옮긴이) 미적분학1 강의를 들었는데 정말 악몽 같았어요. 그때까지 배웠던 어떤 과목과도 달라서 어떻게 공부해야 할지 전혀 감도 잡히지 않았죠. 그 어느 때보다도 오래, 열심히 공부했지만 아무리 많은 문제를 풀어도, 아무리 도서관에서 많은 시간을 보내도 아무것도 배우지 못했습니다. 무턱대고 외우는 단계에만 머물렀죠. 말할 필요도 없이 AP시험(미국에서 대학 선이수 과목을 인정받고자 고등학생들이 치르는 대학 수준 과목에 대한 시험—옮긴이) 점수도 높지 않았죠.

저는 이후 2년 동안 수학을 회피했습니다. 그러다가 대학교 2학년 때 미적분학 강의를 듣게 됐는데 이번에는 4.0학점을 받았습니다. 2년 동안 제가 더 똑똑해지지는 않았겠지만 이 과목에 대한 접근방식이 완전히 달라진 덕분이었죠.

고등학교 시절에는 집중모드에 정체되어 있었어요. (아인슈텔룽 효과라고 하죠!) 같은 방식으로 문제에 계속 접근하다보면 언젠가는 명료하게 이해할 거라고 믿었었어요.

현재 저는 학생들에게 수학과 경제학을 가르치고 있어요. 항상 학생들을 보면 문제 자체를 이해하기보다는 문제를 풀기 위한 실마리를 찾고자 세부 사항을 살피는 데 집착하더라고요. 저는 사고하는 법 자체를 가르칠 수는 없다고 생각해요. 그건 각자가 해야 할 일이죠. 하지만 처음에는 헷갈리고 혼란스러웠던 개념을 이해하는 데 유용할 만한 몇 가지 방법이 있어 이를 소개하고자 합니다.

1. 저는 누군가의 말을 들을 때보다 책을 읽을 때 이해가 더 잘되는 편이라 항상 읽으면서 이해했어요. 처음에는 해당 장에서 무슨 이야기를 하는지 일단 훑어보고 다음에 다시 자세히 읽었습니다. 저는 공부하려는 장을 한 번 이상

은 읽었어요(순서대로 연달아 읽지는 않았고요).

2. 책을 읽고 나서도 무슨 내용인지 완전히 이해가 안 되면, 그 주제를 구글에서 검색해보거나 유튜브에서 영상을 찾아봤어요. 책이나 교수님의 설명이 불충분해서가 아니라 가끔은 내용을 약간 다른 방식으로 접하면 그 문제를 다른 각도에서 바라보게 돼 이해가 쉬워지더라고요.
3. 저는 운전할 때 가장 명료하게 사고를 하는 편입니다. 가끔은 근처를 드라이브하면서 바람만 쐬어도 도움이 많이 됩니다. 앉아서 생각만 하다가는 지루해지거나 주의가 흐트러져서 집중할 수 없기 때문에 일단 뭔가에 몰두해보는 거죠.

3장

배움은 창조다

:

토머스 에디슨의 프라이팬에서 얻은 교훈

토머스 에디슨은 역사상 손에 꼽힐 정도로 생산성이 높아 자기 이름으로 낸 특허가 천 건 이상일 정도였다. 그 무엇도 에디슨의 창의성을 가로막지 못했다. 끔찍한 화재 때문에 실험실이 재만 남을 정도로 불타 없어진 상황에서도 에디슨은 예전보다 더 넓고 더 좋은 새 실험실을 지을 수 있겠다며 신나게 계획을 세웠다. 에디슨은 어떻게 그렇게나 창의적이었을까? 이에 대한 답은 사고모드를 전환하는 에디슨의 독특한 요령에서 찾을 수 있다.

집중모드와 분산모드 사이를 넘나들기

대부분의 사람들은 주의가 흐트러지거나 잠깐 쉴 때 자연스럽게 집중모드에서 분산모드로 전환된다. 산책을 나서거나, 낮잠을 자거나, 운동하러 갈 때 그렇게 된다. 아니면 뇌의 다른 부위를 사용하는 일을 할 수도 있다. 음악을 듣거나, 스페인어 동사 활용법을 연습하거나, 애완용 모래쥐의 우리를 청소하는 식으로 말이다.[1] **여러분의 두뇌가 방금 다루던 문제를 전혀 의식하지 않을 때까지 뭔가 다른 작업을 하는 게 핵심이다.** 다른 요령들을 활용하기 전까지는 보통 이런 방법으로 몇 시간을 보내면 된다. "저는 그럴 만한 여유가 없어요"라고 말할지도 모른다. 하지만 그렇지 않다. 그저 여러분이 해야 할 다른 일로 주의를 돌리고 휴식 시간을 약간만 더해주면 된다.

창의성 전문가 하워드 그루버는 세 가지 'B'를 비결로 제안한다. 침대bed, 욕조bath, 버스bus가 그것이다.[2] 1800년대 중반에 활동했던 엄청나게 독창적인 화학자 알렉산더 윌리엄슨은 홀로 산책을 하는 게 일주일 동안 실험실에서 시간을 보내는 것만큼이나 작업을 진전시키는 데 효과적이었다고 증언했다.[3] (다행히도 그때는 스마트폰이 없었다.) 걷기는 여러 분야에서 창의성을 북돋운다. 제인 오스틴, 칼 샌드버그, 찰스 디킨스를 비롯한 여러 유명 작가들이 자주 오랫동안 산책을 하면서 영감을 얻었다고 한다.

일단 손에 쥔 문제에서 잠깐 벗어나면, 분산모드가 찾아와 신호를 보내줘 해답을 얻기 위한 큰 그림을 향해 나아갈 수 있게 된다.[4] 그리고 놀랍게도 휴식이 끝난 뒤 당면한 문제로 되돌아오면 종종 너무나 간단하게 답이 머릿속에서 떠오르기도 한다. 설령 답을 찾지 못했다 해도 문제에 대한 이해도가 깊어지기도 한다. 집중모드에서 열심히 해결하려 애써도 안 풀리던 문제가 분산모드에 들어가면 갑자기 예상치도 못했던 답이 떠올라 '아하!' 하며 무릎을 치게 된다.

수학과 과학을 공부하면서 여러분이 풀고자 하는 수수께끼를 이렇게 은밀하고 직관적인 방식으로 해결하면 그 어떤 때보다도 묘하면서도 멋진 기분을 경험할 수 있다. 물론 이는 예술이나 문학을 비롯한 다른 창의적인 분야를 공부할 때도 마찬가지지만 말이다! 여러분도 알겠지만 수학과 과학은 무척 창의적인 사고를 필요로 하는 교과과정이다.

사람들은 잠들 때 신비로우면서도 단절된 기분을 겪곤 하는데 이것이 바로 에디슨의 뛰어난 창의력에 감춰진 비밀이다. 전해지는 이야기에 따르면, 에디슨은 어려운 문제에 직면하면 골몰하는 대신 낮잠을 잤다고 한다. 하지만 그냥 잠든 게 아니라 바닥에 접시를 놓고서 안락의자에 앉아 볼베어링을 손에 쥔 채로 낮잠을 잤다. 에디슨이 긴장을 풀면 생각은 자유롭고 개방된 분산모드로 흘러갔다. (여러분이 풀고자 하는 문제가 있다거나 창의적으로 작업해야 하는 어떤 일이 있다면 뇌가 보다 느긋하게 사고하도록 잠을 자는 게 좋다는 걸 이로써 알 수 있다.) 에디슨이 잠들면 볼베어링이 손에서 미끄러져 접시에 떨어졌다. '쨍그랑' 하는 소리가 나면 에디슨은 잠에서 깨어 분산모드에서 이뤄진 사고의 단편을 주워 담아 새로운 접근법을 찾았다.[5]

뛰어난 발명가 토머스 에디슨(위)은 집중모드에서 분산모드로 솜씨 좋게 전환할 줄 알았던 듯하다. 유명한 초현실주의 화가 살바도르 달리(아래)도 예술활동을 할 때 이런 요령을 활용했다.

능력을 십분 활용하고 확장시키는 창의력

공학과 과학, 예술 분야의 창의성은 서로 깊게 연결된다. 제멋대로인 초현실주의 화가 살바도르 달리 역시 에디슨과 마찬가지로 분산모드의 창의적인 관점에 들어서기 위해 낮잠을 이용했고 손에 쥔 물건이 떨어질 때 나는 쨍그랑 소리에 잠에서 깨어났다. (달리는 이 방법을 "잠들지 않고 잠자기"라고 불렀다.[6]) **분산모드를 활용하면 깊고 창의적인 수준에서 뭔가를 배울 수 있다**. 수학과 과학 문제를 푸는 데는 상당한 창의력이 필요하다. 수학과 과학 문제는 한 가지 방식으로만 푼다고 생각하는 사람이 많지만, 창의적으로 문제에 접근한다면 수많은 해결책을 찾을 수 있다. 예를 들어 피타고라스 정리는 알려진 것만 해도 **삼백 가지** 이상의 증명법이 있다. 곧 살펴보겠지만 공학적인 문제와 그 해법은 시의 한 형태로 여겨질 정도다.

하지만 창의력은 과학 분야나 예술 분야에서 이미 능력이 발달된 상태만을 의미하는 게 아니다. 창의력은 여러분의 능력을 최대한 활용하고 갈고닦는 것을 의미한다. 자신은 창의적이지 않다고 생각하는 사람이 많지만 사실은 전혀 그렇지 않다. 우리 **모두**가 새로운 신경세포 연결고리를 만들고 애초에 그 자리에 없었던 무언가를 기억해서 끄집어내는 능력을 갖고 있다. 창의력 연구자 리안 가보라와 애퍼라 란잔은 이를 "창의력의 마법"이라고 불렀다.[7] 정신이 어떻게 작동하는지를 파악하면 우리의 사고가 가진 창의력을 보다 잘 이해하게 될 것이다.

한번 해보자!

집중모드에서 분산모드로

다음 영어 문장을 읽고 몇 개의 오류가 있는지 찾아보자.

Thiss sentence contains threee errors.
(이 문장에는 세 개의 오류가 있다.)

집중모드를 활용하면 처음 두 개의 오류는 쉽게 발견할 수 있다. 하지만 세번째, 자기모순의 오류는 분산모드로 접근방식을 바꿔야 보다 확실히 드러난다.[8] (앞서 말했지만 해답은 책 뒤의 주석 부분에 실렸다.)

모드를 이리저리 전환해 무언가에 숙달하기

에디슨의 이야기는 우리에게 또다른 사실을 알려준다. **수학과 과학 분야에서는 실패하면서 많이 배운다는 사실이다.**[9] 여러분은 어떤 문제를 풀 때 실수를 스스로 알아차리면서 조금씩 발전한다. 이 사실을 알면 오류를 찾아낼 때마다 만족스러울 것이다. 에디슨은 이렇게 말했다. "나는 한 번도 실패한 적이 없다. 그저 제대로 작동하지 않는 만 가지 방식을 발견했을 뿐이다."[10]

실수는 불가피하게 벌어진다. 실수를 겪으면서 발전하려면, 과제를 일찍 시작하고 정말로 즐기는 게 아닌 이상 **작업 시간을 짧게 유지해야 한다.** 여러분이 휴식을 취할 때도 배후에서는 분산모드가 계속 작동한다는 걸 잊지 마라. 분산모드가 작동하면 쉬고 있을 때도 계속 해서 그 주제를 배우는 셈이니 정말 바람직한 일이다. 몇몇 사람들은 분산모드를 겪어본 적이 없다고 생각하지만 사실은 그렇지 않다. 긴장을 풀고 특정한 무언가에 대해 곰곰이 생각하지 않으면서 멍하니 있을 때마다 여러분의 두뇌는 분산모드의 한 형태인 자연적인 디폴트default 모드에 들어간다. 누구나 이를 경험한다.[11]

분산모드가 어려운 문제와 싸우도록 만드는 가장 효과적이고 중요한 방법은 아마 수면일 것이다. 그러니 분산모드에 들어간 사람이 느긋해 보이거나 가끔은 졸려 보여도 오해해서는 안 된다. 분산모드는 등산할 때의 베이스캠프 같은 역할을 한다. 험준한 산의 정상까지 이르는 긴 여정에서 베이스캠프는 휴식을 취하기 위해 꼭 필요하다. 여기서 잠깐 멈추거나 뒤를 돌아보거나, 장비를 점검하거나 길을 제대로 가고 있는지 점검할 수 있다. 하지만 베이스캠프에서의 휴식을 산 정상까지 오르는 지난하고 힘든 등반과 동일하게 여겨서는 안 된다. **다시 말해, 분산모드를 활용한다고 해서 빈둥거리면서도 어디든 갈 수 있는 건 아니다.** 하루이틀이 지나고 몇 주가 지날수록 집중모드의 집중력과 분산모드의 휴식 사이를 오가며 정신을 분산하는 연습을 해야 효과를 볼 수 있다.[12]

여러분의 두뇌가 어떤 문제를 처음으로 접할 때는 집중모드를 활용해야 하는데, 그러려면 주의 집중력을 최대한 끌어올려야 한다. 연구 결과에 따르면 이 사고모드에 정신적 에너지를, 즉 의지력을 꽤 많이 할당한다.[13] 그러다가 에너지가 떨어지면 수학을 공부하다가 프랑스어 단어를 공부하는 것처럼 또다른 집중모드 과제로 휙 넘어가며 휴식을 취한다. 하지만 집중모드에 오래 머물수록 정신 자원을 더 많이 사용하게 된다. 마치 정신의 근력 운동을 집중적으로 장시간 진행하는 일과 같다. 그렇기에 몸을 움직이거나 친구들과 수다를 떠는 식으로 집중할 필요가 없는 일을 하면서 잠깐 휴식을 취하면 뇌가 다시 생기를 찾는다.

여러분은 보다 빠르게 학습하고 싶을 것이다. 어떻게든 분산모드에게 새로운 개념을 보다 빨리 습득하라고 명령하고 싶을 것이다. 하지만 이 과정을 운동과 비교해보자. 근력 운동만 쉼 없이 한다고 해서 근육이 계속 커지지는 않는다. 근육이 커지려면 운동하는 사이사이에 휴식을 취해야 한다. 근력 운동 사이에 휴식을 취해야 장기적으로는 더욱 튼튼한 근육이 만들어진다. 꾸준히 하는 것이 핵심이다!

집중모드로 작업을 충분히 한 후
보상으로 삼을 만한 분산모드 활동들[14]

일반적으로 분산모드를 활성화하는 활동들

- 헬스장 가기
- 축구나 농구 같은 운동하기
- 조깅, 산책, 수영
- 춤추기
- 운전하기(또는 드라이브 따라가기)
- 그림 그리기
- 목욕이나 샤워하기

- 음악 듣기, 특히 가사가 없는 곡 듣기
- 잘 아는 노래의 멜로디를 직접 악기로 연주하기
- 명상이나 기도하기
- 잠자기(궁극의 분산모드다!)

다음 활동들은 잠깐 빠르게 보상으로 활용 가능한 분산모드 활성제다. (이 활동들은 때때로 위의 활동보다도 더욱 집중모드로 끌어들인다.)

- 비디오 게임하기
- 웹서핑하기
- 친구와 수다 떨기
- 단순한 작업을 하는 누군가를 자진해서 돕기
- 긴장을 풀고 편하게 읽을 만한 책 읽기
- 친구와 문자메시지 주고받기
- 영화나 연극 보기
- 텔레비전 보기(졸면서 리모컨을 떨어뜨리는 건 중요하지 않다)

친구를 따라잡겠다고 애쓰지 마라

수학과 과학 과목에서 막 고군분투를 시작한 학생들은 종종 지적으로 실력이 비슷한 경주마를 찾아서 그들을 반드시 따라잡아야 한다고 되뇐다. 하지만 이들은 해당 과목을 제대로 익히기 위해 필요한 시간을 충분히 갖지 않아 결국 훨씬 더 뒤처진다. 이런 불편하고 실망스러운 상황이 이어지면 학생들은 그럴 필요가 없음에도 수학과 과학에서 낙오된다.

한 발 뒤로 물러서서 자신의 강점과 약점을 냉정하게 파악하자. 만약 수학과 과학을 배우는 데 시간이 많이 필요한 유형이라면, 그런 현실을 받아들여라. 여러분이 고등학생이라면 보다 어려운 과목에 집중하도록 공부 시간표를 다시 짜라. 단 이때는 감당 가능한 만큼만 시간을 배분해야 한다. 만약 대학생이라면 어려운 과목들을 잔뜩 수강하지 않도록 유의해야 한다. 일을 공부와 병행하는 상황이라면 더 그렇다. 많은 학생들에게 수학과 과학 과목은 조금만 노력을 들여도 다른 과목을 열심히 공부하는 것만큼이나 부담이 된다. 특히 대학교 저학년 학생이라면 친구를 따라잡겠다는 유혹이 생기겠지만 욕심을 버려야 한다.

놀랄지도 모르겠지만, 천천히 학습하는 것이 빠르게 생각하는 친구들보다 더 깊게 이해하는 셈이다. 내 두뇌를 재정비하는 과정에서 가장 유용했던 비법을 꼽자면, 한번에 수학과 과학 과목을 과도하게 수강하겠다는 유혹을 피한 것이다.

아인슈텔룽 효과 피하기

과제를 하거나 시험 문제를 풀 때 처음 떠오른 아이디어에 집중하다 보면 더 나은 해결책을 찾는 데 방해가 될 수 있다는 사실을 유념하자. 아인슈텔룽 효과에 빠진 체스 선수들은 또다른 해결책을 찾기 위해 체스판을 탐색하는 중이라고 믿는다. 하지만 그 눈의 움직임을 주의 깊게 관찰해보면 처음 떠올렸던 해결책에 계속 머물 뿐이다. 눈의 움직임뿐만 아니라 정신의 움직임도 문제에 대한 새로운 접근법을 찾기에는

불충분하다.[15]

최근의 연구 결과에 따르면, 눈을 깜박이는 행동은 어떤 상황을 재평가하는 또다른 수단을 제공해주는 데 필수적이다. 눈을 감으면 순간적으로 주의력이 비활성화되는 짧은 휴지상태에 들어가게 되는데 그러면서 우리의 의식과 관점이 새롭게 다져진다.[16] 즉 눈을 깜박이면 순간적으로 집중모드의 관점에서 벗어나게 된다. 하지만 다른 한편으로 일부러 눈을 감으면 고도로 집중할 수도 있다. 사람들이 종종 어떤 문제에 대한 해답을 찾기 위해 고민할 때 집중력을 흐트러뜨리지 않기 위해 눈을 감거나 가리거나 다른 곳을 보는 식으로 행동하는 것은 그래서다.[17]

사소해 보이지만 머리를 식히는 과정이 얼마나 중요한지 알았던 망누스 칼센의 천재성에 대해 이제 조금은 이해할 수 있다. 칼센은 자리에서 일어나서 다른 체스판으로 시선과 주의를 돌림으로써 순간적으로 집중모드에서 벗어날 수 있었다. 칼센이 카스파로프와의 경기를 치르는 데 필요한 분산적인 직관을 가지려면 다른 데 시선과 주의를 돌리는 행동이 무척 중요했을 것이다. 그렇다면 어떻게 칼센은 그렇게 빨리 사고모드를 바꾸어 번쩍하는 통찰을 얻은 걸까? 그동안 체스 시합을 하면서 쌓은 전문지식도 도움이 됐겠지만 직관력을 연습한 일도 한몫했을 것이다. 이는 여러분도 참고할 만한 도움말이다. 집중모드와 분산모드 사이를 신속하게 넘나들며 특정 과목에 대한 실력을 기르는 데 말이다.

여기에 더해 칼센은 시합중에 의자에서 벌떡 일어나면 카스파로프의 집중력이 흐트러질 것이라는 사실도 알았다. 긴박하게 진행되는 이런 경기에서는 조금만 주의력이 흐트러져도 당황하게 된다. 고도의 집중력이야말로 무언가를 하는 과정에서 잃어서는 안 될 필수 자원이라는 사실을 여러분도 기억해야 한다. (일부러 한 발자국 물러나 분산모드를 발동할 때가 아니라면 말이다.)

어려운 문제를 풀거나 새로운 개념을 배울 때는 거의 언제나 그 문제에 의식적으로 힘을 쏟지 않는 기간이 한 번 이상은 필요하다. 이런 막간 휴식기는 여러분이 그 문제에 직접적으로 집중하지 않는 시간이자 분산모드를 통해 새로운 방식으로 문제를 탐색하는 시간이기도 하다. 그러다가 문제에 다시 집중하면 분산모드에서 얻은 새로운 개념이나 패턴을 더욱 강화할 수 있다.

바람직한 학습을 위해서는 집중하는 학습 기간 사이에 휴식기를 가져서 신경 패턴이 제대로 굳어지게 해줘야 한다. 왼쪽 그림처럼 벽돌로 벽을 쌓는 과정에서 모르타르가 굳는 시간이 필요한 것과 마찬가지다. 잠깐 벼락치기를 하면서 모든 내용을 공부하려 든다면 장기 기억에 신경 구조가 단단히 다져질 시간이 없다. 그 결과 오른쪽 그림처럼 벽돌이 제멋대로 뒤섞일 것이다.

집중모드와 분산모드 넘나들기

15년 동안 피아노를 연주했지만 가끔 유난히 어려운 곡이 있어요. 그러면 제대로 그 곡을 칠 수 없더라도 (속도가 아주 느리거나 부정확하더라도) 어떻게든 손가락을 움직여서 몇 번이고 반복한 다음에 휴식을 취했죠. 그러고서 다음날 다시 쳐보면 마치 마법처럼 완벽하게 연주할 수 있었어요.
오늘도 까다로워서 잘 풀리지 않는 미적분 문제 때문에 슬슬 화가 나길래 잠깐 쉬기로 했죠. 그래서 차를 몰고 르네상스 축제에 가다가 해법이 갑자기 떠올랐어요. 까먹기 전에 냅킨에 얼른 적어뒀죠! (그러니 차에 항상 냅킨을 준비해두세요. 무슨 일이 일어날지 모르니까요.)

—트레버 드로즈(컴퓨터공학과 3학년생)

집중모드 막간의 휴식 시간은, 여러분이 풀려고 애쓰던 문제에 의식적으로 기울이던 주의력이 완전히 사라질 정도로 길게 둬야 한다. 보통 몇 시간 정도면 분산모드가 의미 있는 진전을 거두기에 충분하다. 하지만 이보다 더 길어지면 분산모드에서 얻었던 통찰이 집중모드에 전달되기 전에 희미해지니 유의해야 한다. 내 경험상 어떤 새로운 개념을 처음으로 배울 때는 하루 이상 손대지 않고 놔두어선 안 된다.

분산모드에서는 새로운 방식으로 문제를 바라볼 수 있을 뿐 아니라 이미 알던 지식과 새로운 개념을 통합할 수도 있다. 신선한 관점에서 문제를 바라본다는 이러한 개념을 통해 왜 중대한 결정을 내리기 전에 '하룻밤 자면서 생각해보기'가 왜 괜찮은 아이디어인 건지,[18] 휴가를 떠나는 게 왜 중요한 건지 알 수 있다.

새로운 개념을 익히고 새로운 문제의 해법을 구하는 과정에서 여러분의 두뇌가 집중모드와 분산모드 사이를 오가면서 생긴 긴장을 푸는 데는 시간이 걸린다. 집중모드에서의 작업이 벽돌을 공급하는 과정이라면, 분산모드에서의 작업은 그 벽돌을 한데 모아 모르타르로 조금씩 쌓아올리는 과정이다. 인내심을 갖고 한번에 조금씩 계속해가야 한다. 여러분에게 미루기 습관이 있다면, 곧 소개할 효과적인 신경 패턴 기술들을 익히면 문제 해결에 유용할 것이다.

한번 해보자!

스스로를 관찰하라

어떤 사람이나 어떤 대상 때문에 실망했다거나 좌절했다면, 한 발 물러나 자신의 반응을 한번 관찰해보자. 분노와 좌절은 성공을 위한 동기를 부여해주지만 동시에 우리가 무언가를 배우는 데 필요한 두뇌의 핵심 영역을 차단할 수도 있다. 그러니 좌절감이 드는 상황을 분산모드로 전환할 필요가 있다는 걸 알려주는 훌륭한 정지 신호라고 여길 수 있다.

정말로 난관에 봉착했다면

자기 통제력이 강한 사람일수록 분산모드가 작동하도록 집중모드의 스위치를 일부러 끄는 걸 어려워할 수 있다. 사실 그런 사람들은 다른 사람이 지칠 때도 계속 전진하기 때문에 성공을 거둔다. 만약 여러분이 종종 이런 문제를 겪는다면, 또다른 기술을 활용해볼 수 있다. 같이 공부하는 동료나 친구, 연인 등 여러분이 위험할 정도로 좌절한다는 사실을 알아차리는 사람의 말에 귀기울여보자. 가끔은 자기 말보다는 다른 사람의 말을 듣는 게 더 쉬운 법이다. (예컨대 내 남편이나 아이들은 내게 구닥다리 소프트웨어 좀 그만 쓰라고 얘기하는데 들을 때는 못마땅하지만 결국 마지못해 그 말을 따르게 된다.)

다른 사람과 대화하는 문제에 대해 말이 나온 김에, 완전히 막다른 길에 처한 상황이라면 반 친구나 동료, 선생님에게 통찰력을 얻으면 좋다. 문제를 해결하기 위한 다른 관점이라든지 개념을 이해하는 다른 비유법에 대해서 주변 사람들에게 조언을 구하라. 하지만 다른 사람에게 묻기 전에 우선은 혼자서 문제와 씨름해보는 게 좋다. 그렇게 기본 개념을 충분히 이해해야 다른 사람의 설명을 더 잘 받아들일 수가 있다. 무언가를 배운다는 건 보통 기존에 습득했던 내용을 이해한다는 의미다. 그러니 일단 무언가를 습득해야만 한다. (고등학교 시절, 과학 과목이 도저히 이해되지 않아 과학 선생님들을 탓하며 쏘아봤었다. 첫 단계를 스스로 밟아야 한다는 걸 깨닫지 못하고 말이다.) 그리고 중간고사나 기말고사가 임박해서야 이런 도움을 받겠다고 서두르지 말고 되도록이면 일찍, 자주, 주변 사람들에게 조언을 구하라. 여러분이 특정 주제를 제대로 이해할 수 있게 선생님들은 바꾸어 말하거나 여러 방식으로 설명해줄 것이다.

실패는 훌륭한 선생님이다

10학년 시절 저는 AP 컴퓨터공학 수업을 듣기로 결심했습니다. 수업을 듣고서 AP 시험을 봤지만 점수는 시원찮았죠. 하지만 저는 실패를 받아들이지 못해서 다음해에 같은 강의를 재수강하고 시험도 다시 봤어요. 왜인지 모르겠지만 거의 1년 동안 프로그래밍에서 손을 뗐다가 되돌아오자 제가 프로그래밍을 진심으로 즐긴다는 걸 깨달았어요. 그래서 두번째로 본 시험은 손쉽게 통과했죠. 만약 컴퓨터공학 수업을 처음 들었을 때 실패를 지나치게 두려워했다면, 두번째 수강에서도 마찬가지였을 겁니다. 그러면 지금처럼 열정적이고 행복한 컴퓨터공학도는 되지 못했을 겁니다.

—커샌드라 고든(컴퓨터공학과 2학년생)

한번 해보자!

학습의 역설 이해하기

학습은 종종 역설적이다. 학습에 필요한 바로 그 요인이 우리의 학습 능력을 저해하기 때문이다. 문제를 해결하려면 골똘하게 집중해야 한다. 그런데 바로 그 집중력이 우리에게 필요한 신선한 관점에 가닿지 못하게 우리를 방해하기도 한다. 성공은 중요하지만, 확실한 건 실패도 중요하다. 끈질긴 노력이 핵심이지만, 방향을 잘못 잡은 끈기는 불필요한 좌절로 이어진다.

이 책에서 여러분은 학습에 관한 여러 가지 역설을 접할 것이다. 어떤 역설이 있을지 조금이라도 짐작이 되는가?

작업 기억과 장기 기억

이제 여러분에게 기억력에 관한 몇 가지 기본 사항을 알려주겠다. 이 책의 목적을 달성하기 위해서 여기서는 두 가지 주요 기억체계만 다룰 것이다. 바로 작업 기억과 장기 기억이다.[19]

작업 기억이란 마음속에서 곧장 의식적으로 처리하는 것과 관련되는 기억이다. 한때는 작업 기억이 한번에 약 일곱 가지의 항목 또는 '덩어리chunk'를 처리할 수 있다고 여겨졌으나 현재는 대략 네 가지 정보 덩어리만 수용한다는 의견이 보편적이다. (우리는 기억해야 할 항목을 자동적으로 덩어리 지어 분류한다. 다시 말해 우리의 작업 기억의 처리량은 실제보다 더 크다고 볼 수 있다.[20])

작업 기억은 정신적인 저글링과 비슷하다. 여러분이 계속해서 조금씩 에너지를 소모하므로 한번에 네 개의 항목만 공중에, 즉 작업 기억에 머무를 수 있기 때문이다. 몸속에서 신진대사를 하는 뱀파이어(자연적인 소멸과정이다)가 기억을 빨아먹지 못하게 막으려면 이 같은 에너지가 필요하다. 다른 말로 하자면 이런 기억을 적극적으로 유지하기 위해 애쓰지 않으면 여러분의 몸이 에너지를 다른 곳에 써서 결국 여러분은 습득한 정보를 잊을 것이다.

일반적으로 사람들은 왼쪽 그림처럼 작업 기억에 약 네 개의 항목을 유지할 수 있다. 그런데 여러분이 수학이나 과학의 어떤 해법이나 개념을 완전히 익혔다면 이는 작업 기억에서 상대적으로 적은 공간을 차지하게 된다. 그러면 정신의 사고 공간에 여유가 생겨 오른쪽 그림처럼 다른 개념을 보다 수월하게 이해하는 데 힘을 쓸 수 있다.

작업 기억은 수학과 과학을 배우는 과정에서 중요하다. 작업 기억은 여러분이 고민하거나 이해하려고 애쓰는 몇몇 생각들을 적어두는 혼자만의 마음속 칠판과도 같기 때문이다.

어떻게 해야 작업 기억에 무언가를 넣어둘 수 있을까? 보통은 반복이 그 답이다. 예를 들어 전화번호를 어딘가에 적어두기 전까지 이를 몇 번이고 되뇔 수 있다. 또 무언가에 집중할 때 작업 기억의 제한된 자리에 다른 항목이 끼어들지 못하도록 눈을 질끈 감기도 한다.

반대로 **장기 기억은 저장 창고와 비슷하다**. 일단 어떤 항목이 장기 기억까지 도달하면 보통 거기 계속 머무른다. 이 창고는 수십억 가지의 항목을 넣어둘 정도로 꽤 크며, 그렇기에 꾸러미를 다시 끄집어내기 힘들 정도로 아주 깊숙이 파묻히기도 쉽다. 연구 결과에 따르면, 장기 기억에 넣어둔 정보를 나중에 필요할 때 다시 찾아낼 확률을 높이려면 저장 후에도 몇 번은 다시 접해야 한다.[21] (컴퓨터 전문가들은 단기 기억을 컴퓨터의 램에, 장기 기억을 하드 드라이브에 빗댄다.)

문제 풀이 과정에서 필요한 기본 개념과 기법이 장기 기억에 저장되므로 이는 수학과 과학을 배울 때 중요하다. 정보를 작업 기억에서 장기 기억으로 옮기려면 시간이 걸리므로 이 과정을 돕기 위해서 **간헐적 반복**이라는 기술을 활용할 수 있다. 여러분도 짐작했겠지만 간헐적 반복은 새로운 어휘나 새로운 문제 풀이 기법처럼 계속 기억해두고자 하는 무언가를 반복하되, 며칠씩 간격을 두고 되풀이하는 기술이다.

며칠간 시간을 두고 반복하는 과정은, 그러니까 며칠에 걸쳐서 연습하는 과정은 큰 변화를 낳는다. 연구 결과에 따르면, 무언가를 잊지 않기 위해 하룻밤에 스무 번씩 반복하는 것보다는 이를 며칠이나 몇 주 동안 나누어서 스무 번 반복하는 게 더 효과적이다.[22] 앞서 살폈던 벽돌 쌓기와 마찬가지다. 모르타르가 굳을 시간(시냅스 연결이 형성되고 강화되는 시간)을 주지 않으면 아주 튼튼한 구조물은 만들 수 없다.

한번 해보자!

생각이 배경에서 작동하게 하기

다음번에 어려운 문제와 씨름할 일이 생긴다면, 거기에 몇 분만 집중해보자. 그러다가 막히면 다른 문제로 넘어가라. 그렇게 해도 분산모드가 배경에서 그 어려운 문제를 계속 처리할 것이다. 나중에 다시 그 문제로 돌아오면 놀랍게도 문제 해결책에 성큼 다가설 수 있다

수면에 대한 조언

많은 사람들이 낮잠을 못 잔다고 말해요. 하지만 몇 년 전 딱 한 번 요가 수업을 들었을 때 한 가지 방법을 배웠죠. 호흡을 느리게 하는 거죠. 천천히 숨을 들이마셨다가 내뱉으면서 '반드시 잠이 들어야 해' 하는 게 아니라 '잘 시간이야!'라고 생각하면서 호흡에 집중해요. 그리고 방을 어둡게 하거나 비행기에서 사용하는 것 같은 안대를 합니다. 휴대전화 알람을 21분 뒤로 맞춰놓아요. 기력을 회복하려면 낮잠을 짧게 자야 해요. 더 오래 자면 오히려 몸이 늘어지더라고요. 이 정도만 자도 인지력은 되살아나요.

—에이미 앨콘(신디케이트 칼럼니스트이자 토막잠의 달인)

학습에서 수면의 중요성

놀랍게도, 계속 깨어 있기만 해도 우리 뇌에서는 독성 물질이 만들어진다. 우리가 자는 동안 세포는 수축해 세포 사이의 공간이 놀랄 만큼 벌어진다. 그리고 마치 수도꼭지를 틀었을 때처럼 액체가 흘러나와 이 세포 사이의 공간을 흐르며 독성 물질을 씻어낸다.[23] 뇌를 건강하게 유지하려면 이렇게 밤마다 청소를 해줘야 한다. 잠을 너무 적게 자면 이 독소가 쌓이기 때문에 명료하게 사고할 수 없게 된다. (지나치게 수면 시간이 짧으면 알츠하이머병부터 우울증까지 여러 질환이 생길 수 있고 계속 잠을 못 자면 생명이 위험해진다.)

연구 결과에 따르면, 수면은 기억과 학습에서 무척 중요한 역할을 한다.[24] 자는 동안 이뤄지는 이 특별한 정리 작업을 통해 사소하고 쓸데없는 기억이 삭제되고 동시에 중요한 기억은 강화된다. 또 무언가를 배울 때 어렵고 힘든 부분이 잠을 자는 동안 두뇌에서 반복 연습된다. 신경 패턴을 거듭 다져 더욱 심화시키고 강화시킨다.[25]

마지막으로 수면을 통해 어려운 문제를 해결하며 지금 학습중인 내용을 이해하고 그 의미를 찾는 능력이 크게 향상된다. 잠자는 동안 전전두엽 피질에 있는 의식적인 '나'는 완전히 비활성화되고 뇌의 다른 영역끼리 더욱 쉽게 의사소통을 해서 여러분이 마주한 문제에 대한 신경학적인 해법이 하나로 모인다.[26] (물론 일단 집중모드에서 학습을 해둬서 분산모드에서 싹을 틔울 씨앗을 뿌려놓아야 한다.) 낮잠을 자거나 밤에 자기 직전에 어떤 주제를 공부하면 그 내용과 관련된 꿈을 꿀 확률이 높아진다. 더 나아가 그 주제에 대한 꿈을 꾸고 싶다고 마음을 먹으면 정말로 그 내용이 꿈에 나올 가능성은 더 높아진다.[27] 지금 공부중인 내용을 꿈에서 접하면 그에 대한 이해력은 쑥쑥 올라간다. 이는 여러분의 기억을 보다 이해하기 쉬운 덩어리로 단단하게 굳히는 과정과 같다.[28]

만약 피곤하다면 일단 잠자리에 들고 다음날 조금 더 일찍 일어나면 충분히 휴식을 취한 뇌로 다시 학습할 수 있다. 경험이 많은 학습자들은 피곤한 뇌로 세 시간 학습하는 것보다 푹 쉰 뇌로 한 시간 학습하는 게 낫다고 입을 모은다. 잠을 못 잔 뇌는 정상적인 사고과정에서 형성되는 보통의 신경 연결고리를 만들 수 없다. 시험 전날에 밤을 새운다면, 아무리 완벽하게 시험 준비를 했을지라도 머릿속이 제대로 작동하지 못하기 때문에 좋은 성적을 거두기 힘들다.

여러 분야에 적용되는 한 가지 방법

집중모드와 분산모드라는 접근방식은 수학과 과학뿐 아니라 모든 분야와 과목에 유용하다. 영어를 전공하는 졸업반 학생 폴 슈발베는 이렇게 말한다.

"저는 어떤 문제가 잘 안 풀리면 공책과 펜을 가지고 와서 침대에 누워서는 잠들 때까지 그 문제에 대해 끼적여요. 가끔은 잠들었다가 깨어나서는 떠오른 생각을 적죠. 말도 안 되는 내용을 적을 때도 있지만 문제를 바라보는 완전히 새로운 시각을 얻을 때도 있어요."

요약

- 수학과 과학 분야에서 어떤 개념이나 문제를 처음 접하면 집중모드를 활용하라.
- 일단 집중모드에서 열심히 공부했다면 이제 분산모드의 차례다. 긴장을 풀고 뭔가 다른 활동을 하라!
- 좌절감이 높아지면 주의를 돌려 분산모드가 배경에서 작동하도록 하라.
- 수학과 과학 공부는 꾸준히 계속하는 게 최선이다. 그러면 집중모드와 분산모드 양쪽에 충분히 시간이 주어지므로 학습 내용에 대한 이해력이 높아진다. 이렇게 하면 튼튼한 신경 구조물이 만들어진다.
- 미루는 습관이 문제라면, 25분짜리 알람을 맞춰라. 그리고 그 시간만큼은 휴대전화로 문자메시지를 주고받거나 웹서핑을 하는

등 다른 데 주의를 빼앗기지 말고 공부에만 집중해라.

- 우리에게는 두 종류의 주요 기억체계가 있다.
  - 작업 기억: 한번에 네 개의 항목만 공중에 띄울 수 있는 곡예사와 같다.
  - 장기 기억: 다량의 물건을 저장할 수 있는 창고와 같지만 기억을 계속해서 불러오려면 가끔씩 재방문해야 한다.
- 간헐적 반복은 작업 기억의 항목을 장기 기억으로 옮기는 데 유용하다.
- 수면은 학습과정에서 불가결한 부분이다. 수면의 역할은 다음과 같다.
  - 정상적인 사고과정에 필요한 신경 연결고리를 만든다. 그렇기에 시험 전날에는 충분히 자야 한다.
  - 어려운 문제를 해결해주고 현재 학습중인 내용이 무슨 의미인지를 찾아준다.
  - 학습 내용의 중요한 부분을 강화하고 숙달시키며 불필요한 부분은 쳐내준다.

잠깐 멈춰 복습하기

일어서서 잠깐 휴식을 취하자. 물 한 잔을 마시거나 간식을 먹거나 궤도를 도는 전자처럼 근처 테이블 주변을 빙글빙글 돌아보자. 이렇게 움직이는 동안 이번 장의 핵심 내용을 다시 떠올리고 되짚어보자.

배운 내용 다지기

1. 집중모드에서 분산모드로 전환할 때 도움이 될 만한 몇 가지 활동을 얘기해보자.
2. 문제를 분석하는 새로운 접근법을 찾아냈다고 확신하지만 실제로는 그렇지 않은 경우가 가끔 있다. 여러분이 다른 가능성에 열려 있게 해주는 사고과정을 보다 적극적으로 파악하려면 어떻게 해야 할까? 항상 새로운 가능성에 마음을 열어둬야 할까?
3. 무언가를 중단하게 해주는 자기 통제력은 왜 중요할까? 공부나 학교 밖 영역에서 언제 이런 기술이 필요할까?
4. 새로운 개념을 배울 때, 그 주제를 하루 안에 복습함으로써 머릿속에 새롭게 새겨넣은 내용이 흐릿해지지 않기를 바란다. 하지만 다른 문제에 정신이 팔려 며칠이 지나고서야 그 개념을 다시 살필 때도 많다. 새로 공부하는 개념을 제때 복습하려면 어떤 계획을 세워야 할까?

신경심리학자 로버트 빌더의 창의력에 관한 조언

로버트 빌더가 하와이 마카푸에서 '한번 해보고' 있다.

정신의학 교수 로버트 빌더는 UCLA 테넨바움 창의력센터의 소장으로서 UCLA 학생, 직원, 교수 들의 창의적인 성취와 심리적인 복지를 증진하는 '마인드 웰' 정책을 이끌고 있다.

창의력 연구에 따르면 개인적인 성공 비법은 여러 가지가 있다. 그중 첫번째 비법은 나이키 광고 문구이기도 한 '그냥 한번 해보라Just do it'다. 나머지는 다음과 같다.

—**창의력은 숫자 게임이다**: 우리가 평생 창의적인 작업을 얼마나 많이 할 수 있을지는 작업량을 통해 예측할 수 있다. 가끔은 내 작업을 다른 사람에게 공개하기 괴롭지만 그럴 때마다 최선의 결과가 이어졌다.

—**두려움과 맞서라**: 페이스북 본사에서 강연을 하고 받은 동기 부여 포스터에

는 이렇게 적혀 있었다. "두렵지만 않다면 무엇을 할 것인가?" 이 포스터를 시간 날 때마다 보며 매일 무엇인가 용기를 내어 하려고 노력한다. 여러분은 무엇을 두려워하는가? 그 두려움 때문에 멈추지 마라!

—**재도전하는 일을 대수롭지 않게 여겨라**: 결과가 마음에 들지 않는다면 처음부터 다시 하라!

—**비판은 약이 된다**: 우리의 작업을 다른 사람에게 공개하고 스스로를 점검할 수 있도록 표면화함으로써 독특한 관점과 통찰력을 얻고 더 나은 결과를 내기 위한 새롭고 더 나은 계획을 수립할 수 있다.

—**마음에 안 드는 상황과 친해져라**: 창의력과 '수용성'은 반비례한다. 다시 말하면 까다롭게 무언가를 잘 받아들이지 않는 사람이 가장 창의적인 경향이 있다. 내가 새로운 무언가를 발견했던 경우를 되짚어보면, 기존의 해답에 도전했기 때문에 그럴 수 있었다. 어떤 문제를 뿌리까지 파고들면서 (다른 이들이 제기하는 가정에 더해) 우리가 가졌던 가정에 의문을 제기할 때 창의적인 접근법을 발전시킬 수 있다. 그리고 이 과정을 반복하라!

4장

기억 덩어리, 그리고 유능함에 대한 환상 피하기

:

'방정식과 소통하는 자'가 되기 위한 핵심

솔로몬 셰레셉스키가 상사의 관심을 끈 것은 게을러 보였기 때문이다. 적어도 그의 상사는 그렇게 생각했다.

솔로몬은 기자였다. 1920년대 중반만 해도 소비에트 연방에서 활동하는 기자들은 들은 대로만 기사를 써야 했다. 그보다 더도 덜도 써서는 안 됐다. 매일 써야 할 할당량이 주어졌고 누구를 어디에서 만날지, 그에게 어떤 정보를 얻어야 할지도 모두 정해져 있었다. 다른 기자들은 모두 기삿거리를 메모해왔다. 하지만 솔로몬 셰레셉스키만은 예외였다. 호기심이 생긴 편집장은 솔로몬에게 왜 메모를 하지 않느냐고 물었다.

솔로몬은 깜짝 놀랐다. 그러면서 그는 "들은 걸 모두 그대로 기억할 수 있는데 대체 왜 적어야 하죠?"라고 되물었다. 솔로몬은 아침에 들은 강의의 일부를 토씨 하나도 틀리지 않고 읊었다. 모든 사람이 자기처럼 기억하는 줄로만 알았던 솔로몬은 깜짝 놀랐다. 솔로몬은 모두가 완벽하게, 영원히 기억한다고 생각했다.[1]

여러분은 이런 기억력을 갖고 싶은가?

안 그럴 수도 있다. 이런 탁월한 기억력 때문에 솔로몬은 한 가지 문제를 겪었기 때문이다. 이번 장에서는 그 문제가 정확히 무엇인지 알아보려 한다. 주의 집중력이 이해력과 기억력과 어떻게 연결되는지에 관한 내용이다.

주의를 집중할 때 뇌에서는 어떤 일이 벌어질까?

우리는 3장에서 문제를 바라보는 한 가지 방식에 갇히면 한 걸음 물러나 더 쉽고 나은 방법을 찾지 못한다는 성가신 사실에 대해 살펴보았다. 일명 아인슈텔룽 효과였다. 바꿔 말하면, 주의 집중력은 문제를 푸는 데 도움이 되기도 하지만, 동시에 새로운 해법을 찾지 못하도록 능력을 가로막는 문제가 생기기도 한다.

여러분이 무언가에 주의를 집중하면 머릿속에 있는 주의력 문어가 신경 촉수를 뻗어 뇌의 여러 부위를 연결한다. 어떤 물체의 형태에 집중하고 있는가? 그렇다면 의식의 촉수 하나가 시상에서 뒤쪽 후두엽 방향으로 뻗어나가며, 또다른 촉수는 대뇌 피질의 주름진 표면으로 향한다. 그 결과는 어떻게 될까? 여러분은 물체가 '둥글다'라는 걸 알 수 있다.

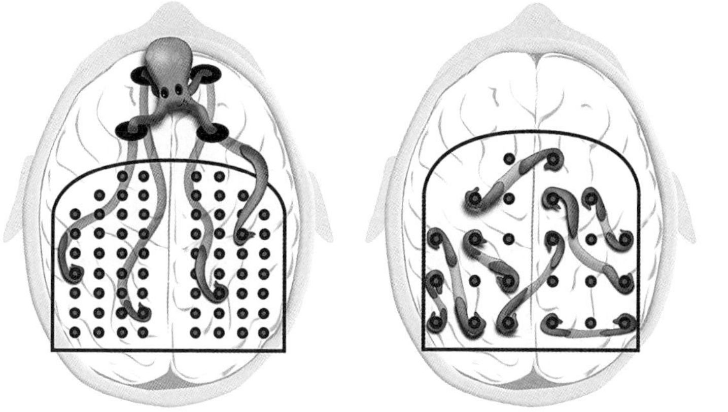

집중모드에서 나타나는 문어(왼쪽)는 작동 기억의 네 개 슬롯으로 촉수를 뻗어 서로 촘촘해진 신경 범퍼들을 신중하게 연결한다. 반대로 분산모드(오른쪽)에서는 범퍼가 서로 멀리 떨어져 있고 잠재적인 연결고리는 거칠게 섞여 있다.

색깔에 집중하면 어떻게 될까? 후두엽에 뻗었던 주의력 촉수가 살짝 다른 곳으로 이동하면서 '초록색'이라는 감각이 생긴다.

이제 촉수를 좀더 뻗어보자. 여러분은 특정 품종의 사과를 보고 있다고 결론내린다. 그래니스미스 품종이네, 맛있겠네!

주의를 집중해 두뇌의 여러 부위를 연결하는 과정은 집중모드 학습에서 중요하다. 흥미롭게도 여러분이 스트레스를 받으면 집중력 문어가 뇌의 영역을 연결하는 능력을 잃게 된다. 화가 나거나, 스트레스를 받거나, 두려울 때 두뇌가 제대로 작동하지 않는 것처럼 보이는 게 그래서다.[2]

스페인어로 말하는 법을 배우고 싶어한다고 가정해보자. 만약 스페인어를 사용하는 가정에서 자란다면 숨쉬기처럼 자연스럽게 스페인어를 익힐 것이다. 어머니가 '엄마'라고 말하면 여러분은 '엄마'라고 앵무새처럼 따라 한다. 여러분의 뉴런이 희미하게 빛나는 연결고리를 이루며 서로 연결되고 발화한다. 그러는 동안 머릿속에서 '엄마'라는 소리와 엄마의 웃는 얼굴 사이의 관계가 단단해진다. 이 반짝이는 신경 연결고리가 바로 하나의 기억 흔적이다. 물론 이는 관련된 다른 여러 기억 흔적들과 이어져 있다.

내가 러시아어를 배운 미국 국방언어학교 같은 최고의 언어 교육기관에서는 집중모드에서는 상당히 많은 내용을 반복 학습시키고 암기시킨다. 한편 보다 분산적인 모드에서는 원어민과 자유롭게 대화시키는 식으로 짜임새 있게 훈련을 구성했다. 이러한 연습을 통해 기본적인 단어와 패턴을 내면화해 새로운 언어를 모국어만큼이나 자유롭고 창의적으로 말할 수 있게 도왔다.[3]

집중적인 연습 그리고 기억의 흔적을 만드는 반복 훈련은 흠잡을 데 없는 골프 스윙이나 요리사의 숙련된 오믈렛 뒤집기 기술, 농구선수의 능숙한 자유투를 위한 핵심과정이기도 하다. 무용 분야를 봐도 어린아이가 서툴게 피루엣 동작을 하는 단계에서 전문 무용수가 잘 짜인 우아한 동작을 하는 단계까지 가려면 긴 세월이 걸린다. 하지만 그런 전문가의 길 역시 조금씩 완성되기 마련이다. 자유로운 스핀, 힐턴, 킥을 조금씩 기억하고 익혀 더욱 독창적인 해석의 춤으로 통합된다.

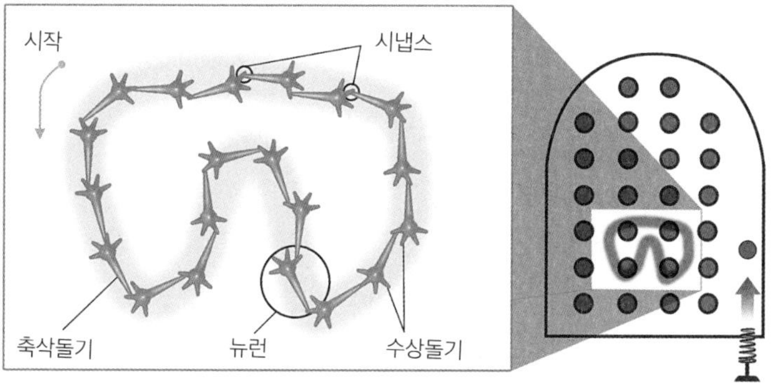

왼쪽 그림은 하나의 지식 덩어리, 즉 서로 연결되어 한꺼번에 발화하는 뉴런들의 촘촘한 연결을 나타냈다. 그리고 오른쪽 그림은 머릿속을 핀볼 머신에 비유했을 때 같은 패턴이 등장한다는 걸 보여준다. 이런 기억 흔적이 생기면 그 지식이 필요해질 때 끄집어내기가 쉽다.

기억 덩어리란 무엇일까?: 솔로몬이 겪은 문제

솔로몬 셰레셉스키의 엄청난 기억력에는 놀랄 만한 문제가 하나 있었다. 솔로몬의 개별 기억 흔적은 각각 너무 다채롭고 감정적이었기에 연결고리가 너무 많았다. 그래서 그런 흔적들을 한데 묶어 개념적인 **덩어리**를 만들기가 힘들었다. 비유하자면 각각의 나무의 이미지가 너무 강렬한 탓에 솔로몬은 숲을 볼 수 없었다.

기억 덩어리란 의미를 통해 서로 결합하는 정보 조각이다. 여러분은 'p'와 'o' 'p'라는 글자를 하나의 개념 덩어리인 'pop'이라는 단어로 묶어 쉽게 기억할 수 있다. 이는 용량이 커서 다루기 어려운 컴퓨터 파일을 압축 파일로 변환하는 것과 비슷한 과정이다. 'pop'이라는 덩어리는 단순해 보이지만 그 이면에는 각각의 글자를 조율하는 뉴런들의 교향곡이 있다. 복잡한 뉴런의 활동이 한데 묶여 단순하고 추상적인 생각 덩어리가 된다. 이렇듯 약어나 아이디어, 개념에 관한 생각 덩어리들이 과학과 문학, 예술의 상당한 기초를 이룬다.

예를 하나 들어보자. 1900년대 초반, 독일의 과학자인 알프레트 베게너는 대륙이동설을 제창했다. 베게너는 지도를 분석하고 연구와 탐사활동에서 얻은 정보를 취합해 여러 대륙의 땅덩어리가 퍼즐 조각처럼 서로 들어맞는다는 사실을 발견했다. 각 대륙에서 비슷한 암석과 화석이 발견된다는 사실도 이 학설을 강화해줬다. 일단 베게너가 여러 실마리를 하나로 묶자, 아주 오래전에는 모든 대륙이 하나의 땅덩어리였다는 사실이 분명해졌다. 시간이 지나면서 땅덩어리가 깨지고 조각끼리 멀어져 오늘날처럼 대양으로 서로 분리된 대륙이 된 것이다.

대륙이동설이라니! 정말 대단한 발견 아닌가!

하지만 솔로몬 셰레셉스키는 이런 대륙이동설의 발견과정에 대한 이야기를 읽어도 요점을 이해하지 못했을 것이다. 이 이야기를 한 단어 한 단어씩 외워 말할 수는 있어도 개별 기억 흔적을 연결해 개념적인 덩어리로 만들 수 없는 솔로몬에게 대륙이동설은 이해하기 무척 어려운 이야기다.

그동안 밝혀진 바에 따르면, **수학과 과학 분야에서 전문지식을 얻으려면 우선 개념적인 덩어리를 형성해야 한다. 이는 개별적인 정보 조각을 뜻이 통하게 결합하는 정신적인 도약이다.**[4] 다루는 정보를 덩어리로 뭉치면 여러분의 두뇌는 더욱 효과적으로 작동한다. 일단 어떤 아이디어나 개념을 한데 뭉치면 그에 따르는 세부 사항은 전부 기억할 필요가 없다. 핵심 개념, 다시 말해 덩어리만 기억하면 충분하다. 마치 아침에 외출 준비를 하는 것과 비슷하다. 보통은 '나갈 준비를 해야지'라는 단순한 생각만 할 뿐이다. 하지만 이 간단한 생각 덩어리를 실현하려면 실제로는 사실 놀랍게도 복잡한 여러 가지 활동을 정신없이 해내야 한다.

그렇다면 수학과 과학을 공부할 때는 어떻게 생각 덩어리를 형성해야 할까?

기억 덩어리를 형성하는 기본적인 단계들

기억 덩어리란 여러 가지 방식으로 만들 수 있는 개념이나 과정을 가리킨다. 기억 덩어리를 만드는 과정은 꽤 간단하다. 예를 들어 대륙이동설이란 개념을 이해할 때 여러분은 하나의 간단한 덩어리를 만들었다. 하지만 이 책은 지질학보다는 수학과 과학 분야의 일반적인 학습법을 다루는 책이니 수학이나 과학 분야에서 특정 유형의 문제를 어떻게 이해하고 해결하는지부터 살펴보자.

수학이나 과학 분야에서 새로운 내용을 배울 때는 거의 언제나 예시 문제와 이에 대한 모범 답안이 제시된다. 어떤 문제를 처음으로 해결하려 애쓸 때는 인지 부하가 크기 때문에 일단 연습 문제를 통해 완전히 익숙해지는 게 도움이 되어서다. 한밤중에 낯선 도로를 지날 때 GPS 내비게이션을 활용하는 것과 마찬가지다. 해답의 상세한 부분은 이미 제시되어 있기 때문에, 여러분은 왜 그런 방식으로 문제를 풀어야 하는지만 알아내면 된다. 그러면 그 문제의 핵심 사항과 기저에 깔린 원리를 이해할 수가 있다.

몇몇 선생님들은 학생들에게 추가적인 연습 문제나 기출 문제를 제공하는 걸 꺼린다. 그러면 공부가 지나치게 편해진다고 생각하기 때문이다. 하지만 이런 자료를 통해 보다 심화된 학습을 하게 된다는 걸 보여주는 증거는 무척 많다.[5] 물론 연습 문제를 활용해 기억 덩어리를 형성하는 경우, 개별 단계의 작동 원리에만 초점을 맞춰서 단계 간의 **연결**을 등한시할 수도 있다. 다시 말해 다음에 왜 이런 특정 단계가 오는지를 이해하기가 힘들다. 그러니 예제를 풀 때 아무 생각 없이 '그저 들은 대로 해라'라는 판에 박힌 해법을 따르라는 게 아님을 명심해야 한다. 그보다는 새로운 장소를 여행할 때 가이드북을 활용한다고 생각하자. 주변에 무슨 일이 벌어지는지에 주의를 기울이면서 가이드북을 참고하면 곧 자기 힘으로 목적지에 도착할 수 있다. 심지어 가이드북에 없는 새로운 경로를 알아낼지도 모른다.

1. **그러니 덩어리 형성의 첫번째 단계는 덩어리 짓고자 하는 정보에 집중하기다.**[6] 텔레비전을 켜놓았다거나 휴대전화나 컴퓨터로 오는 메시지를 몇 분에 한 번씩 확인하고 답을 한다면, 두뇌가 덩어리 형성에 집중하지 못해서 덩어리 형성이 방해받을 것이다. 무언가를 처음으로 배울 때는 새로운 신경 패턴을 만들어 그것

가공되지 않은 정보

이해를 거치지
않은 기억

덩어리로 뭉쳐지고
이해를 거친 정보

수학이나 과학 분야에서 완전히 새로운 개념을 처음으로 접할 때, 왼쪽 그림처럼 퍼즐 조각이 뒤죽박죽 섞인 듯 느껴질 것이다. 이때 이해과정이나 맥락 없이 그저 사실만 암기해서는 가운데 그림처럼 지금 어떤 일이 벌어지는지, 그 개념이 여러분이 학습중인 다른 개념들과 어떻게 연결되는지 이해할 수 없다. 그림의 가장자리를 보면 퍼즐 조각처럼 맞물리는 요철이 없어서 다른 퍼즐 조각과 연결되지 않는다. 하지만 오른쪽 그림처럼 **덩어리를 형성**하면 의미와 뜻을 통해 정보 조각이 서로 결합되는 정신적 도약을 이룰 수 있다. 이렇게 만들어진 논리적인 전체 덩어리는 기억하기도 쉽고 그 덩어리를 학습중인 더욱 큰 그림과도 쉽게 맞출 수 있다.

을 두뇌의 여러 부위에 분포된 기존 패턴들과 연결한다.[7] 머릿속 문어의 촉수 가운데 일부가 다른 생각에 뻗어 있으면 새로운 연결 짓기 작업을 잘 진행하지 못한다.

2. **덩어리 짓기의 두번째 단계는 덩어리로 만들려는 기본 개념을 일단 이해하기다.** 대륙이동설에 대한 개념이든, 힘이 질량에 비례한다는 물리학 개념이든, 수요와 공급에 대한 경제학 원리이든, 특정 유형의 수학 문제든 어떤 개념이든 상관없다. 솔로몬 셰레솁스키는 무엇이 중요한지를 통합적으로 바라보는 이 기본적인 이해 단계를 어려워했지만, 대부분의 사람들은 주된 골자를 자

연스럽게 파악할 수 있다. 최소한 집중모드와 분산모드를 번갈아가면 요지를 파악할 수 있다.

이해란 기억 흔적들을 서로 묶는 강력 접착제와 같다. 그 과정에서 여러 기억 흔적을 연결하는 폭넓고 포괄적인 기억 흔적을 만들 수 있다.[8] 대상을 이해하지 않고도 덩어리를 만들 수 있을까? 가능은 하다. 하지만 학습하는 다른 내용들과 아무 관계없는 무쓸모한 덩어리가 형성될 것이다.

그렇기에 어떤 문제의 해결책을 단순히 이해만 해서는 나중에 쉽게 끄집어낼 기억 덩어리가 형성되지 않을 수도 있다는 사실을 깨달아야 한다. '아하!' 하며 뭔가를 이해하는 돌파구를 탄탄한 전문지식으로 혼동하지는 마라! (수업 시간에 선생님의 설명을 듣고는 개념을 이해했지만 곧바로 복습을 하지 않으면 나중에 시험 준비를 할 때 이해가 잘 안 되는 것도 그래서다.) 책을 덮고 문제를 풀 수 있는지 자체적으로 시험해보는 것도 이 단계에서의 학습 속도를 높이는 데 유용하다.

3. **덩어리 짓기의 세번째 단계는 그 덩어리를 어떻게 활용하는지뿐만 아니라 언제 활용할지도 이해하는 맥락 파악하기다.** 해당 문제를 뛰어넘어서 그와 관련된 문제나 관련되지 않은 문제를 반복하고 연습하는 등의 과정을 통해 좀더 폭넓게 파악해 그 덩어리를 언제 활용해야 할지뿐만 아니라 언제 활용하면 안 될지도 파악하는 게 맥락 파악하기다. 이 단계에서는 새롭게 형성한 덩어리

를 어떻게 보다 큰 그림에 통합시키는지도 깨닫게 된다. 바꿔 말하면, 문제를 해결하는 도구나 전략을 가졌더라도 이를 언제 활용할지를 모른다면 아무 소용이 없다. 결국 열심히 연습하다 보면 여러분이 만든 덩어리와 연결되는 뉴런의 네트워크가 확장되고 견고해지며 다양한 경로에서 해당 덩어리로 접근이 가능해진다.

그리고 이런 덩어리 중에는 개념과 과정 양쪽 모두를 강화시켜주는 것들이 있다. 수학 문제를 많이 풀다보면 이런 풀이과정이 왜 그렇게 작동하는지, 애초에 왜 그런 풀이법이 존재하는지를 배우게 된다. 또 근본 개념을 이해하게 되면 실수했을 때 이를 스스로 알아차리기가 쉬워진다. (내 말을 믿어라. 여러분은 실수를 할 것인데 이는 좋은 일이다.) 근본 개념을 이해하면 지식을 새로운 문제에 훨씬 쉽게 적용하게 되는데, 이런 현상을 전이transfer라고 한다. 전이에 대해서는 나중에 좀더 살펴보겠다.

86쪽 그림에서 볼 수 있듯이 학습은 '하향식, 상향식' 두 가지 방식으로 이뤄진다. 먼저 **상향식으로 덩어리를 짓는 과정**에서는 연습과 반복을 통해 각각의 덩어리를 구축하고 강화해 나중에 필요할 때 좀더 쉽게 접근하도록 한다. 한편 **하향식으로 '큰 그림'을 이루는 과정**에서는 학습중인 내용이 어디에 들어맞는지를 파악할 수 있다.[9] **이 두 가지 과정 모두 어떤 주제를 속속들이 익히려면 꼭 필요하다.** 상향식 접근과 하향식 접근이 만나는 곳에 맥락이 자리한다. 보다 명확히 설명

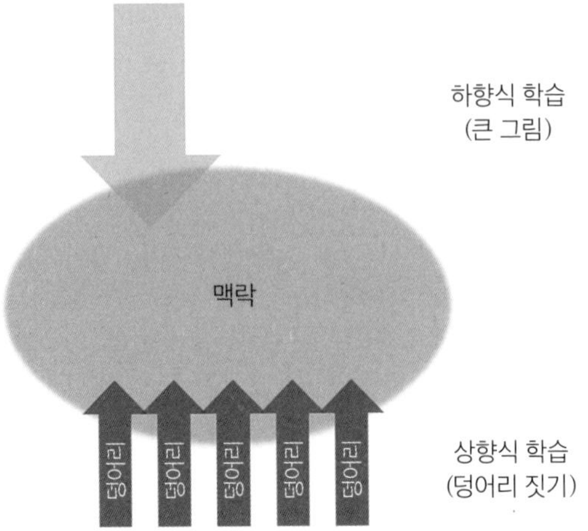

수학과 과학에서 전문가가 되려면 큰 그림을 보는 하향식 학습과 덩어리를 짓는 상향식 학습 둘 다 중요하다.

하자면, 덩어리 짓기는 여러분이 특정 문제를 해결하는 기법을 어떻게 활용하는지를 배우는 과정이고, 맥락은 언제 다른 기법 대신 그 기법을 사용하는지를 배우는 과정이다.

덩어리를 짓고 그 덩어리를 보다 넓은 학습 개요에 적용하려면 이런 단계가 필수적이다.

하지만 그게 다가 아니다.

잠들기 전에 하는 일

저는 학생들에게 회계 법칙을 내면화하는 과정은 타자 치는 법을 몸에 익히는 것과 마찬가지라고 말합니다. 실제로 이 글을 쓰면서도 저는 글자를 입력하는 게 아니라 생각을 표현하고 있다고 생각해요. 타자를 치는 행동은 자연스럽게 따르는 일인 거죠. 저는 항상 수업이 끝날 때 학생들에게 잠들기 전에 대차대조 규칙과 회계 방정식을 복습하라고 말합니다. 잠들기 직전에 마지막으로 그 공식들을 반복해서 보라고요. 물론 명상이나 기도를 하기 전에 말이죠!

—데브라 개스너 드래건(델라웨어대 회계학 강사)

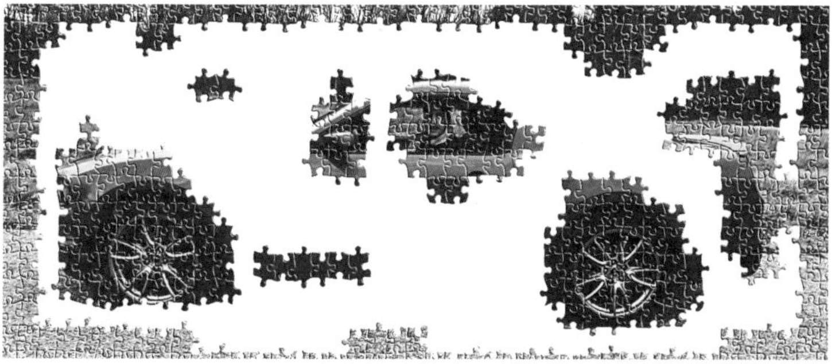

어떤 책의 한 장을 죽 훑거나 아주 정리가 잘된 강의 한 편을 들으면 큰 그림을 그릴 수 있다. 이렇게 하면 여러분이 쌓은 지식 덩어리를 어디에 놓을지도 알 수 있다. 핵심 개념과 요점부터 파악하라. 솜씨 좋은 강사의 핵심 강의 내용이나 책에 제시된 개요, 흐름도, 도표, 개념도의 주요 부분이 종종 이에 해당한다. 일단 요점 파악을 한 뒤에 세부 사항을 채워넣어라. 학습을 마친 뒤 퍼즐 조각을 몇 개 못 맞추었다 해도, 큰 그림은 파악할 수 있다.

유능함에 대한 환상과 상기하기의 중요성

배우는 내용을 상기하는 것**, 다시 말해 인출 연습은 내용을 단순히 재독하는 것보다 훨씬 효과적이다.**[10] 심리학자 제프리 카피크와 동료들의 연구 결과에 따르면, 많은 학생들이 공부할 때 유능함에 대한 환상을 경험한다. 카피크에 따르면, 대부분의 학생들은 "(이런 전략의 이점이 적음에도 불구하고) 교과서나 필기 내용을 반복해서 읽을 뿐 자체 평가를 한다거나 인출 연습은 거의 하지 않는다".[11] 바로 앞에 책이 펼쳐져 있다면(아니면 구글 검색창이 바로 앞에 있다면) 공부할 내용이 이미 머릿속에 들어 있다는 환상을 갖는다. **하지만 실제로는 그렇지 않다.** 내용을 상기하기보다는 책을 읽는 게 더 편하기 때문에 학생들은 그 환상 속에 계속 머무르려 한다. 하지만 그럴수록 학습의 효율성은 점점 더 떨어진다.

이런 이유로, 어떤 주제를 배우고 싶어하고 거기에 많은 시간을 할애해도 실제로는 제대로 학습이 이뤄지지 않을 수도 있다. 유명한 심리학자이자 기억 전문가 앨런 배들리는 이렇게 말했다. **"아무리 학습하려는 의지가 있어도 바람직한 학습 전략이 없으면 소용없다."**[12]

책에 강조 표시를 하거나 밑줄을 긋는 일에도 신중해야 한다. 이는 자칫 비효율적일 뿐 아니라 잘못된 길로 이어질 수 있다. 손만 움직이면 뇌에 어떤 개념을 집어넣는다고 착각할 수도 있다. 책의 내용을 강조할 때는 핵심 개념을 미리 파악한 뒤 최소한으로만 표시하도록 훈련해야 한다. 한 단락에 최대 한 문장이 좋다.[13] 책 여백에 핵심 개

념을 요약하는 단어를 써두거나 내용을 적어두는 것은 좋은 방법이다.[14]

핵심 개념을 머릿속에서 상기하면 수동적으로 재독을 하는 경우보다 더욱 효율적이고 집중적으로 학습할 수 있다. 읽은 지 꽤 지나서 다시 읽는 행위가 일종의 간헐적 반복에 더 가까울 때만 내용을 재독하는 게 효율적이다.[15]

이러한 맥락에서 수학과 과학 숙제는 언제나 자기 힘으로 해결해야 한다. 몇몇 교재는 뒷부분에 해답을 수록해뒀지만, 이는 답을 맞춰볼 때만 확인하는 게 좋다. 이렇게 하면 학습 내용이 머릿속에 보다 깊게 뿌리를 내려 그 정보가 진정으로 필요할 때 좀더 쉽게 끄집어낼 수 있다. 시험을 볼 때나 숙제를 할 때 직접 문제를 풀고 생각을 전개해야 한다고 선생님들이 강조하는 건 그래서다. 이렇게 문제를 풀면서 자기 방식을 점검해볼 수 있고 얼마나 잘 이해했는지를 확인할 수 있다. 여러분의 사고과정에 관해 이렇게 추가 정보를 주면 채점자들은 학생들에게 유용한 피드백을 더 잘 제공해주게 된다.

처음 무언가를 배우고 나서 한참 지나서야 상기하기 연습을 해서는 안 된다. 그러면 매번 처음으로 돌아가 개념부터 다시 강화해야 한다. 그러니 특히 새롭거나 어려운 내용을 배웠다면 하루 안에 다시 살피는 게 좋다. 그렇기에 많은 교수들이 그날 배운 내용을 가능하면 그날 저녁에 다시 손으로 쓰면서 정리해보라고 권한다. 이로써 새로 형성한 덩어리는 단단해지고, 여러분이 이해한 내용 중에 어디 구멍이나 있는지가 파악된다. 교수들은 바로 이런 구멍을 시험 문제로 즐겨 출제한다. 당연히 구멍이 어디 났는지를 알아야 이를 메울 수도 있다.

일단 이렇게 내용을 익혔다면 다시 복습하고 '유지 보수하는' 간격을 몇 주나 몇 달로 늘려도 된다. 나중에는 그 간격이 영구적이게 될 수 있다. (예를 들어 나는 오랜만에 러시아를 다시 방문했을 때 어느 양심 없는 택시 운전사 때문에 짜증이 났다. 놀랍게도 그 순간, 25년 동안 생각하지도, 사용하지도 않았던 단어들이 내 입에서 튀어나왔다. 그 단어를 안다는 사실조차 의식하지 못했는데도 말이다!)

지식을 제2의 천성으로 만들기

수업 시간에 어떤 개념을 배우는 것과 이를 현실 속 실제 문제에 적용할 줄 아는 것은 평범한 학생과 노련한 과학자나 엔지니어 간의 차이만큼이나 그 간극이 큽니다. 학생이 전문가까지 되려면 그 개념이 제2의 천성이 될 때까지 계속 적용해보는 수밖에 없어요. 그 개념을 도구처럼 활용할 수 있게 말이죠.

—토머스 데이(맥널리스미스음대 음향기술과 교수)

학습에 도움을 줄 유용한 앱과 프로그램에 대해서는 나중에 다룰 것이다. 하지만 일단 안키Anki 같은 잘 설계된 전자 플래시카드 시스템이 있다는 사실만 알아두자. 안키는 새로운 학습 주제에 대해 적당히 간헐적 반복을 제공해줘 학습률을 최적화한다.

이런 유형의 학습과 복습 방식에 대해 알아보려면, 작업 기억을 다룬 옆의 그림을 참고하자. 앞서 이야기했지만 작업 기억에는 네 개의 자리가 있다.

처음에 어떤 개념을 덩어리 지으면, 왼쪽 그림처럼 덩어리 짓기 전의 구성 요소들이 작업 기억을 전부 차지한다. 그러다가 개념을 덩어리 지으면 가운데 그림처럼 좀더 쉽고 매끄럽게 연결된다. 그리고 일단 개념을 덩어리 짓고 나면 그 덩어리는 오른쪽 그림처럼 작업 기억에서 한 개의 자리만 차지한다. 이 덩어리는 새로운 연결을 만드는 데 필요한, 매끄럽고 쉽게 따라갈 수 있는 하나의 가닥이 되고 작업 기억의 나머지 자리는 비워진다. 어떤 의미에서 보면 이 덩어리에 매달린 가닥은 작업 기억이 처리할 수 있는 정보의 양을 늘려준다. 작업 기억의 이 빈 칸은 큰 웹페이지로 연결되는 하이퍼링크와도 같다.[16]

어떤 문제의 풀이법을 처음 배울 때는 왼쪽 그림에서처럼 작업 기억의 네 개 슬롯이 마구 복잡하게 연결되는 식으로 전체 작업 기억이 동원된다. 하지만 학습중인 개념이나 기법에 점차 익숙해져 하나의 덩어리로 압축되면, 오른쪽 그림처럼 매끄러운 사고 가닥 하나가 존재하는 상황처럼 된다. 장기 기억을 동반하는 덩어리 짓기 작업이 이뤄지면 작업 기억의 나머지 자리는 다른 정보를 처리하도록 비워진다. 그리고 여러분이 원할 때마다 장기 기억에서 작업 기억으로 생각의 리본 가닥(덩어리)을 풀어주어 매끄럽게 새로운 연결고리를 만들 수 있다.

해답지를 그대로 따르는 게 아니라 스스로 문제를 푸는 게 왜 중요한지 이제 이해했을 것이다. 만약 문제를 풀 때 답을 쓰윽 보고 "아, 이렇게 푸는 거구나"라고 혼잣말을 한대도, 그 답안은 여러분의 것이 아니다. 두뇌 속 신경 회로에서 개념을 엮기 위한 과정이 거의 아무것도 이뤄지지 않았기 때문이다. 어떤 문제의 해답을 읽기만 하고 완전히 이해했다고 생각하는 것은 학습과정에서 가장 흔하게 발생하는 '유능함에 대한 환상'이다.

한번 해보자!

유능함에 대한 환상 이해하기

단어나 어구의 철자를 재배열해서 전혀 다른 단어나 구절로 만드는 걸 애너그램이라고 한다. 예컨대 'Me, radium ace(나, 라듐 전문가)'라는 구절이 있다고 하자. 여러분은 이 철자를 재배열해서 유명한 물리학자의 이름으로 바꿀 수 있다.[17] 시간이 조금 걸릴 수도 있다. 하지만 이 페이지에 답이 나와 있다면 해답을 보고서 '아하!' 하면서 '나는 애너그램 퍼즐을 잘 푸는 것 같아' 하며 스스로를 과대평가하기가 쉽다.

이와 비슷하게 학생들은 종종 학습 내용을 단순히 재독만 해도 실제로 무언가를 배우는 셈이라고 오해한다. **해답이 이미 그 자리에 있기 때문에** 유능함의 환상에 빠지는 것이다.[18]

강의 노트나 책에서 수학이나 과학 개념을 하나 골라보자. 그리고 그 내용을 되풀이해 읽고서 노트나 책을 치우고 얼마나 떠올리는지 확인해보자. 그러면서 상기하는 내용을 이해하려고 노력해보자. 그런 다음 노트나 책으로 돌아가 해당 개념을 다시 읽고 내용을 안 보고 떠올리는 과정을 반복하라.

이 연습을 많이 하다보면 '이렇게 단순히 내용만 떠올려봐도 어떤 개념에 대한 이해도가 향상되는구나' 하고 깨달을 것이다.

시험을 잘 보고 창의적인 사고를 할 정도로 어떤 주제에 숙달되고 싶다면, 머릿속에 정보가 지속적으로 남아 있어야 한다.[19] 역사적인 혁신 중 상당수는 생각 덩어리를 새로운 방식으로 결합하는 힘에서 비롯했다. 스티븐 존슨은 『탁월한 아이디어는 어디서 오는가』라는 훌륭한 책에서 '느린 예감'에 대해 설명했다. 이에 따르면 다윈의 진화론부터 월드와이드웹의 탄생에 이르기까지 창의적인 돌파구는 오랜 시간에 걸쳐 뭉근히 끓어오른 집중모드와 분산모드로 만들어졌다고 한다.[20] 어떤 아이디어의 여러 측면에 정신이 접근하게 만드는 게 느린 예감의 핵심이다. 이런 방식으로 몇몇 측면이 실험적으로 무작위로 결합하다가 결국 훌륭한 혁신이 탄생한다.[21] 존슨의 설명에 따르면, 빌 게이츠를 비롯해 업계 리더들은 일주일 정도 따로 긴 독서 기간을 갖는데 이때 다양하고 수많은 개념이 마음속에 한번에 자리하게 둔다고 한다. 이렇게 하면 막 떠오른, 아직 잊히지 않은 개념들이 서로 네트워크를 이뤄 혁신적인 사고를 북돋운다. (여기서 한 가지 중요한 점을 지적하자면, 창의적인 과학자와 기술적으로는 유능하지만 상상력이 부족한 과학자를 가르는 핵심적인 차이가 바로 관심사의 폭이다.[22])

기억 덩어리가 저장되는 마음속 도서관이 넓을수록 보다 쉽게 문제를 해결할 수 있다. 또 덩어리를 많이 지어볼수록 더 큰 덩어리를, 즉 더 긴 생각의 리본 가닥을 만들 수 있다.

어쩌면 지금 배우는 수학이나 과학 과목의 한 장만 봐도 연습 문제와 개념이 너무 많이 나와서 도저히 다 해낼 수가 없다고 생각할지도

모른다! 여기서 **세렌디피티의 법칙**이 등장한다. **행운의 여신은 노력하는 사람을 돕는다.**[23]

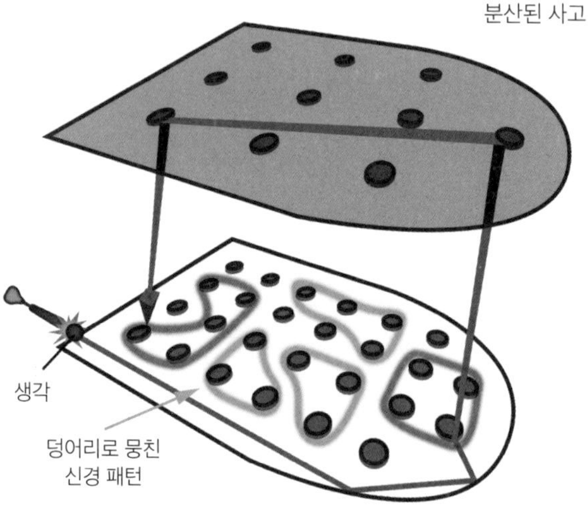

덩어리로 뭉친 패턴으로 내면화된 개념이나 해법의 도서관이 존재한다면, 분산모드가 속삭일 때 좀더 쉽게 정답을 얻을 수 있다. 머릿속의 분산모드는 둘 이상의 덩어리를 새로운 방식으로 연결해 눈에 익지 않은 문제를 해결하도록 돕는다.

문제를 해결하는 데는 두 가지 방식이 있다. 순차적인 단계별 추론을 거치는 방법과 보다 전체론적인 직관을 따르는 방법이다. 순차적인 사고에서는 각각의 작은 단계를 거쳐 정답에 신중히 향해가며, 집중모드가 여기에 관여한다. 반면 직관을 따르는 방식은 종종 집중모드에서 비롯한 상이한 생각들을 창의적인 분산모드에서 연결해 생겨나는 듯하다.

어려운 문제들은 대부분 직관을 통해 해결된다. 이 문제들은 여러분이 익숙했던 것에서 벗어나 있기 때문이다.[24] 하지만 반쯤 무작위로 연결고리를 만드는 분산모드에서 제공하는 해답은 집중모드를 활용해 신중하게 검증해야 한다. 직관적인 통찰이 언제나 옳은 것은 아니다![25]

여러분이 학습중인 부분에만 집중하라. 그게 무엇이든 상관없이 첫번째 연습 문제나 개념을 머릿속 도서관에 집어넣으면, 두번째 개념은 조금 더 쉽게 이해할 수 있다. 그러면 세번째 개념은 그보다 더 쉽다. 그렇다고 모든 게 식은 죽 먹기처럼 되지는 않겠지만, 어쨌든 갈수록 수월해진다.

생각 덩어리의 도서관을 구축할 때는 특정 문제뿐만 아니라 다양한 유형과 양식의 문제를 인식하도록 뇌를 훈련한다. 그렇기에 어떤 문제를 만나든 어떻게 해야 빠르게 해결할지를 자동적으로 파악하게 된다. 그러다보면 문제 해결을 단순화하는 패턴이 눈에 보일 테고, 머지않아 해답을 도출하는 다양한 기법이 기억의 가장자리에서 떠오를 것이다. 중간고사나 기말고사 전에 다시 한번 복습을 해서 마음속 도서관에 존재하는 해답을 곧장 끄집어내게 하자.

한번 해보자!

개념이 이해가 안 될 때는 어떻게 해야 할까

강의를 듣다가 개념이 이해가 안 된다면 그 상태에서 멈춰서 되돌아가라. 인터넷에서 그 개념을 처음 발견한 사람이나 이를 가장 먼저 활용한 사람에 대해 조사해보자. 그 창의적인 발명가가 그 개념에 어떻게 도달했는지, 그 개념을 왜 사용했는지 이해해보자. 그러면 보통 그 개념을 왜 배우는지와 여러분이 그것을 왜 활용하고자 하는지에 대해 근본적으로 납득할 만한 단순한 설명을 얻을 것이다.

연습이 영구적인 기억을 만든다

그저 내용을 이해만 해서는 기억 덩어리를 생성할 수 없다고 앞서 언급했다. 아래 나온 '두뇌' 그림을 보면 무슨 뜻인지 알 것이다. 기억 덩어리(고리)는 여러분이 이해한 것을 함께 엮었기 때문에 생긴 확장된 기억 흔적일 뿐이다. 다시 말해 기억 덩어리는 좀더 복잡한 기억 흔적에 불과하다. 맨 위에는 희미한 기억 덩어리가 있다. 여러분이 문제나 개념을 막 이해하고 한두 번 연습하면 이런 덩어리가 생긴다. 그리고 중간쯤에 보이는 패턴은 더 진해진다. 여러분이 더 다양한 맥락에서 기억 덩어리를 살피고 더 많이 연습을 하면 이렇게 신경 패턴이 더 단단해진다. 맨 밑바닥에 보이는 기억 덩어리는 아주

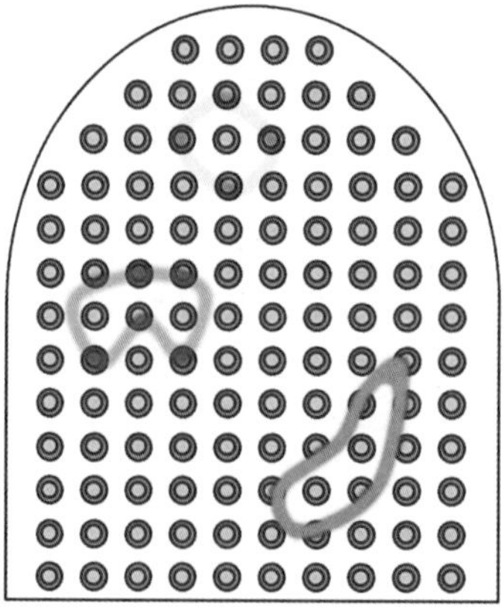

수학과 과학 문제를 해결하는 과정은 피아노 연주와 비슷하다. 연습을 많이 할수록 머릿속 패턴은 더 단단하고 진해지며 강해진다.

진하다. 이제 견고한 기억 덩어리가 장기 기억에 단단히 자리잡은 것이다.

덧붙여 말하자면, 무언가를 처음 배워서 학습 패턴을 형성하면 하루 안에 이를 강화하는 과정이 중요하다. 이렇게 강화를 하지 않으면 패턴은 빠르게 희미해진다. 간헐적 반복이 학습에서 얼마나 중요한지에 대해서는 뒤에서 더 자세히 다룰 것이다. 또한 같은 문제를 '잘못된' 방식으로 여러 번 거듭해서 이를 강화할 수도 있다. 그렇기에 확인하는 단계가 중요하다. 정답을 얻었다 하더라도 올바르지 않은 절차를 거쳤다면 잘못된 길로 빠질 수도 있다.

덩어리 짓기의 중요성

수학은 놀랄 만큼 압축적입니다. 같은 과정이나 개념을 여러 방식으로 접근해 오랜 기간 여러 단계를 밟으며 노력해야 할 수도 있습니다. 하지만 일단 한번 제대로 이해하고 이를 전체적으로 바라보게 되었다면 정신적으로 엄청나게 압축되는 경우가 많죠. 그 압축된 지식이 필요할 때마다 여러분은 이를 빠르고 완벽하게 꺼내서 마음속에서 일어나는 사고의 단계에서 한 단계로 활용하면 됩니다. 이런 압축적인 과정에서 오는 통찰이 수학의 진정한 즐거움 가운데 하나죠.[26]

—윌리엄 서스턴(수학계에서 가장 권위 있는 필즈상 수상자)

머릿속 덩어리를 단단하게 짓기 위해 반복과 연습을 해야 하지만 그 과정이 지루할 수 있다는 게 문제이다. 특히 내 예전 수학 선생님처럼 형편없는 교사 밑에서 공부한다면 문제가 더욱 커진다. 크로처티 선생님의 방식대로 하면 반복 연습은 끝없는 고문이나 다름없다. 하지만 이렇게 가끔 오용되기는 하지만 반복은 무척 중요하다. 누구나 알겠지만, 체스나 외국어, 음악, 춤을 비롯해 가치 있는 무언가를 익힐 때 반복 연습을 하지 않고는 덩어리 지은 패턴을 효과적으로 배울 수 없다. 훌륭한 선생님들은 학생들에게 왜 이런 힘든 반복을 감수해야 하는지를 제대로 설명해준다.

결국 어떤 주제에 숙달되려면 상향식 덩어리 짓기 전략과 하향식 큰 그림 보기 전략 둘 다 꼭 필요하다. 창의력이나 큰 그림을 보고 학습하는 개념을 더 좋아할 수도 있다. **하지만 상당한 반복 연습을 통해 덩어리를 구축해 전문지식을 다져야만 수학과 과학을 제대로 학습할 수가 있다.**[27]

『사이언스』에 발표된 연구 결과 역시 이런 방식의 중요성에 대해 확고한 증거를 제시해준다.[28] 학생들은 과학에 대한 지문을 공부한 다음 가능한 한 많은 정보를 상기했다. 그리고 (핵심 개념을 기억하려 애쓰면서) 해당 지문을 다시 공부하고 한 번 더 상기해봤다.

결과가 어땠을까?

동일한 시간이 주어졌을 때, 해당 내용을 연습하고 상기하는 것만으로도 **학생들은 다른 방식으로 공부할 때보다 훨씬 더 많이, 더 깊이 있게 내용을 익혔다.** 단순히 여러 번 반복해서 지문을 읽거나 학습 내용

사이의 관계를 강화시켜준다고 알려진 개념도 그리기처럼 다른 학습방식과 비교했을 때 훨씬 효과적이었다. 학생들이 공식적인 시험을 치르든, 혼자서 비공식적으로 시험을 보든 반복 학습을 할 때 효과가 더 좋았다.

이 사실은 앞서 살폈던 개념을 입증해준다. 어떤 지식을 인출할 때 우리는 무심한 로봇이 아니다. **인출과정 자체가 심화 학습을 증진시켜 지식을 덩어리로 뭉치게 해주기 때문이다.**[29] 연구 결과에 따르면, 놀랍게도 학생들은 단순히 재독을 하는 것이나 내용을 상기하는 게 최선의 학습법이 아니라는 걸 알았다. 대신 학생들은 개념도 그리기(개념 사이의 관계를 보여주는 표 그리기) 방식이 가장 이상적이라고 여겼다. 하지만 **두뇌에 기본적인 지식 덩어리가 심어지기도 전에 덩어리끼리** 연결 지으려 해봐야 별 효과가 없다. 이는 체스 기물을 움직이는 법 같은 기본 규칙도 모르면서 체스의 고급 전략을 배우려는 것과 마찬가지다.[30]

다양한 상황과 맥락에서 수학과 과학 문제와 개념을 연습하면 덩어리를 구축하는 데 도움이 된다. 다시 말해 깊고 풍부한 맥락으로 튼튼한 신경 패턴을 형성할 수 있다.[31] **어떤 것이든 간에 새로운 기술이나 학문을 배울 때는 서로 다른 맥락에서 다양하게 연습해야 한다.** 그러면 새로운 기술을 여러분이 가진 사고방식의 일부로 편하게 활용하는 데 필요한 신경 패턴을 구축할 수 있다.

배우는 내용이 혀끝에 맴돌게 하자

저는 우연히도 이 책에서 설명한 여러 학습 기법을 사용해봤습니다. 학부생일 때 물리화학 강의를 수강하면서 이 과목의 응용 사례에 매혹돼 교과서에 나오는 문제를 모두 풀었어요. 그렇게 문제 푸는 법을 머릿속에 단단히 새겼죠. 학기가 끝날 무렵에는 문제를 보면 풀이법이 곧장 떠오를 정도였어요. 이런 학습방식을 과학 전공자들에게도 추천했지만 비과학자들에게도 알렸습니다. 매일 공부하면 좋다고도 했어요. 한번에 오래 앉아 있지 않더라도 학습중인 내용이 자동으로 혀끝에 맴돌 만큼만 하면 된다고요. 저는 이 방법을 이중 언어 구사에 빗대곤 합니다. 프랑스에 출장을 가면 도착해서 며칠은 지나야 프랑스어가 나와요. 하지만 그뒤로는 문제가 없죠. 그러다 다시 미국에 돌아와 하루이틀 밖에 안 됐을 때는 학생들이나 동료들이 뭐라 질문해오면 영어로 어떻게 답해야 하는지 잘 생각나지 않을 정도죠! 매일 연습을 하면 학습하려는 정보가 머릿속에 그대로 남습니다. 일부러 찾으려 애쓰지 않아도 되는 거죠.

—로버트 R. 가마슈(매사추세츠대 로웰캠퍼스 학사행정, 학생처, 국제관계 담당 부처장)

평소 공부하는 장소 밖에서 복습하기: 산책의 가치

핵심 개념을 이해하기가 어렵다면 육체적인 활동을 하는 것도 특히 도움이 된다. 앞서 살폈지만 과학 분야에서 수많은 혁신적인 돌파구는 산책을 하는 동안 나왔다.[32]

더구나 **평소에 공부하는 장소가 아니라 다른 장소에서 학습 내용을 상기하다보면 다른 관점에서 그 내용을 바라보게 되므로 이해도가 더욱 높아진다.** 평소 공부하던 장소와 환경이 다른 장소에서 시험을 보면 종종 무의식적인 실마리를 놓치기도 한다. 따라서 물리적으로 다양한 환경에서 학습 내용을 떠올려보면 어떤 특정 장소에서 얻는 실마리에 의존하지 않게 된다. 그러면 원래 공부했던 장소와 다른 환경에서 시험을 봐도 별문제가 생기지 않는다.[33]

수학과 과학 개념을 내면화하는 과정은 중국어 단어나 기타 코드를 외우는 일보다 쉬울 수 있다. 중국어 단어나 기타 코드를 외우려면 그다음에 뭐가 이어져야 하는지를 생각해야만 하기 때문이다. 이런 의미에서 보면 수학과 과학 문제 풀이는 춤추기와 같다. 춤을 출 때는 다음 동작을 몸으로 느낄 수 있으니 말이다.

문제 유형에 따라 복습해야 할 주기가 달라지는데 이는 각자의 학습 속도와 스타일에 따라서도 다르다.[34] 게다가 여러분은 그 특정 주제 말고도 살면서 배우고 익혀야 할 것들이 많다. 그러니 얼마나 시간을 낼 수 있는지를 고려해 우선순위를 정해야 하고 분산모드를 발동할 시간도 따로 내야만 한다. 얼마나 내면화를 해야 단숨에 문제를 풀게 될까? 이는 사람마다 다르다. 하지만 수학과 과학 문제의 풀이법을 내면화하는 데는 요령이 있다. 연습을 많이 할수록 문제 풀이는 더 쉬워지고, 더 유능해질 것이다.

체계화하고 덩어리로 뭉쳐라, 그러면 성공한다

공부를 하느라 애쓰는 학생들에게 우선 수업 시간이나 혼자 내용을 읽으면서 필기한 내용을 보여달라고 합니다. 첫 면담 때는 개념을 죽 설명하기보다는 학생들이 어떻게 정보를 체계적으로 구성하고 덩어리로 뭉치는지에 대해 주로 이야기합니다. 그리고 다음주에는 학습 내용을 체계화해서 가져와 보라고 하면 학생들은 자신들의 발전상을 보고 깜짝 놀라죠.

—제이슨 드챈트(피츠버그대 간호대학 건강증진 및 개발 과정 감독자)

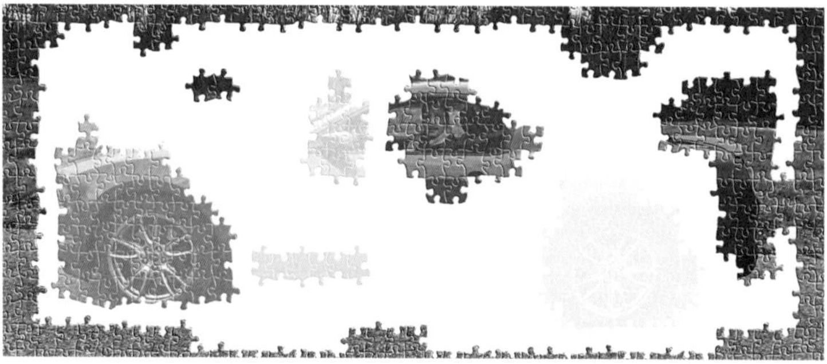

정보를 점점 커지는 정보 덩어리로 뭉치지 않는다면 큰 그림을 그리기가 힘들어진다. 개별 조각들은 큰 그림을 보기에는 너무 작고 희미하기 때문이다.

인터리빙 학습(다양한 문제를 섞어 풀기) 대 과잉 학습

방정식의 달인이 되기 위한 중요한 요령 중 그 마지막은 '인터리빙 학습법'이다.[35] **인터리빙 학습법이란 다양한 전략을 요구하는 여러 유형의 문제를 뒤섞어 연습하는 방식이다.**

선생님을 통해서든 책을 통해서든 새로운 문제 풀이법을 배울 때, 여러분은 새로운 기법을 익히고 이를 한 번 공부할 때 거듭 반복해서 연습하곤 한다. 이렇게 충분히 이해한 내용을 계속 공부하거나 연습하는 것을 **과잉 학습**이라고 부른다. 물론 과잉 학습도 단점만 있는 건 아니다. 테니스에서 서브를 넣거나 피아노 교향곡을 완벽하게 연주할 때 중요한 자동성을 갖추려면 이런 방식이 좋다. 하지만 연구 결과에 따르면, 수학이나 과학을 공부할 때는 한 번에 반복적으로 과잉 학습을 하면 귀중한 학습 시간을 허비하는 꼴이 될 수도 있다.[36] (하지만 바로 다음 학습 시간에 다른 주제나 접근법을 익히면서 앞서 배운 것을 잠깐 복습하는 방식은 괜찮다.)

요약해서 말하자면, 학습 시간에 기본 개념을 익히고 그 시간 동안 계속 연습한다고 해서 여러분이 강화하고자 하는 장기 기억이 반드시 형성되는 건 아니다. 설상가상으로 한 가지 기법에만 집중하는 것은 목공일을 배우면서 망치질만 연습하는 경우와 다름없다. 그러다 보면 여러분은 뭐든 후려쳐서 고칠 수 있다고 믿게 된다.[37]

사실 새로운 과목을 마스터한다는 것은 하나의 문제에 대한 적절한 해결법을 골라서 이를 활용할 줄 알게 된다는 의미다. 이렇게 하려면 **다양한** 기법을 필요로 하는 여러 문제를 연습하는 수밖에 없다. (보조 바퀴를 달고 자전거 타는 법을 익힌 것처럼) 일단 어떤 기법에 대한 기본 개념을 배웠다면, 다양한 유형의 문제를 연습 사이사이에 섞어보자.[38] 가끔은 이런 작업이 쉽지 않을 것이다. 예컨대 교과서나 책의 특정 부분에서는 특정 기법만 다루기 때문에, 그 부분을 보는 동안에는 어떤 풀이법을 활용할지를 이미 알고 있다.[39] 그래도 기법을 다양하게 섞어서 공부해보자. 가끔은 해당 장의 맨 뒤에 실린 다양한 문제를 미리 보는 것도 도움이 된다. 아니면 몇몇 문제를 골라서 이 문제가 왜 이런 특정 기법을 요하는 건지를 찬찬히 생각해보자. **특정 문제 풀이 기법을 어떻게 사용하는지 아는 데서 그치면 안 된다. 이를 언제 활용할지도 알아야 한다.**

암기 카드를 만들어 한쪽 면에는 문제를, 다른 한쪽 면에는 해법을 적어보자. 이 카드를 뒤섞으면 기억해야 할 다양한 기법들을 무작위로 접할 수 있다. 처음에는 책상이나 탁자 앞에 앉아 카드 앞면만 보고 빈 종이에 그 해법을 얼마나 길게 적을 수 있는지를 확인해보아라. 좀더 숙달되면 어디서든, 심지어 산책중에도 카드를 복습할 수 있다. 카드 앞면의 질문을 실마리로 삼아 여러 단계로 풀이를 진행해보고 필요하다면 카드를 뒤집어서 뒷면의 풀이 절차를 확인해보아라. 이렇게 하면 새로운 정보 덩어리가 강화된다. 임의로 책을 펼쳐서 그 페이지에 실린 문제를 풀어보는 방법도 있다. 이때는 가능한 한 문제 외에 나머지 내용은 가리도록 하자.

과잉 학습 대신 인터리빙 학습법으로 공부하기

사우스플로리다대의 심리학자 더그 로러는 수학과 과학 분야에서의 과잉 학습과 인터리빙 학습법에 대해 수많은 연구를 진행했다. 로러는 이렇게 말한다.

"많은 사람들이 내용을 숙달할 때까지 공부하거나 연습하는 게 과잉 학습이라고 생각합니다. 하지만 관련 연구 논문을 보면, 과잉 학습은 특정 기준에 만족했음에도 공부나 연습을 계속 이어가는 학습 전략을 뜻합니다. 예컨대 특정 유형의 수학 문제를 올바른 방식으로 해결해놓고는 곧장 똑같은 유형의 문제를 여러 개 더 푸는 겁니다. 동일한 유형의 문제를 많이 풀어보면 (적게 푸는 것보다는) 다음 시험에서 더 높은 점수를 얻을 겁니다. 하지만 한 번에 같은 유형의 문제를 너무 많이 풀면 성과는 떨어지게 됩니다.

교실이든 어디든, 학생들은 공부하거나 연습하는 데 투자한 시간당 학습 효과를 최대로 높여야 합니다. 본전을 뽑아야 하는 거죠. 그러려면 어떻게 해야 할까요? 과학 논문들은 여기에 대해 분명한 답을 제시합니다. 똑같은 주제나 기법, 기술을 한자리에서 오래 공부하면서 과잉 학습을 하기보다는 짧은 시간 동안 여러 번에 걸쳐 노력을 분산하라고요. 그렇다고 오래 공부하는 게 반드시 나쁜 건 아닙니다. 어떤 하나의 기법이나 개념을 공부하는 데 너무 긴 시간을 할애하지 않는다면 오래 공부해도 괜찮죠. 일단 'X'에 대해 이해했다면 다른 주제로 옮기고 'X'에 대해서는 다른 날에 다시 살펴보는 게 좋습니다."[40]

일단 처음 익힌 해법이나 도표, 개념은 손으로 필기하면 좋다. 연구 자료에 따르면, 손으로 적으면 타이핑을 하는 것보다 학습중인 개념이 보다 쉽게 머리에 들어온다.[41] 더구나 Σ나 Ω 같은 기호는 (단축키를 외울 정도로 이 기호를 자주 쓰는 게 아닌 한) 컴퓨터 문자표에서 찾아 입력하는 것보다 손으로 직접 쓰는 게 더 쉽다.[42] 문제와 해법을 손으로 썼다면 이를 사진으로 찍거나 스캔해서 휴대전화나 노트북에 있는 플래시카드 프로그램에 입력해 활용해도 아주 좋다. 다만 아는 기법을 계속해서 연습하는 과정은 일반적으로 겪는 '유능함의 환상'이라는 점을 유의하라. 그저 그것이 쉽고 문제를 풀어서

기분이 좋아서 하는 셈이기 때문이다. 인터리빙 학습법은 가끔 공부를 더 어렵게 만드는 것 같다. 예컨대 시험에 대비해 공부하면서 여러 장에 걸친 다양한 문제를 여기저기 건너뛰며 복습하기 때문이다. 하지만 실제로는 이렇게 하면 보다 깊이 있게 배울 수 있다.

해법을 단순히 모방하지 말자: 정신적인 기어를 바꾸는 연습

학생들은 숙제를 할 때 열 개의 비슷한 문제를 연달아 풀곤 합니다. 그러면 두번째나 세번째 문제를 풀고 나서는 더이상 공들여 생각하지 않게 돼죠. 이전 문제의 풀이법을 반복하기만 합니다. 저는 이럴 때 예컨대 9.4장에 대해 문제 풀이 숙제를 어느 정도 했다면 그다음에는 9.3장으로 돌아가 문제를 풀라고 합니다. 그런 다음 9.4장 문제를 몇 개 더 풀고서는 이번에는 9.1장의 문제를 풀어보라고 하죠. 이렇게 하면 시험 당일에 머릿속에서 다양한 문제를 풀기 위해 기어를 바꾸는 방식처럼 정신적인 기어를 변경하는 연습을 미리 할 수 있습니다.

너무나 많은 학생들이 주어진 문제만 죽 풀면 숙제가 끝났다고 여깁니다. 문제를 하나 풀고 책 뒤에 제시된 답을 확인한 후 미소를 짓고 다음 문제로 넘어가는 식이죠. 저는 이렇게 기분좋게 다음 문제로 넘어가기 전에 중간에 한 단계를 더 거치라고 조언합니다. 스스로 질문을 던져보라고요. '시험 당일 다양한 문제들 가운데 이 문제가 섞여 있다면, 그리고 지금 공부하는 이 부분에서 출제된 문제라는 사실을 모른다면 이 문제를 어떻게 해결할까?' 하고요. 학생들은 숙제로 나온 모든 문제를 지금 끝마쳐야 하는 일의 일부라고 생각할 게 아니라 시험 준비라는 과정에서 바라볼 필요가 있습니다.

—마이크 로즌솔(플로리다국제대 수학과 선임 강사)

요약

- 연습은 신경 패턴을, 그러니까 개념적인 이해 덩어리를 형성하는 데 도움이 된다.
- 연습을 하면 시험을 볼 때 필요한 정신적인 유동성과 기민함을 얻을 수 있다.
- 정보 덩어리는 이럴 때 잘 형성된다.
  - 주의 집중하기
  - 기본 개념 이해하기
  - 큰 그림의 맥락을 익히도록 연습하기
- 해당 페이지를 보지 않고 핵심 내용을 기억하려고 애쓰는 과정인 단순한 상기는 정보 덩어리를 만드는 최고의 방법이다.

바꿔 말하면, 복습은 여러분의 생각을 걸어놓는 신경 고리를 만드는 데 유용하다.

배운 내용 다지기

1. 정보 덩어리는 기억 흔적과 어떻게 관련되는가?
2. 여러분이 좋아하는 주제를 생각해보자. 그 주제와 관련해 처음에는 이해하기가 힘들었지만 지금은 예전보다 쉽게 이해할 수 있는 정보 덩어리를 말해보자.
3. 학습과정에서 하향식 접근법과 상향식 접근법은 어떻게 다른가? 둘 중 어떤 방법이 더 좋은가?
4. 내용을 이해만 하면 정보 덩어리가 형성될까? 그럴 경우, 아닌 경우 왜 그런지 설명해보자.
5. 학습할 때 가장 흔하게 경험하는 '유능함의 환상'은 무엇인가? 앞으로 이런 환상에 빠지지 않으려면 어떤 전략을 활용해야 할까?

잠깐 멈춰 복습하기

다음에 가족이나 친구, 급우와 어울릴 때, 이 책에서든 수업에서든 여러분이 배웠던 내용의 핵심을 전달해보라. 무엇을 배우든 다른 사람에게 그 내용을 들려주다보면 여러분이 열중하는 관심사를 공유하고 열정에 불을 지필 수 있으며 머릿속에서 개념을 명확하게 다질 수도 있다. 그러면 몇 주, 몇 달이 지나도 그 내용을 기억하기가 쉽다. 심지어 무척 어려운 내용을 공부한다 해도 해당 분야를 전혀 모르는 이에게 그 내용을 단순화해서 설명하다보면 놀랍게도 여러분의 이해력도 단단해진다.

외상성 뇌손상을 극복하고 한정된 시간 안에 학습하는 방법을 배운 폴 크루치코의 이야기

폴 크루치코와 그의 아내와 딸. 폴이 인생을 재설계하는 데 가족은 힘이 되어줬다.

저는 가정사가 복잡하고 가난한 집에서 자랐습니다. 고등학교도 겨우 졸업했죠. 졸업 후에는 직업 군인이 되었고 보병으로 이라크에 파병되었습니다. 저희 소대가 탄 차량은 열두 번 중에 여덟 번 공격을 받았고 도로에 설치된 폭탄에 당하기도 했죠.

하지만 운좋게도 복무하는 동안에 멋진 아내를 만났습니다. 아내를 만난 후 제대를 하고 가정을 꾸려야겠다고 결심했죠. 하지만 사회에 나가서 무엇을 해야 할지 모르겠더라고요. 더구나 집에 돌아온 이후로는 예전과 달리 집중력과 인지 기능이 떨어졌고 성마른 성격이 되었습니다. 가끔은 한 문장을 완전히 끝마치는 일조차 힘들었죠. 이라크와 아프가니스탄에 파병되었다가 돌아온 군인들이 외상성 뇌손상 장애를 겪는다는 글을 나중에야 읽었습니다.

저는 컴퓨터공학 및 전자공학 프로그램에 등록했습니다. 하지만 처음에는 외상성 뇌손상 증상이 심각해서 분수도 이해하기가 힘들었죠.

그래도 그건 전화위복이 되었습니다. 공부를 하면서 제 뇌에 무언가 변화가 생겼죠. 정신을 집중하기가 힘들었지만 그러면서 머릿속이 정리되었고 뇌를 회복할 수 있었어요. 헬스장에서 운동을 할 때 피가 돌아 근육이 탄탄해지는 과정처럼요. 머릿속이 치유되면서 저는 우등 졸업을 하고 민간 전자공학 기술자로 취직했어요.

이후 공학 분야의 학위를 따려고 학교로 돌아갔습니다. 하지만 실무 기술자로 훈련받을 때와는 달리 공학을 전공하려니 수학, 특히 미적분학이 무척 중요했어요. 초등학교 때부터 수학의 기초를 다지지 않았던 게 제 발목을 잡았죠.

결혼을 하고 막 아빠가 되어서 하루종일 일할 때라 이제는 기본적인 인지력이 아니라 시간 관리가 문제였어요. 심화 개념을 지금껏 접하지 못했던 수준까지 깊이 있게 익혀야 했지만 공부하는 데 하루에 몇 시간만 투자할 수 있었어요. 몇 번이나 시행착오를 겪고 나서야('미분 방정식' 과목에서는 D를 받았어요. 세상에!) 보다 효율적인 전략을 활용하게 됐어요.

매 학기 교수님들에게 강의 계획서를 받아 최소 개강 이삼 주 전부터 교과서를 읽기 시작했죠. 학기 중간쯤 되면 많이 읽어두기가 불가능해졌지만, 적어도 강의 진도보다 한 챕터는 앞서 예습하려고 애썼어요. 문제 풀이를 연습해 정보 덩어리를 만드는 게 핵심이었죠. 공부를 하는 과정에서 다음과 같은 몇 가지 규칙을 조금씩 개발했고, 덕분에 만족스러운 성적으로 졸업할 수 있었어요. 좋은 직업을 얻어 가족을 부양해야겠다는 게 제 목표였는데 다음 기법들 덕분에 그럴 수 있었죠.

한정된 공부 시간을 활용한 폴의 비법

1. **먼저 과제와 연습 문제, 퀴즈를 잘 읽자(하지만 아직 풀지는 않는다).** 맨 먼저 이렇게 하면 새로운 개념을 배우고 새로운 정보 덩어리가 형성되도록 머릿속을 펌프질해둘 수 있다.
2. **강의 노트를 복습하자**(그리고 가능하면 수업을 빼먹지 말고 전부 출석하자). 한 시간짜리 강의를 듣는 일은 혼자서 두 시간 동안 교과서를 읽는 것과 같은 가치를 가진다. 수업에 충실히 출석하고 꼼꼼하게 필기를 한 결과 훨씬 효율적으로 학습할 수 있었다. 시곗바늘만 바라보면서 수업이 끝나기만 기다려서는 안 된다. 그리고 수업 내용이 아직 머릿속에 생생하게 남아 있는 강의 다음날 필기한 강의 노트를 복습했다. 내 경험에 따르면, 혼자서 세 시간 동안 책을 읽고 공부하는 것은 30분 동안 교수님에게 질문하는 것과 같은 효과가 있었다.

3. **강의 노트에 있는 연습 문제를 다시 풀어보자.** 내 경우에는 강사님이 내주거나 교과서에 나온 연습 문제 중 해답이 없는 건 풀어봐야 별로 도움이 되지 않았다. 피드백을 받을 수 없기 때문이었다. 대신 단계별 해법이 나와 있는 연습 문제를 풀며 많은 도움을 받았다. 이런 문제를 다시 풀어보면 정보 덩어리를 강화할 수 있다. 또 공부할 때 검은색 말고도 파란색, 초록색, 빨간색 등 다른 색의 펜을 활용했다. 그러면 나중에 필기해둔 내용을 읽을 때 집중이 잘 되었다. 알 수 없는 수학 기호가 난무하는 필기 속에 모든 내용이 뒤섞이게 두기보다는 이렇게 색깔로 두드러지게 강조하는 게 좋다.
4. **과제나 연습 문제, 퀴즈를 꼼꼼히 풀자.** 이렇게 하면 특정 문제 유형을 잘 풀 수 있도록 머릿속에 '기억 근육' 같은 정보 덩어리가 생긴다.

5장
미루기 예방하는 법
:
습관('좀비들')을 목록으로 정리해 도움을 받기

수백 년 동안 비소는 살인자들 사이에서 인기 있는 무기였다. 아침 식사용 토스트에 비소를 약간만 뿌려도 상대를 하루 안에 고통스럽게 죽일 수 있었다. 그랬던 만큼 1875년 독일예술과학회의 제48차 회의에서 객석 앞에 앉은 두 남자가 치사량의 두 배가 넘는 비소를 삼키고도 태평스럽게 앉아 있자 사람들은 충격을 받았다. 다음날 이들은 웃으면서 건강하게 회의에 다시 참석했다. 이들의 소변을 검사해봤지만 딱히 속임수는 없었다. 이들은 정말로 독을 삼켰던 것이다.[1]

어떻게 그런 해로운 물질을 삼키고도 이 두 사람은 목숨을 부지했고, 심지어 건강해 보였을까?

이 질문에 대한 답은 미루는 습관과 묘하게 연결된다. 미루기의 인지심리학을 이해하는 것은 독소의 화학성분을 이해하는 것과 마찬가지로 건강한 예방책을 발전시키는 데 도움이 된다.

이번 장과 다음 장에서는 게으른 사람들이 미루기 습관에 어떻게 맞서 싸우는지를 소개할 것이다. 즉 여러분 마음속의 좀비에 대해서, 특정한 실마리에 대해 여러분의 뇌가 일상적이고 관습적으로 보이는 반응에 대해서 배울 것이다. 이런 좀비 반응 때문에 종종 **지금, 여기**가 더 좋다는 사고에 빠진다. 앞으로 살피겠지만, 여러분은 이런 좀비 가운데 일부를 속여 필요할 때(미루기 습관이 언제나 나쁜 건 아니다) 미루기 습관을 퇴치할 수 있다.[2] 그다음 장에서는 덩어리 짓는 기술에 대해 더욱 깊이 알아본 뒤 미루기를 다룬 마지막 장에서 미루기 습관을 예방하는 편리한 기술적 도구와 도움말, 요령을 총정리할 것이다.

제일 중요한 것부터 시작해보자. 미루기 습관에 빠지기는 쉽지만 많은 신경 자원을 사용해야 하는 의지력은 발휘하기가 힘들다. 다시 말해 미루기 습관과 싸울 때 값싼 방향제를 그 위에 칙칙 뿌리는 식으로 의지력을 사용하고 싶지는 않을 것이다. 미루기 습관을 위해 의지력을 사용한다면 꼭 필요할 때만 아껴서 써야 한다! 앞으로 살피겠지만 아예 그럴 필요가 없는 게 최선이다.

독과 좀비라니. 여기서 더 괜찮아질 수 있을까?

물론이다, 실험 하나를 살펴볼 것이다! 음하하, 실험이라니 정말 흥미롭지 않은가?

주의 산만함과 미루기

미루기 습관은 저희 세대가 겪는 큰 문제 가운데 하나입니다. 저희의 주의를 뺏는 게 너무 많아요. 예컨대 저는 항상 '과제하기 전에 일단 페이스북, 트위터, 텀블러, 이메일만 한번 확인하자' 하고 생각해요. 하지만 그러다보면 저도 모르는 사이에 최소 한 시간은 낭비하죠. 결국 숙제를 시작한 뒤에도 주의를 뺏는 웹사이트를 그냥 열어놓게 돼요.

공부와 숙제에만 집중할 방법을 찾아야 해요. 그건 주변 환경과 시간에 달린 것 같아요. 무엇이든 정말 막판까지 미루다가 시작해서는 안 돼요.

—한 미적분학 수강생

미루기와 불편함

인생 첫 마라톤 대회에 참가하면서 전날 자정이 되어서야 처음으로 연습 삼아 뛴다면 종아리 근육이 얼마나 비명을 지르겠는가. 수학과 과학 분야도 마찬가지다. **마지막까지 미뤘다가 벼락치기를 하면 결코 좋은 성적을 얻을 수 없다.**

대부분의 사람들의 수학과 과학 공부는 두 가지 요소에 좌우된다. 신경의 '벽돌'을 쌓는 짧은 공부 시간, 그리고 그사이에 머릿속 모르타르가 마르는 시간이다. 바꿔 말하면 많은 학생들에게 무척이나 흔한 문제인 미루기 습관을 관리하는 법이 수학과 과학을 숙달하려는 학생들에게 특히 더 중요하다.[3]

무언가가 불편하다면 우리는 이를 미룬다.[4] 의료 영상 연구에 따르면, 수학 포기자들은 수학이라는 과목을 생각만 해도 고통스럽기에

이를 회피한다고 한다. 이들은 수학을 생각만 해도 고통 중추에 불이 켜진다.[5]

하지만 여기서 한 가지 중요한 사항을 지적해야 한다. 고통은 머릿속에서 그렇게 **예측**하기에 그렇게 느끼는 것이다. 수학 포기자들이 실제로 수학을 **접하면** 그 고통은 사라진다. 미루기 전문가 리타 에밋에 따르면, "어떤 작업에 대한 두려움이 실제로 그 작업을 하는 것보다 더 많은 시간과 에너지를 소모한다".[6]

고통스러운 일을 회피하는 행동은 납득할 만하다. 하지만 안타깝게도 이렇게 습관적으로 회피를 하면 장기적으로는 심각한 효과로 이어질 수 있다. 수학 공부를 미룰수록 이를 생각하는 게 **더욱** 괴로워진다. SAT나 ACT(미국 대학입학자격시험) 공부를 자꾸 미루다가는 그 과목에 편안해질 정도로 신경적인 기초가 다져지지 않아 중요한 시험 당일에 숨이 막힐 듯해진다. 그리고 장학금을 받을 기회는 날아간다.

수학과 과학 분야의 직업을 꿈꿨지만 포기하고 다른 길을 찾을지도 모른다. "수학 공부를 도저히 버틸 수 없었어요"라고 얘기할지 모르지만, 실제로는 미루기 습관 때문에 최고의 결과를 얻지 못했을 뿐이다.

미루기 습관은 엄청나게 중대하고 '핵심적인' 나쁜 버릇이다.[7] 달리 말하면 이 습관은 여러분 인생의 수많은 중요 영역에 영향을 끼친다. 이 습관을 고쳐라. 그러면 인생을 긍정적으로 바꿔줄 수많은 변화가 조금씩 모습을 드러낼 것이다.

그리고 또하나 중요한 요인이 있다. 무언가를 잘 못하면 여러분은 이를 불쾌해하기가 쉽다. 하지만 **조금씩 잘하게 될수록 그것을 즐기게 된다**.

두뇌가 무언가를 미루는 방식

삐삐삐…… 토요일 오전 열시다. 알람 시계가 여러분을 달콤한 잠에서 깨운다. 한 시간을 더 미적대고서야 일어나서 커피를 손에 들고 책과 노트북에 손을 뻗는다. 오늘은 하루종일 책상 앞에 붙어 앉아 월요일까지 제출해야 하는 수학 숙제를 마칠 예정이다. 게다가 역사 과제물도 시작해야 하고, 화학 과목에서 헷갈리는 부분도 복습해야 한다.

수학 교과서를 펼친다. 거의 감지할 수 없을 정도로 작게 탄식한다. 혼란스러운 그래프와 갈피를 못 잡을 정도로 뒤섞이고 장황한 설명을 본다고 생각을 하니 두뇌 속 고통 중추에 불이 켜진다. 정말로 지금은 수학 숙제를 하고 싶지 않다. 계획대로 앞으로 몇 시간 동안 수학 공부를 한다고 생각만 해도 책을 펴기가 싫다.

교과서에서 노트북으로 시선을 돌린다. '흠, 이게 더 끌리네. 화면을 열고 메시지를 확인하는 일은 즐겁기만 하고 전혀 고통스럽지 않아. 제시가 웃긴 사진을 보냈네……'

그렇게 두 시간이 훅 지났지만 수학 숙제는 아직 시작도 못했다.

다음 그림은 전형적인 미루기 패턴이다. 딱히 좋아하지 않는 무언

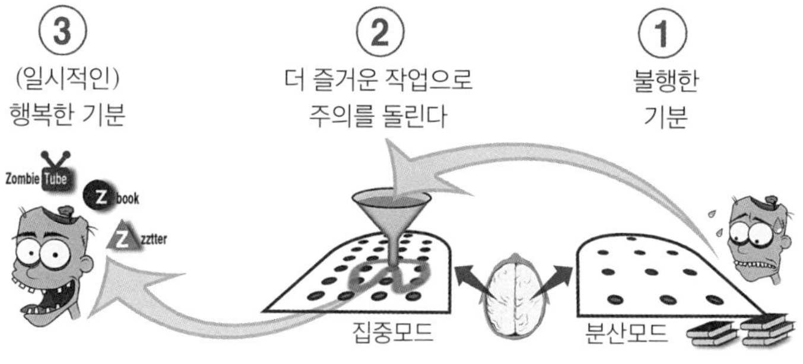

가를 생각할 때 두뇌 속 고통 중추에 불이 들어온다. 그러면 더욱 즐거운 무언가로 집중력의 초점을 옮긴다.[8] 이렇게 하면 잠시나마 기분이 좋아진다.

미루기 습관은 중독과 같다. 무언가를 미루면 지루한 현실에서 벗어나 일시적인 흥분과 위안을 얻을 수 있다. 교과서를 읽거나 과제를 하는 대신 정보를 찾기 위해 인터넷을 검색하는 게 더 유용하다고 자기 자신을 속이기는 아주 쉽다. 스스로에게 이야기를 만들어서 들려준다. 예컨대 유기화학을 잘하려면 공간 추론력이 필요한데, 이는 여러분의 약점이기에 당연히 실력이 엉망이다. 그렇기에 '시험 치기 한참 전부터 공부를 하면 나중에 다 까먹을 거야'라는 식으로 겉으로는 번지르르하게 말이 되지만 비합리적인 변명을 지어낸다. (시험 기간에는 다른 과목도 공부해야 하므로 모든 과목을 한꺼번에 점검하기란 불가능하다. 그럼에도 여러분은 편하게도 이 사실을 잊는다.) 학기가 끝날 즈음, 절박하게 기말고사 공부를 벼락치기로 하고서야 지속적인 미루기 습관 때문에 유기화학 성적이 나쁘다는 사실을 깨닫는다.

연구자들에 따르면 미루기 습관은 무언가에 능숙하지 못한 데 대한 변명뿐 아니라 자긍심의 원천이 될 수도 있다. "어젯밤에 실험 보고서와 마케팅 인터뷰를 끝내고서야 벼락치기로 쪽지시험 공부를 했어. 물론 더 잘할 수 있었지. 근데 할 일이 한번에 너무 몰리니까 어쩔 수 없더라고"라는 식이다.[9] 공부를 열심히 했어도 멋지고 똑똑해 보인다는 이유로 벼락치기를 했다고 거짓말을 하기도 한다. "결국 어젯밤에 중간고사 시험 공부를 벼락치기로 했잖아."

다른 습관이 그렇듯이 미루기 습관 역시 쉽게 빠져든다. 미루기 습관을 유발하는 신호를 받으면 생각할 새도 없이 편안하게 미루기 반응을 보인다. 이렇듯 일시적인 쾌락을 얻으려고 습관적인 좀비처럼 반응하다보면 시간이 지날수록 자신감은 조금씩 낮아지고 일이나 공부를 효율적으로 하는 법을 배우겠다는 의욕도 떨어진다. 습관적으로 미루는 사람들은 스트레스를 많이 받고 건강도 나빠지며 성적도 낮아진다.[10] 시간이 지날수록 미루기 습관은 고착화되고 습관을 고칠 가망은 점점 없어진다.[11]

변화는 가능하다

저는 한때 미루는 습관이 있었지만 지금은 달라졌습니다. 고등학교 때 들은 AP 수업 덕분에 습관을 고치기 위한 첫걸음을 뗄 수 있었죠. 당시 선생님은 하루에 네 시간에서 여섯 시간 정도 걸리는 미국사 숙제를 내주셨어요. 이때 한 번에 하나씩 차근차근 하면 된다는 걸 배웠죠. 일단 성취감을 느끼면 궤도에 올라 그다음으로 넘어가기가 쉬워진다는 걸 알게 됐죠.

—폴라 미어스커트('창의적 글쓰기'를 수강하는 신입생)

가끔은 밤을 새워 벼락치기를 해도 괜찮은 성적을 받을 수 있다. 이렇게 공부하고 나면 취한 것처럼 느껴지기까지 한다. 도박할 때와 비슷한 이런 작은 승리가 일종의 보상으로 작용해 여러분이 또다시 미루도록 이끈다. 이때쯤 되면 미루는 습관이 키나 머리색처럼 타고난 천성이라고 스스로에게 변명할지도 모른다. 애초에 쉽게 고칠 수 있는 습관이었다면 벌써 고치지 않았겠는가?

하지만 수학과 과학 분야를 더 깊게 파고들수록 미루기 습관을 통제하는 게 중요하다. 예전에는 문제없었던 이 습관이 결국 반격을 가한다. 앞으로 몇 장에 걸쳐 습관을 제대로 길들이는 방법을 살펴볼 것이다. **여러분이** 직접 결정해야 한다. 아무 생각 없는 좀비가, 다시 말해 습관이 결정하게 냅둬서는 안 된다. 앞으로 살피겠지만 미루기 습관을 다루는 전략은 단순하다. 그저 직관적으로 명확하지 않을 뿐이다.

이번 장을 시작하면서 소개했던 이야기로 돌아가보자. 비소를 삼킨 남자들은 아주 적은 양부터 먹었다. 이렇게 아주 적은 양의 비소는 몸에 그리 해롭지 않다. 심지어 비소의 효과에 내성도 생길 수 있다. 내성이 생기면 더 많은 양을 섭취해도 건강해 보일 수 있다. 조금씩 이 독이 암을 일으킬 가능성을 높이고 장기를 망가뜨린다 해도 말이다.

마찬가지로 일을 미루는 사람들도 처음에는 사소하게 시작한다. 하지만 미루기를 거듭하면서, 조금씩 익숙해진다. 그래도 겉으로는 괜찮아 보인다. 하지만 장기적으로는 어떨까?

결코 좋은 결과를 얻을 수 없다.

조금 바뀌어도 멀리 나아갈 수 있다

학생들이 전날 열 시간이나 공부했는데 시험을 못 봤다고 불평하면 저는 이렇게 대꾸합니다. "그래서 시험을 못 본 거야." 학생들은 말도 안 된다는 표정으로 저를 쳐다보죠. 그럼 저는 이렇게 말합니다. "조금씩 꾸준히 공부했어야지."

—리처드 나델(플로리다국제대 수학과 선임 강사)

요약

- 우리는 불편하게 느끼는 일을 미룬다. 하지만 우리를 일시적으로 기분좋게 만드는 일은 장기적으로는 바람직하지 않다.
- 미루기 습관은 조금씩 독을 먹는 일과 같다. 먹을 때는 그렇게 해로워 보이지 않으나 장기적으로는 몹시 위험할 수 있다.

잠깐 멈춰 복습하기

4장에서 무언가를 처음 배웠던 장소와 다른 곳에서 내용을 상기하는 방법이 유용하다고 배웠다. 이렇게 하면 장소에서 오는 실마리에 개의치 않게 된다. 나중에는 어디서든 편안하게 해당 내용을 떠올리게 되므로 시험을 치러야 하는 상황에서는 이런 능력이 중요하다.

이제 위의 내용을 적용해보자. 이번 장의 핵심 개념은 무엇이었는가? 지금 앉아 있는 곳에서 내용을 떠올려보고 다른 방에 가서도 다시 시도해보자. 밖에 나갔을 때 개념을 상기해보면 더 좋다.

배운 내용 다지기

1. 미루기 습관이 여러분의 삶에 영향을 주었는가? 만약 그랬다면 어떤 영향을 끼쳤는가?
2. 다른 사람들은 일이나 공부를 왜 미뤘다고 변명하는가? 그 이야기에 허점은 없는가? 여러분이 무언가를 미룰 때 둘러대는 변명에는 어떤 허점이 있는가?
3. 의지력을 크게 발휘하지 않고도 미루기 습관을 제어할 수 있었던 구체적인 행동이 있다면 예를 들어보자.

적극적으로 훌륭한 조언을 찾아나서라!
미국 공학 교육의 선도자 노먼 포텐베리의 통찰

대학교 1학년 때부터 저는 엔지니어가 되고 싶었습니다. 그래서 대부분의 친구들이 듣는 일반 미적분학 강의 대신 응용 미적분학 강의를 수강했습니다. 하지만 그건 실수였죠. 이 강의를 듣는 다른 학생들은 상당수가 이미 고등학교 때 미적분학 수업을 들은 후 심화과정을 밟는 중이었죠. 저는 이미 경쟁에서 뒤처진 상황이었습니다.

게다가 수강생이 적어서 함께 공부할 동료를 찾기도 힘들었습니다. 고등학교와 달리 대학에서는 혼자서 공부한다는 게 장점보다는 오히려 단점에 가깝더라고요. 공학은 팀워크가 중요한 분야라서 교수들은 학생들이 다른 사람과 함께 공부한다고 가정하고 그에 맞게 과제를 내주었죠. 저는 간신히 B학점을 받았지만 항상 미적분학의 기초와 이 과목에 관련된 심화과목들에 대한 개념과 직관이 덜 잡혔다고 생각했어요. 뒤이어 들은 강의에서도 미적분학 부분은 많은 시간을 들여서 겨우 따라잡을 수 있었죠. 하지만 다른 일을 할 수도 있었을 시간을 많이 빼앗겼어요.

다행히도 기계공학을 전공으로 학사학위를 받았고, 몇몇 친구들과 교수님들의 격려에 힘입어 기계공학 석박사과정까지 이어갔습니다. 하지만 이런 경험을 통해 배운 정말 중요한 조언을 하자면, 동료 학생들과 교수님에게 어떤 과목을 수강할지 물어보는 게 좋아요. 주변 사람들의 집단 지성이 많은 도움을 줄 겁니다.

6장

어디에나 좀비가 있다

:

미루기 습관을 보다 깊이 파고들어 이해하기

통찰이 가득한 『습관의 힘』이란 책에서 찰스 두히그는 리사 앨런이라는 불행한 한 사람을 소개한다. 리사는 평생 체중 문제로 고생한 중년 여성으로 열여섯 살에 술과 담배를 시작했으며, 남편은 다른 여자를 만나 그녀를 떠났고 1년 이상 아무 일도 하지 않아 빚더미에 앉아 있었다.

그로부터 4년 만에 리사의 인생은 완전히 달라졌다. 약 30킬로그램을 감량했고 석사학위를 따기 위해 공부중이며, 술과 담배를 끊고 마라톤을 하면서 몸이 탄탄해졌다.

리사가 변한 과정을 이해하려면 **습관**에 대해 알아야 한다.

습관은 좋을 수도 나쁠 수도 있다. 결국 습관이란 우리 두뇌가 이미 프로그래밍된 '좀비'모드로 진입하는 일일 뿐이다. 연습을 자주

해서 자동적으로 연결된 신경 패턴, 그러니까 덩어리 짓기가 습관과 긴밀하게 연결된다는 사실은 그리 놀랍지 않다.[1] **습관은 에너지를 절약하게 해준다. 습관 덕분에 우리 정신은 다른 활동을 더 할 수 있다.** 예컨대 차고에서 도로까지 차를 후진하는 상황을 생각해보자. 이를 처음 진행할 때는 신경이 잔뜩 곤두선다. 여러 가지 정보가 머릿속에 쏟아져 들어오면서 도저히 해낼 수 없을 것만 같다. 하지만 자신도 모르는 사이에 그 정보를 덩어리 짓는 방법을 습득하고 '출발하자'라고 생각하자마자 진입로로 차를 뺄 것이다. 여러분의 두뇌가 일종의 좀비모드에 들어가 자신의 모든 행동을 의식적으로 생각하지 않게 되는 것이다.

여러분은 생각보다 이런 습관적인 좀비모드에 훨씬 자주 들어간다. 이게 바로 습관의 특성이다. 습관적인 행동을 하는 동안에는 무엇을 하고 있는지 집중해서 의식하지 않는다. 그래서 에너지가 절약된다.

습관적인 행동을 하는 데 걸리는 시간은 다양하다. 예컨대 지나가는 사람에게 무심코 미소를 짓는다거나 손톱이 깨끗한지 흘긋 살피는 습관처럼 몇 초에 걸쳐 짧게 생길 수도 있다. 퇴근하고 집에 와서 달리기를 하거나 몇 시간 동안 텔레비전을 시청하는 습관처럼 조금 더 오래 진행될 수도 있다.

습관은 다음과 같은 네 부분으로 이뤄진다.

1. 계기: 이는 여러분이 '좀비모드'에 들어서도록 자극한다. 계기는

할 일 목록의 첫번째 항목을 살피거나(다음주 숙제를 시작할 시간이네!) 친구에게 온 문자메시지를 읽는 것처럼(이제 빈둥거려야지!) 단순한 무엇일 수 있다. 계기 자체는 여러분에게 유용하지도, 해롭지도 않다. 이런 계기에 대한 우리의 반응, 즉 루틴이 중요하다.

2. **루틴:** 이것이 좀비모드다. 계기인 신호를 받을 때 두뇌가 습관적으로 반응해서 빠져드는 규칙적인 행동이다. 이런 좀비 반응은 무해할 수도, 유용할 수도 있지만 최악의 경우 상식을 거스를 만큼 해롭기도 하다.

3. **보상:** 습관을 만들고 이를 지속하는 건 보상이 따르기 때문이다. 습관은 여러분에게 약간의 즐거움을 준다. 미루기라는 습관은 여러분의 마음이 더욱 즐거운 행위에 초점을 맞추도록 빠르게 보상을 주기 때문에 그만큼 형성되기가 쉽다. 하지만 좋은 습관에는 보상이 따른다. 미루기 습관에서 벗어나려면 수학과 과학 분야에서 좋은 공부 습관을 다져 보상을 받는 일이 필수적이다.

4. **믿음:** 여러분이 믿기 때문에 습관은 힘을 가진다. 예를 들어 밤늦게까지 공부를 미루는 습관이 있다면 이를 결코 못 바꿀 것이라고 믿을지도 모른다. 습관을 변화시키려면 그 근본적인 믿음부터 바꿔야 한다.

무언가 할 일이 손에 붙지 않을 때면 밖에 나가 잠깐 달리기를 하거나 다른 활동적인 일을 합니다. 그러고 돌아오면 할 일을 시작하기가 더 쉽죠.

—캐서린 포크(산업구조공학과 1학년생)

습관을('좀비'를) 쓸모 있게 활용하기

여기서는 의지력을 **최소한으로** 사용하면서도 미루기 습관을 피하도록 습관 좀비를 이용하는 방법을 자세히 살필 예정이다. 오래된 습관을 싹 바꾸지 않아도 된다. 일부분만 덮어쓰고 새로운 습관을 약간 개발하면 된다. 습관 위에 다른 습관을 덮어쓰려면, 어떤 계기에 반응하는 약점이 어디인지 살펴야 한다. **의지력은 이 계기에 대한 반응을 바꿀 때만 발휘하면 된다.**

앞서 살핀 습관의 네 가지 요소로 돌아가 미루기라는 관점에서 다시 분석해보자.

1. **계기:** 무엇이 여러분을 미루기라는 좀비모드로 이끄는지 깨달아야 한다. 보통은 시간, 장소, 감정상태, 다른 사람, 직전의 행동 중에 하나가 계기인 경우가 많다.[2] 인터넷에서 무언가를 찾다가 결국 웹서핑을 하게 되는가? 문자메시지가 상념을 방해해 일을 계속하려고 아무리 노력을 해도 하려던 일의 흐름으로 복귀하는 데까지 10분은 걸리는가? 미루기 습관은 자동적으로 일어나기 때문에 미루기를 시작했다고 의식하지 못하기도 한다.

학생이라면 하교하자마자, 아니면 수업을 마치자마자 쉬는 시간에 숙제를 시작하는 것처럼 새로운 계기를 발전시키면 좋다. 『결심의 재발견』을 쓴 미루기 습관 전문가 피어스 스틸은 이렇게 지적한다. "여러분이 루틴을 지키려 하면, 결국 루틴이 여러분을 지켜줄 것이다."[3]

25분 학습 세션 동안 과제를 하는 것처럼 잠깐 휴대전화를 끄거나 인터넷을 차단하는 것처럼 가장 해로운 계기들이 다가오지 못하게 막을 수 있다. 보험계리학과 1학년생인 유스라 하산은 여동생에게 휴대전화와 노트북을 '감시'해달라고 맡긴단다. 이렇게 하면 공부를 하겠다고 다른 사람에게 선언을 하면서 유혹의 원천도 제거할 수 있으니 일석이조란다. 여러분이 하려고 한다면 친구들이나 가족들이 도와줄 것이다.

2. **루틴:** 공부를 하는 대신 공부보다 덜 고통스러운 무언가에 주의 집중력을 종종 돌린다고 해보자. 여러분의 두뇌는 계기가 생기면 자동적으로 이 루틴으로 나아가려 한다. 그러니 과거의 습관을 재설계하려면 이 지점에 적극적으로 초점을 맞추어야 한다. **재설계의 핵심은 계획 세우기다. 여러분만의 새로운 의식이나 절차를 개발하면 도움이 된다.** 몇몇 학생들은 수업을 듣는 동안 다른 곳에 휴대전화를 두고 오는 걸 습관화했다. 이렇게 하면 잠재적인 주의 분산 요인을 제거할 수 있다. 상당수의 학생들은 인터넷

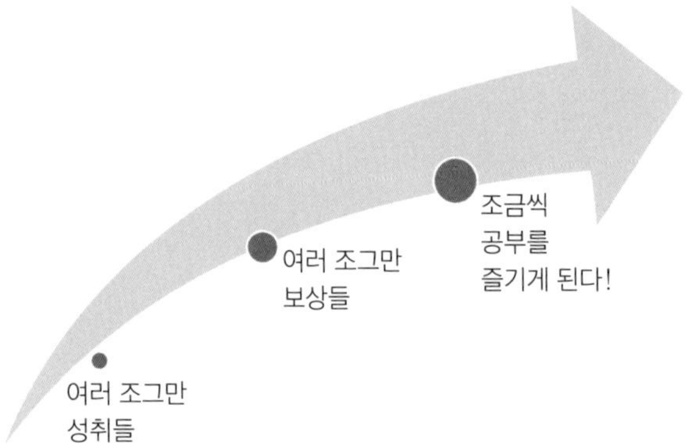

을 차단하고 도서관의 조용한 자리를 찾아 틀어박히거나 집에서 좋아하는 의자에 앉아만 있어도 생산적인 결과를 얻는다는 걸 알게 된다. 계획이 처음부터 완벽하게 작동하지 않을 수도 있지만, 계속하라. 필요하다면 계획을 조정하고, 계획이 효과를 발휘한다면 승리를 만끽하라. 단번에 모든 것을 바꾸려고 하지 마라. 25분 타이머를 사용해 공부나 작업을 하는 '포모도로 기법'이 계기에 대한 반응을 바꾸는 데 특히 유용할 것이다.

어렵고 고된 작업을 시작할 때는 배를 든든히 채워둬도 좋다. 그러면 공부나 작업에 돌입할 때 정신적인 에너지를 내서 순간적인 의지력을 발휘할 수 있다.[4] 그뿐만 아니라 '뭐 좀 먹을까……'라며 산만해지는 일도 피할 수 있다.

3. **보상:** 여기에 대해서는 가끔 스스로 되물어야 한다. 왜 할 일을 미루는 걸까? 미루는 습관을 감정적인 보상으로 대체할 수는 없

을까? 아무리 작을지라도 무언가를 성취했다는 자긍심이나 만족감 같은 게 없을까? 자신만의 게임처럼 마음속으로 작은 내기를 하거나 대회를 열어 거기서 이기는 건 어떨까? 가끔 라테 한 잔을 마시거나 좋아하는 웹사이트를 방문하는 것은? 죄책감 없이 저녁나절 내내 멍하니 텔레비전을 보거나 웹서핑을 하게 자신을 놔두는 건 어떨까? 무언가 큰 것을 성취했을 때 영화표나 스웨터, 쓸데없는 지출처럼 큰 보상을 스스로에게 주면 어떨까?

남자친구와 저는 영화를 좋아해요. 그래서 마감일이 정해진 일에 대한 보상으로 남자친구는 제게 영화를 보여주죠. 공부나 숙제를 끝내야겠다는 동기를 부여해줄 뿐 아니라, 계기와 루틴, 보상체계를 강화해서 새로운 공부 습관을 다지는 데도 좋았어요.

—샬린 브리슨(심리학 전공, 간호프로그램 2급 수료생)

명심하라. 습관은 신경학적인 열망을 만들기 때문에 강력하다. 이전에 열망하던 것을 약화시키려면 새로운 보상을 해주는 게 좋다. 일단 두뇌가 이 보상을 **기대하게** 되면, 새로운 습관을 만들 중요한 재설계가 이뤄질 수 있다.

스스로에게 주는 작은 칭찬과 격려만으로도 두뇌를 재설계하도록 시동을 걸 수 있다는 사실을 깨달아야 한다. 가끔 **학습된 부지런함**이라고도 불리는 이런 재설계과정은 한때 지겨워했거나 흥미롭지 않게 여겼던 과제에 반짝 눈을 뜨게 해준다.[5] 앞으로 살피겠지만 어떤 일의 흐름에 몸을 맡기는 것 자체가 하나의 보상이 될 수 있다. 책상 앞에 앉아 일을 시작했을 때만 해도 상상도 못했던 방식으로 생산성을 발휘하기 때문이다. 정오에는 친구와 식당에서 점심을 먹는다고 약속을 해두거나 오후 다섯시까지 주요 업무를 마친다는 식으로 특정 시간에 보상을 받는다고 설정만 해둬도 작은 마감 기한이 만들어져 일에 박차를 가할 수 있었다는 사람이 많다.

처음부터 '몰입'하지 못해도 초조해하지 않아도 된다. 나 역시 가끔은 포모도로 방식으로 몇 사이클을 돌리며 고되고 단조롭게 며칠을 보내다가 갑자기 몰입하게 된다거나 새로운 경지에서 일을 즐기게 된다. 또한 어떤 일에 능숙해질수록 그 일이 더욱 즐거워진다는 사실도 기억하자.

4. **믿음:** 미루기 습관을 없애려면 무엇보다도 할 수 있다고 믿는 게 중요하다. 일이나 공부를 하면서 스트레스를 받을 때마다 더욱 편안한 옛 습관으로 돌아가고 싶을 것이다. **하지만 이 과정을 헤쳐나가려면 새로운 시스템이 제대로 작동한다고 믿어라.** 새로운 인간관계를 쌓는 식으로 이런 믿음을 뒷받침할 수 있다. '나는 할 수 있다'라는 마음가짐을 가진 친구들과 어울려라. 생각이 비슷한 친구들과 서로 격려하다보면 나약해지는 순간에 잊기 쉬운 가치를 다시 떠올릴 수 있다.

   이 시점에서 '**상상을 통한 비교법**'은 아주 효과적인 접근법이다.[6] 지금 현재의 상태와 달성하고자 하는 미래의 상태를 머릿속에서 비교해보자. 예컨대 의대에 들어가고 싶다면, 의사가 된 모습을, 다른 사람을 돕는 모습을 상상해보라. 실제로는 멋진 방학을 보낼 계획을 세우는 중이라고 해도 말이다. 일단 긍정적인 이미지를 떠올렸다면 이를 **지금 현재의 모습과 비교해보라**. 겨우 굴러가는 고물차, 마카로니 치즈로 때우는 저녁식사, 산더미처럼 남은 학자금 대출이 떠오를지도 모른다. 그래도 희망은 있다!

상상을 통한 비교법을 수행할 때는 미래에 꿈꾸는 이미지를 현재 또는 과거의 모습과 대비시키는 게 중요하다. 공부하거나 생활하는 공간에 여러분이 원하는 모습과 관련된 사진을 두는 것도 분산모드를 발동시키는 데 좋다. 앞으로 달성하고자 하는 멋진 모습을 지금의 일상적이고 현실적인 주변 환경이나 과거의 성장 환경과 비교만 해보면 된다. 여러분은 현실을 바꿀 수 있다.

내일은 더 좋은 날이 펼쳐질 것이다

상상을 통한 비교법은 정말 대단합니다! 저는 어렸을 때부터 이 방법을 활용했어요. 이 방법을 다양한 상황에서 적용할 수 있어요.

한여름에 메릴랜드주에 위치한 어느 생닭 가공 공장에 처박혀 몇 달 동안 일한 적이 있어요. 이 공장에서 일을 하면서 학교에 가서 학위를 취득하겠다고 결심했죠. 그때의 경험을 상상을 통한 비교법에 활용했어요. 가끔은 불운한 하루 덕분에 우리는 우리에게 중요한 것이 무엇인지 깨닫고 각성하게 돼요. 그런 경험을 하고 나면 현재 상황에서 벗어날 방법을 훨씬 수월하게 찾을 수 있죠.

—마이크 오럴(전자공학과 3학년생)

한번 해보자!

좀비와 싸우기

아침에 일어나자마자 이메일이나 페이스북을 확인하고 싶은가? 그렇다면 일단 10분 뒤로 알람을 맞춰두고 일이나 작업을 해보자. 그런 다음 인터넷에 접속하는 보상을 스스로에게 주자. 놀랍게도 이런 사소한 자기 통제 연습만 해도 하루종일 마음속 좀비를 극복하는 데 무척 힘이 된다.

경고: 이런 시도를 처음 하면 머릿속 좀비 몇 마리가 뇌를 파먹을 듯 비명을 지를 수 있다. 그 좀비들을 무시하라! 좀비들이 '지금 딱 한 번만 페이스북을 확인하는 건 괜찮잖아!'라며 말로 꾀어도 이를 비웃는 법을 익히는 게 이 연습의 핵심이다.

결과물이 아닌 과정에 집중하며 흐름을 타라

불편하다는 이유로 특정한 일이나 공부를 회피한다면, 상황의 틀을 다시 짜는 좋은 방법이 있다. **결과물**이 아닌 **과정**에 집중하는 법을 배우면 된다.

과정이란 '20분 동안 공부할 거야'처럼 시간의 흐름, 그리고 이와 연계된 습관이나 행동이다. **결과물**이란 끝마치고자 하는 숙제 같은 성과물이다.

미루기 습관을 고치려면 **결과물**에 집중하지 말아야 한다. 대신 결과를 내기 위한 과정, 즉 습관의 구축을 신경써야 한다. 그러다보면 즐겁지는 않으나 해야 하는 과제를 끝낼 수 있다.

예를 들어, 하기 싫은 수학 숙제가 있다고 해보자. 그래서 여러분은 '겨우 다섯 문제잖아. 뭐 얼마나 어렵겠어?' 하면서 숙제를 미룬다.

하지만 실제로 마음속 깊은 곳에서는 이 다섯 문제를 푸는 게 벅찬 일이라는 사실을 안다. 막판에 다섯 문제짜리 숙제를(또는 20쪽짜리 보고서 혹은 무엇이든) 해결할 수 있다는 환상의 세계에 사는 게 더 마음이 편하기에 그렇게 믿는다.

결과물, 다시 말해 숙제를 다 해결하는 데만 초점을 맞춰서는 안 된다. **결과물은 고통을 유발하므로 여러분은 미룬다.** 대신 **과정**에 초점을 맞춰야 한다. 즉 숙제를 다 풀거나 시험을 준비하는 며칠, 몇 주에 걸친 작은 시간 덩어리에 주목해야 한다. 여러분이 숙제를 마쳤는지, 수업 시간의 핵심 개념을 이해했는지를 누가 신경쓰겠는가? 그보다는 짧은 기간 동안 최선을 다해 차근차근 노력했다는 것, 다시 말해 **과정**이 더 중요하다.

여기서 핵심적인 개념은, 두뇌 속에 일상적으로 존재하는 좀비가 과정을 **좋아한다**는 사실이다. 과정은 아무 생각을 하지 않고서 전진할 수 있기 때문이다. **결과물**을 얻을 때보다는 **과정**을 지나는 동안 친절한 좀비 습관의 도움을 받는 게 훨씬 수월하다.

목표에 표시를 하자

매일 읽어야 할 분량을 책갈피나 포스트잇으로 표시해두면 좋습니다. 그러면 어디까지 진도를 나갔는지 바로 알 수가 있거든요. 결승점이 보일 때 더 강한 동기 부여를 할 수 있습니다.

—포러스트 뉴먼(새크라멘토시티칼리지 천체물리학과 교수)

한 번에 할 정도로 일을 쪼개자: 그리고 단시간에 집중적으로 해내자

'포모도로 기법'은 단기간에 주의를 집중하도록 돕는 기술이다. 포모도로는 이탈리아어로 '토마토'라는 뜻인데 1980년대에 프란체스코 치릴로가 시간 관리법을 창안하면서 토마토 모양의 타이머를 활용해서 이런 이름이 유래됐다. 포모도로 기법을 활용하려면 타이머를 25분으로 맞춰야 한다. (2장의 '한번 해보자'에서 이미 이 기법을 소개했었다.) 일단 타이머가 째깍거리며 작동하면 시간을 의식해서 부지런히 일이나 과제를 진행해야 한다. 웹서핑을 하거나 전화로 수다를 떨거나 친구와 문자메시지를 주고받아서는 안 된다. 일할 때 친구나 가족이 주변에 있는 경우 그들에게 이 기법을 알려줄 수 있어서 좋다. 주변 사람들이 여러분을 방해하려 한다면 "포모도로 기법을 하는 중이

결과가 아니라 **과정**에 집중하기는 미루기 습관을 고치는 데 중요하다. 공부의 흐름을 잃지 않으면서 매일 꾸준하게 **시간**을 보내야 한다. **일을 마치는 것이 아니라 포모도로 기법, 즉 25분짜리 한 세션을 수행하는 것에 집중하라.** 위 사진에서 물리학자이자 서퍼인 개릿 리시도 파도를 넘는다는 결과물이 아니라 순간에 집중하고 있다.

야" "시간을 재면서 일하고 있어"라고 말하기만 하면 된다. 그러면 주변 사람들은 친절하게 여러분을 내버려둘 것이다.

타이머를 맞추고 일하면 **스트레스를 받는다며** 이 기법을 반대할지도 모른다. 하지만 연구 결과, 매혹적이면서도 반직관적이게도 어느 정도 스트레스를 받으면서 일이나 공부를 할 경우 더 큰 스트레스를 받는 상황에도 훨씬 수월하게 대처할 수 있었다. 연구자 사이언 베일락이 『부동의 심리학』에서 설명한 바에 따르면, 다른 사람 앞에서 퍼팅 연습을 하는 골프 선수들은 나중에 관중 앞에서 경기를 해도 동요하지 않는다. 이와 비슷하게 가볍게 시간을 제한하는 상황에서 일이나 숙제를 하는 데 익숙해지면 나중에 더 큰 압박을 받는 시험 시간에서도 훨씬 덜 허둥댈 것이다.[7] 수술에서부터 컴퓨터 프로그래밍에 이르기까지 다양한 분야에서 정상급 실력을 갖춘 사람들은, 도전하게 이끌어주고 자신들을 스트레스 상황에 처하게 해줌으로써 더욱 좋은 성과를 달성하게 만드는 코치들을 찾아다니기도 한다.[8]

포모도로 기법을 처음 실천한다고 해보자. 그러면 일이나 공부와 관련 없는 무언가를 흘긋 살피고 싶은 충동이 생각보다 훨씬 자주 든다는 사실에 놀랄 것이다. 하지만 정신을 다잡고 일에 다시 집중하는 일이 비교적 쉽다는 사실에도 놀랄 것이다. 25분은 무척 짧은 시간이기에 거의 대부분의 성인이나 청소년이 그 정도는 집중할 수 있다. 25분 동안의 세션을 다 보냈다면 느긋하게 뒤로 기대어 앉아 성취감을 만끽하라.

시작이 반이다!

한 가지 팁이 있다면, 일단 시작하세요. 단순한 조언처럼 들리겠지만 일단 시작하고 나면 무언가를 해내기가 훨씬 쉬워집니다. 저는 도서관의 조용한 층을 찾곤 해요. 거기 가면 저와 같은 상황인 사람들을 종종 볼 수 있거든요. 저는 시각화를 통해 가장 효과적으로 배우는 편이라 다른 사람이 과제중인 모습을 보면 저도 그렇게 하고 싶어져요.

—조지프 코인(역사학과 3학년생)

불가피하게 주의 집중을 흐트러뜨리는 일이 생기면 이를 무시하는 법을 배우고 싶을 것이다. 미루기 습관을 고치려는 여러분에게 건네는 가장 중요한 조언은 **방해물을 무시하라**는 것이다. 물론 최대한 준비해서 집중력이 흐트러지지 않게 애쓰는 방법도 좋다. 많은 학생들이 정말로 집중해야 할 때 조용한 장소를 찾거나 노이즈캔슬링 헤드폰을 활용하거나 혹은 이를 둘 다 하면 도움이 된다고 생각한다.

주의 집중을 저해하는 것들을 버려라!

저는 외이도가 없는 트리처 콜린스 증후군을 갖고 있어서 소리를 듣지 못했어요. 그래서 보청기를 빼고 공부를 하면 정말로 집중이 잘 됐어요! 저는 제 장애가 마음에 들었죠! 1학년이 끝날 무렵 IQ검사를 받았는데 평균 이하인 90이 나왔죠. 엄마는 실망하셨지만 저는 A학점을 받았다고 생각해서 마냥 기뻐했죠. 지금은 IQ가 몇인지는 모르겠네요. 이제는 들을 수 있으니 아마 몇 단계 낮아졌을 거예요. 제게 집중력을 껐다 켜는 스위치를 준 신에게 감사해요.

—빌 제틀러(플로리다대 생물학과 교수,
여러 바이러스의 공동 발견자이자 올해의 강의상 수상자)

포모도로 방식으로 한 세션을 끝냈다면 다시 시작할 때까지 간격을 얼마나 둬야 할까? 여러분이 무엇을 하느냐에 따라 다르다. 몇 주 걸리는 일을 한다면, 이제 죄책감 없이 30분 정도 웹서핑을 하는 보상을 받아도 된다. 만약 스트레스를 받는 상황이고 해야 할 일이 많다면 2분에서 5분 정도만 휴식을 취하면 좋다. 포모도로 세션과 타

이머를 사용하지 않는 일반적인 세션을 번갈아가며 진행해도 괜찮다. 타이머 없이 일을 하다가 조금 처지고 집중이 안 된다 싶으면 다시 타이머를 꺼내들면 된다.

포모도로 기법에서는 단순하고 집중적인 노력이 포함된 과정을 가장 중요시한다. 어느 한 가지만 계속하지 않아도 괜찮고 무언가를 반드시 끝내야 한다는 걱정 없이 자동화된 상태에 들어갈 수 있다.[9] 이런 자동화 덕분에 보다 쉽게 분산모드에 접근할 수 있다. **결과물 대신 과정에 집중하면, ('다 해가나?' 묻는 식으로) 자기 자신을 판단하지 않아도 되며 긴장을 풀고 일의 흐름에 편안히 몸을 맡길 수 있다.** 그 결과 수학과 과학을 공부할 때뿐만 아니라 대학의 여러 강의에서 중요한 글쓰기 과제를 할 때도 미루지 않을 수 있다.

한번에 여러 가지 일을 진행하는 멀티태스킹은 뿌리내리려는 식물을 계속 잡아당기는 일과 같다. 그런 식으로 주의 집중의 대상을 계속해서 바꾼다면 새로운 아이디어나 개념이 뿌리를 내리고 번성할 수 없다. 공부를 할 때 멀티태스킹을 하면 더 빨리 지친다. 매번 짧게 주의 집중의 대상을 옮기다보면 에너지를 더 뺏긴다. 집중 대상을 바꾸는 과정은 별것 아닌 듯해도 이런 과정이 계속 쌓이면 많은 노력을 쏟고도 미미한 결과만 얻게 된다. 그뿐 아니라 내용이 기억에 덜 남고, 실수도 더 자주 저지르고, 배운 내용을 다른 맥락으로 전환하기도 더 어려워진다. 멀티태스킹의 전형적인 폐해를 들자면, 공부를 하거나 수업을 받을 때 멀티태스킹을 하는 학생들은 그렇지 않은 학생들보다 평균적으로 성적이 더 낮다.[10]

일을 미루다보면 연필 깎는 일처럼 힘이 덜 드는 행동을 하면서 곁길로 새기도 한다. 이러한 과정에서 어느 정도는 성취감을 느끼기 때문이다. 하지만 이는 머릿속이 스스로를 속이는 것일 뿐이다. 그렇기에 경험을 기록하는 게 중요하다. 여기에 대해서는 곧 더 자세히 다루겠다.

한번 해보자!

무시하기는 축복이다

일이나 공부를 하다가 문자메시지를 확인하거든 행동을 멈추고 지금 어떤 감정인지를 들여다보자. 그리고 그런 감정을 인정하고 무시하자.

주의 집중을 흐트러뜨리는 것을 무시하도록 연습하자. 이는 애초에 주의 집중을 흐트러뜨리지 않겠다고 다짐하는 것보다 훨씬 더 강력한 기술이다.

요약

- 고통스러운 무언가를 조금씩 해내려고 애쓰는 일은 궁극적으로는 무척 유용하다.
- 미루기 습관은 다음 네 가지 요소로 구성된다.
  - 계기
  - 루틴
  - 보상
  - 믿음

- 계기와는 다르게 반응을 해서 미루기 습관을 바꾸자. 그 계기를 아예 무시해도 좋다. 보상과 믿음은 이러한 변화를 오래 지속시킨다.
- 결과물(성취하고자 하는 것) 대신 과정(시간을 보내는 방식)에 집중하라.
- 25분짜리 타이머를 활용하는 포모도로 기법을 통해 짧은 시간 동안 생산력을 높일 수 있다. 25분 동안 집중하고 매번 스스로에게 보상을 주자.
- 분산모드가 발휘될 수 있는 자유 시간을 꼭 일정에 포함하자.
- 상상을 통한 비교법은 강력한 동기 부여 기법이다. 현재나 과거에 경험한 최악의 장면을 떠올리고, 이를 미래에 희망하는 긍정적인 모습과 대조해보자.
- 멀티태스킹을 하면 사고과정에서 완전하고 풍부한 연결고리를 만들 수 없다. 신경 연결고리를 만드는 두뇌 영역의 연결이 단단해지기도 전에 다른 것에 대한 사고로 옮겨가야 하기 때문이다.

잠깐 멈춰 복습하기

책에서 눈을 떼고 핵심 내용을 상기하려고 해보지만 머리가 멍하고 혼란스럽다거나, 같은 단락을 계속해서 다시 읽고 있는가? 그렇다면 윗몸일으키기나 팔굽혀펴기나 팔 벌려 뛰기를 몇 번 하자. 약간의 신체활동은 이해력이나 기억력에 매우 긍정적인 효과를 안겨준다. 이 장의 핵심 내용을 떠올리기 전에 활동적인 어떤 행동을 지금 당장 해보자.

배운 내용 다지기

1. 좀비와 같은 두뇌의 습관적인 부분은 왜 결과물보다 과정을 더 좋아할까? 이 책을 다 읽고 한참 지난 뒤에도, 그러니까 2년쯤 뒤에도 과정 지향적으로 활동하려면 어떻게 해야 할까?
2. 현재 습관을 어떤 식으로 바꾸면 미루기 습관을 고칠 수 있을까?
3. 미루기 습관을 고치게 해줄 단순하고 쉬운 새로운 습관에는 뭐가 있을까?
4. 여러분을 미루기 반응으로 몰고 가는 가장 고질적인 계기는 무엇인가? 그 계기에 다르게 반응하거나 그 계기를 받아들이지 않으려면 어떻게 해야 할까?

실패가 어떻게 성공의 밑거름이 되는가: 수학 교수 오랄도 '버디' 소시도의 조언

오랄도 '버디' 소시도는 교수 강의 평가 사이트 레이트마이프로페서(RateMyProfessors.com)에서 높은 평가를 받는 수학 교수다. 텍사스주에 위치한 댈러스 카운티 커뮤니티 칼리지 디스트릭트의 교수인 오랄도는 '나는 성공의 기회를 제공한다'라는 좌우명을 가지고 있다. 그는 실패가 어떻게 성공의 밑거름이 되었는지에 대해 이런 통찰을 전한다.

"간혹 어떤 학생들이 '교수님은 항상 그렇게 똑똑하셨죠?' 하고 묻습니다. 저는 웃고 나서 텍사스 A&M 대학을 다닐 때 제가 처음 받았던 성적을 말해줍니다.

칠판에 4.0이라고 적고는 첫 학기에 받은 성적이 4.0에 가까웠다고 말하죠. '꽤 괜찮은 성적이죠?' 이렇게 질문하고는 학생들의 반응을 살핍니다. 그런 다음 지우개로 소수점을 지우고 왼쪽에 소수점을 찍어 0.40라고 쓰죠.

그렇습니다, 이게 제가 받았던 성적입니다. 형편없는 성적 때문에 저는 대학에서 쫓겨났어요. 충격적이죠? 하지만 저는 다시 학교에 돌아와 결국 학사와 석사 학위를 받았습니다.

세상에는 저처럼 실패를 딛고 성공하는 사람들이 참 많습니다. 하지만 과거의 실패가 성공의 연료를 제공해준다는 걸 모를 수도 있죠.

제가 성공으로 올라서는 과정에서 배운 중요한 교훈들을 몇 가지 알려드릴게요.

—여러분이 받은 점수가 여러분인 건 아닙니다. 여러분은 그보다 더 괜찮은 존재입니다. 점수는 시간 관리와 성공률을 보여주는 척도일 뿐이죠.
—점수가 나쁘다고 해서 여러분이 나쁜 사람인 건 아닙니다.

—미루기 습관은 성공을 거두는 데 치명적이죠.
—관리 가능한 작은 단계를 성취하고 시간을 관리하는 데 집중해야 합니다.
—준비가 성공의 열쇠입니다.
—누구나 실패할 수 있습니다. 여러분은 실패할 겁니다. 그러니 실패해도 이를 잘 다스려야 합니다. 숙제도 그래서 하는 겁니다. 실패를 자주 해보는 거죠.
—연습이 완벽을 만든다는 격언이야말로 최고의 거짓말입니다. 사실이 아닙니다. 연습을 하면 향상될 뿐입니다.
—여러분이 실패할 것 같은 지점을 연습해야 합니다.
—집이든, 강의실이든, 언제 어디서든 연습을 합시다. 시험 시간만 빼고요!
—벼락치기로 시험에 통과하는 건 성공이 아닙니다.
—벼락치기로 시험에 대비하는 일은 만족감이 적고 성과도 일시적인 단거리 경주일 뿐입니다.
—배움은 인생에서 가장 큰 보상을 선사하는 장거리 경주입니다.
—우리는 평생 배워야 합니다. 언제나, 모든 방식을 동원해서 말이죠.
—실패를 받아들여야 합니다. 모든 실패를 기념하세요.
—토머스 에디슨은 "전구를 만들지 못했던 천 가지 방식들"이라고 실패를 재정의했죠. 여러분도 자기만의 방식으로 실패를 재정의해보세요.
—좀비조차도 쓰러지면 일어나 다시 시도합니다!

사람들은 경험이 최고의 선생이라고 하죠. 하지만 저는 실패야말로 최고의 선생이라고 생각합니다. 실패를 잘 극복하고 이를 배움의 도구로 활용하는 사람들이야말로 최고의 학습자죠."

7장

덩어리 짓기 vs. 질식하기

:

전문지식을 늘리고 불안감을 줄이기

새로운 발명품은 처음부터 완전한 형태로 명성을 누리지는 않는다. 그보다는 수차례 변경되면서 꾸준히 개선된다. 최초의 '휴대전화'는 휴대성이 거의 볼링공과 맞먹었고 최초로 만들어진 어설픈 냉장고는 맥주 양조장에서 사용되던 불안정한 기계였다. 최초의 엔진은 무지막지하게 컸지만 오늘날 고카트 정도의 동력만 낼 수 있었다.

어떤 발명품들은 등장해서도 사람들이 충분히 이것저것 사용해보고서야 개선된다. 예컨대 여러분에게 작동하는 엔진이 주어진다면 그 일부를 고치거나 거기에 새로운 무언가를 추가하기가 훨씬 쉽다. 터보 엔진 같은 기발한 혁신도 이렇게 이뤄졌다. 엔지니어들은 엔진 연소실에 공기와 연료를 더 많이 채워넣으면 노력을 덜 들이고도 더 큰 출력을 낼 수 있음을 알아냈다. 독일, 스위스, 프랑스, 미국 등 여러 나라의 엔지니어들이 이 기본 개념을 조금씩 변경하고 개선하는 경주에 달려들었다.

책을 죽 훑어보고 해당 장의 맨 뒤에 질문들을 미리 살펴보면 정보 덩어리를 형성하고 내용을 이해하는 데 좋다고 했던 게 기억나는가? 한번 해보자.

강력한 정보 덩어리를 만드는 법

이번 장에서는 발명품을 개선하는 것과 마찬가지로 정보 덩어리를 만드는 기술을 개선하는 방법에 대해 알아볼 것이다. 머릿속에 정보 덩어리로 꾸려진 작은 도서관을 만들면 시험을 잘 보고 문제를 창의적으로 해결할 수 있다. 이 과정은 어떤 분야를 공부하든 간에 그 분야의 전문가로 거듭나기 위한 토대를 닦아준다.[1] (여러분이 궁금해할까봐 덧붙이자면, 미루기 습관을 다루다가 이번 장에서는 정보 덩어리를 살피는 것도 '인터리빙 방식'의 한 예다. 무언가를 배우고 잠깐 쉬었다가 다시 돌아오면 그 내용을 탄탄하게 다지고 학습에 변화를 줄 수 있다.)

이 장의 핵심 개념을 한마디로 정리해보겠다. **수학과 과학의 핵심 개념을 배우는 일은 무턱대고 많은 양을 암기해야 하는 과목을 공부하는 일보다 훨씬 쉽다.** 그렇다고 해서 암기의 어려움이나 중요성을 평가절하하려는 게 아니다. 자격시험을 준비중인 아무 의대생이나 붙잡고 한번 물어보라!

하지만 이 핵심 개념이 옳은 이유는, **일단 여러분이 수학이나 과학 문제를 풀면,** 각 단계를 마칠 때마다 그다음 단계에 대해 단서를 얻기 **때문이다.** 문제 풀이 기법을 내면화한다면, 머릿속에서 자라나는 직관력의 속삭임이 보다 잘 들리도록 신경세포활동이 강화된다. 어떤 문제를 보자마자 그 해법을 **안다면** (진짜 알겠다면) 머릿속을 스치는 노랫가락처럼 지나가는 지배적인 정보 덩어리가 이미 형성된 셈이다. 이런 정보 덩어리를 모은 도서관을 통해 다른 어떤 방식보다도 핵심 개념을 잘 이해할 수 있다.

그러면 이제 더 구체적으로 알아보자.

강력한 정보 덩어리를 형성하기 위한 단계

1. **핵심적인 문제 하나를 종이에 죽 끝까지 풀어라**: (예전에 이 문제를 풀어 본 적이 있다거나 책에 해법이 실려 있다거나 하는 식으로 이 문제의 해답을 알 수 있어야 한다. 하지만 꼭 필요한 상황이 아니면 해답을 보지는 마라!) 문제를 푸는 동안 답을 미리 보거나, 단계를 건너뛰거나 완벽하게 풀기도 전에 '좋아, 이제 알았어!'라고 외치면서 그만두지도 말자. 각각의 단계를 꼼꼼하게 짚고 넘어가라.
2. **문제를 다시 반복해서 풀되, 핵심과정에 집중해라**: 문제를 다시 풀라는 게 조금 이상할지도 모른다. 하지만 기타로 곡을 한 번만 연주해서는, 헬스장에서 덤벨을 한 번만 들어서는 제대로 배우거나 성과를 얻을 수 없음을 명심하자.
3. **휴식하라**: 필요하면 해당 과목의 다른 부분을 공부해도 좋다. 하지만 무언가 다른 일을 해야 한다. 아르바이트를 하거나 아예 다른 과목을 공부하거나,[2] 농구를 해라. 풀었던 문제를 머릿속에 내면화할 분산모드의 시간이 필요하다.

4. **잠을 자라**: 잠자리에 들기 전 문제를 다시 한번 풀어보자.[3] 막힌다면 가만히 문제에 귀를 기울여라. 무의식이 다음 단계를 알려주게끔 해줘라.
5. **다시 반복하라**: 가능하면 바로 다음날 문제를 다시 풀어보자. 이제 문제가 이전보다 더 빨리 풀릴 것이다. 이해력은 더 깊어졌을 것이다. '예전에 이 문제 때문에 왜 골치가 아팠지' 하고 갸웃할 수도 있다. 이 시점에서 문제 풀이의 각 단계를 하나하나 짚어보면서 계산할 수 있다. 가장 어려운 부분에 계속 집중하자. 어려운 부분에 계속 집중하는 이런 방식을 '의도적 연습'이라고 한다. 이 과정은 지루하지만 생산적인 학습을 위해서는 무엇보다 중요하다. 그 문제와 비슷한 문제를 쉽게 풀 수 있는지 확인하며 이 단계에서 보완을 해야 한다.
6. **새로운 문제들을 추가하라**: 다른 핵심 문제를 하나 더 골라 첫번째 문제를 풀었던 것과 동일한 방식으로 연습하자. 이 문제에 대한 답은 정보 덩어리 도서관에서 두번째 덩어리를 형성할 것이다. 새로운 문제로 앞서 살펴본 다섯 단계를 반복하자. 그리고 그 문제를 수월하게 푼다면 또다른 문제로 넘어가자. 여러분의 도서관에 단단한 정보 덩어리를 겨우 몇 개 저장했을 뿐이지만 그것만으로도 해당 주제에 훨씬 숙달되고 새로운 문제를 보다 효율적으로 해결할 수 있게 된다.
7. **다른 '활동'을 하면서 반복해라**: 도서관까지 걷거나 운동을 하는 등 육체적인 활동을 하면서 핵심 문제 해법을 머릿속에서 복습하라. 버스를 기다리거나 자동차 조수석에 타고 있을 때, 교수님이 오기 전 강의실에서 손가락을 꼬고 있을 때처럼 잠깐 짬날 때를 활용해도 좋다. 이런 식으로 적극적으로 반복 연습을 하면 숙제를 하거나 시험을 볼 때 핵심 개념을 보다 잘 기억할 수 있다.

이게 다이다. 이게 바로 머릿속에 정보 덩어리 도서관을 만들기 위한 핵심 단계다. 이 과정을 통해 뉴런의 연결망이 보다 복잡해지고 강화된다. 즉 정보 덩어리가 보다 풍부해지고 단단하게 다져진다.[4]

이 과정은 소위 생성 효과를 활용한다. **무언가를 생성하는(상기하는) 과정은 단순히 그것을 재독하는 것보다 학습에 훨씬 효과적이다.**

유용한 정보이긴 하나 이런 얘기를 들으면 아마 '매주 나오는 숙제를 한 번씩 풀어도 시간이 모자란데 어떻게 한 문제를 네 번이나 풀라는 거야?'라고 반문할 것이다.

이런 의문을 품는다면 여러분에게 되묻겠다. 여러분의 진정한 목표는 무엇인가? 숙제를 제출하는 것인가? 아니면 해당 과목에 숙달했음을 증명해주고 학점의 중요한 근거로 작용하는 시험을 잘 보는 것인가? 교과서를 앞에 펴놓고 문제를 풀어봐야 그와 비슷한 문제가 시험 문제로 나오면 풀 수 있다고 보장할 수도 없다. 게다가 그렇게 한들 해당 주제를 제대로 이해했다고 볼 수도 없다.

만약 시간이 부족하다면, 이 기법을 몇몇 핵심 문제에만 적용해보자. 이런 '의도적 연습'으로 문제 해결력을 키우고 학습 효과를 보다 탄탄히 다질 수 있으며, 배우는 속도를 높일 수 있다.

세렌디피티의 법칙

행운의 여신은 노력하는 사람에게 기회를 준다는 사실을 기억하라. 그러니 새로운 내용을 배우는 데 필요한 모든 단계에 압도될 필요가 없다. 몇 가지 핵심 개념을 확실히 이해하는 데만 집중하자. 이렇게 단순한 틀만 짜둬도 놀랍게도 상당히 도움이 된다.

이런 의미에서 음악가들이 연주 실력을 향상하기 위해 활용하는 방식을 수학 공부에도 적용할 수 있다. 예를 들어 숙련된 바이올리니스트는 어떤 곡을 처음부터 끝까지 여러 번 반복해서 연습하지 않는다. 대신 그 곡에서 가장 어려운 부분에 집중한다. 손가락을 더듬대고 머릿속이 혼란스러워지는 부분만 집중적으로 연습한다.[5] 의도적인 연습을 할 때 여러분도 배우고자 하는 문제 풀이에서 가장 어려운 부분을 보다 빠르게 해결하는 데 초점을 맞춰야 한다.[6]

명심하라. 연구 결과에 따르면 어떤 주제를 상기하는 데 많은 노력을 기울일수록, 그 내용이 기억에 보다 깊숙이 자리잡는다.[7] 단순한 다시 읽기가 아니라 내용을 머릿속에서 상기하는 과정은 가장 훌륭한 의도적 연습의 형태다. 체스 대가들 역시 이런 전략을 사용한다. 이 정신의 마법사들은 어떤 체스판의 구성에서 말을 어떻게 움직이는 게 최선일지를 장기 기억에서 정보 덩어리로 만들어 머릿속에 내면화한다. 이런 정신적인 구조물의 도움을 받아 선수들은 현재 게임에서 말을 움직일 때마다 최선의 선택지를 고른다.[8] 순위가 낮은 체스 선수와 그랜드마스터 간의 차이가 있다면, 그랜드마스터는 자신의 약점을 파악하는 데 많은 시간을 할애해 고민하고 이를 보완해 강화하기 위해 노력한다는 것이다.[9] 그 과정은 느긋하게 앉아서 재미로 체스 경기를 하는 것보다는 어렵다. 하지만 나중에 훨씬 더 대단한 성과를 거둔다.

인출 연습이 가장 효과적인 학습방식이라는 것을 기억해야 한다. 이는 해당 내용을 단순히 다시 읽는 것보다 훨씬 생산적이다.[10] 문제를 풀기 위해 정보 덩어리 도서관을 짓는 것도 인출 연습에 기초하기 때문에 효과적이다. 이때 유능함의 환상에 속으면 안 된다. 눈앞에 펼쳐진 페이지를 쳐다보기만 해도 실제와는 다르게 그 내용을 잘 안다고 착각할 수 있다는 사실을 명심하라.

이런 식으로 인출 연습을 하다보면 서른 살에 처음으로 피아노 레슨을 받는 사람이 된 것처럼 처음에는 조금 어색할 수도 있다. 하지만 시간이 지나면 서서히 보다 수월해지고 빠르게 넘어간다. 인내심을 가져라. 내용이 쉬워질수록 점점 더 즐거워질 것이다. 이 방식이 효과적일까? 물론이다. 이렇게 하면 스타일과 열정을 갖추고 피아노를 연주할 수 있다. 노력과 공을 들인 만큼 성과가 있다!

큼직한 정보 덩어리를 만들자!

저는 공학을 전공하는 학생이자 정규직 공학 기술자로도 일했기 때문에 늘 제 머릿속에는 공부할 거리가 너무 많았습니다. 그래서 열역학 수업, 기계 설계, 프로그래밍 같은 서로 다른 분야에 대응하는 큼직한 정보 덩어리를 만드는 기법을 사용했어요. 어떤 개별 프로젝트를 다시 끄집어내야 할 때는 현재의 관심사를 한쪽에 치워두고 필요한 정보 덩어리를 참고했어요. 마치 컴퓨터에 접속하는 것처럼요. 저는 분산모드에서 특정 영역에 초점을 맞출 수도 있고, 컴퓨터 전체를 살피며 정보 덩어리 사이의 개념적인 연결고리를 찾을 수도 있었죠. 머릿속 컴퓨터가 깔끔하고 잘 정리가 되어 있으면, 이 연결고리를 보다 쉽게 만들 수 있어요. 그러면 정신적으로 더욱 민첩해지고 어떤 주제를 더욱 수월하게 깊이 파고들 수 있죠.

—마이크 오럴(전자공학과 3학년생)

벽에 부딪히다: 지식이 갑자기 붕괴할 때

무언가를 배우는 과정은 머릿속 지식 선반에 꾸러미가 깔끔하게 매일 하나씩 늘어나는 것처럼 논리적으로 진행되지 않는다. 가끔은 이해를 하다가 벽에 부딪히기도 한다. 전에는 이해되었던 내용이 갑자기 헷갈리는 것이다.[11]

이런 '지식 붕괴'는 머릿속에서 이해의 기반을 재구성할 때, 즉 더 기초를 탄탄하게 다질 때 일어난다. 예컨대 외국어를 공부하는 사람들은 가끔 학습중인 언어가 〈스타트렉〉 속 외계어인 클링온어처럼 느껴질 때가 있다.

새로운 지식을 머릿속에서 소화하려면 시간이 걸린다는 사실을 명심해라. 가끔 어떤 주제에 대한 이해가 후퇴하는 것처럼 느껴지는 짜증나는 시기를 겪는다. 이는 머릿속 깊은 곳에서 그 주제와 씨름할 때 발생하는 자연스러운 현상이다. 이런 일시적인 좌절상태에서 벗어나면 여러분의 지식 기반은 놀랄 만큼 향상되어 있을 것이다.

일을 정돈해두자: 내용 조직화하기

시험을 준비할 때 문제와 해답을 머릿속에 **깔끔하게 정리해둬야** 얼른 꺼낼 수 있다. 몇몇 학생들은 손으로 적은 해답을 교과서의 해당 페이지에 붙여두어 얼른 훑어보게 해둔다. (책을 나중에 반납해야 한다면, 마스킹테이프나 포스트잇을 활용하면 좋다.) 이렇게 손으로 풀이를 적는 과정은 중요하다. 손으로 적은 내용이 기억에 더 잘 남기 때문이다. 수업 내용이나 교과서에 나온 중요한 문제와 해답을 바인더에 따로 정리해두고 시험 전에 이를 살펴봐도 좋다. 그러면 시험을 보기 직전에 다시 훑어보기가 좋다.

역사상 가장 위대한 심리학자가 전해주는 현명한 조언

인간의 기억력은 흥미롭게도 수동적으로 반복할 때보다는 적극적으로 반복할 때 더 강하게 남는다. 예컨대 무언가를 암기할 때 이미 대부분 아는 글이라면 책을 다시 살피기보다는 잠깐 기다렸다가 내용을 다시 떠올리는 게 더 효과적이다. 이렇게 내용을 머릿속에 떠올려보면 다음번에도 아마 그 내용을 기억할 것이다. 하지만 책을 처음부터 다시 살핀다면 책을 또 보게 될 것이다.

—윌리엄 제임스, 1890년에 쓴 글[12]

시험은 훌륭한 학습 경험이다: 자체 미니테스트를 계속해서 치르자

문제에 대한 해법이 머릿속에 곧장 떠오르도록 덩어리를 지어두면 시험 때 **질식하듯 당황하지 않기**에 이 과정이 중요하다. 작업 기억의 용량이 꽉 차서 문제를 풀기 위한 비판적인 사고를 할 공간이 부족해지면 몸이 굳고 당황하는, 숨이 막히는 경험을 할 수 있다. 정보를 덩어리로 만들면 지식이 압축되기 때문에 작업 기억에 공간이 더 생겨 정신적인 과부하를 막을 수 있다. 또한 작업 기억에 공간을 더 만들

면 중요한 문제 풀이 과정의 세부 사항까지 기억할 확률이 높아진다.[13]

이런 종류의 연습은 미니테스트라 할 수 있다. 연구 결과에 따르면, 시험은 얼마나 아는지를 측정하는 수단 그 이상의 역할을 한다. **시험은 강력한 학습 경험이다. 시험은 아는 것을 덧붙이며, 내용에 대한 기억력을 몰라보게 향상시킨다.**[14] 시험으로 인해 발생하는 이러한 개선 효과를 **시험 효과**라 한다. 시험이 두뇌 속 신경 패턴을 강화하고 안정화하기 때문에 이런 현상이 일어난다. 이는 4장의 '연습이 영구적인 기억을 만든다'에서 살핀 내용과 정확히 동일하다. 즉 반복을 통해 두뇌에 나타나는 어두운 패턴과도 같다.[15]

시험 효과는 시험 성적이 나쁘거나 시험에 대한 피드백을 받지 못했을 때도 나타난다. 하지만 공부하면서 자체 평가를 했다면 최선을 다해 피드백을 얻거나 해답집이나 교과서 뒷부분 어디에서건 답을 확인할 필요가 있다. 나중에 살피겠지만 선생님뿐 아니라 또래와의 상호작용도 학습의 진척에 도움을 준다.[16]

단단한 덩어리를 만들면 그 덩어리를 만드는 과정에서 미니테스트를 여러 번 치르기 때문에 큰 도움이 된다. 연구 결과에 따르면, 학생들은 물론이고 심지어는 교육자들도 학습 내용을 떠올리는 연습이 이뤄지는 이런 미니테스트의 이점에 대해 놀라울 만큼 무지하다.[17]

학생들은 이런 미니테스트를 자신이 얼마나 알고 있는지 확인하는 과정일 뿐이라고 생각한다. 하지만 상기를 통한 이런 적극적인 시험은 최고의 학습법으로 꼽힌다. 수동적으로 앉아서 교과서를 재독하는 것보다 낫다! 학습 내용을 여러 번 반복해서 상기하는 적극적인 연습을 거치면서 떠올린 내용이 맞는지를 평가하다보면 정보 덩어리 도서관을 지을 수 있다. 무언가를 깊이 있게 잘 학습하려면 이게 최고의 방법이다.

한번 해보자!

머릿속에 문제 풀이법 도서관 짓기

머릿속을 유연하게 만들고 전문지식을 쌓으려면 해답 패턴을 덩어리 지어 도서관을 만들어야 한다. 이 도서관은 유사시에 쉽고 빠르게 접근할 수 있는 데이터 은행으로 수학과 과학 문제뿐만 아니라 삶의 여러 영역에서 유용하게 활용된다. 예컨대 이 도서관을 활용해 비행기 좌석이나 호텔 방에서 가까운 비상구가 어디에 위치하는지 알아보는 훌륭한 전략 같은 걸 세울 수 있다.

요약

- **덩어리 짓기**란 어떤 개념을 매끄럽게 연결된 신경 사고 패턴으로 통합하는 과정을 의미한다.
- 덩어리 짓기는 사용 가능한 작업 기억의 양을 늘리는 데 좋다.
- 개념과 해법을 덩어리 지어 도서관으로 만들면 문제를 풀 때 필요한 직관을 쌓을 수 있다.
- 덩어리 도서관을 만들 때는 가장 어려운 개념 혹은 문제 풀이 과정에서 가장 까다로운 부분에 의도적으로 계속 집중해야 한다.

- 열심히 공부하더라도 가끔은 운이 따르지 않을 수도 있다. 하지만 '세렌디피티의 법칙'을 기억하라. 꾸준히 연습하고 머릿속 도서관을 잘 지어놓으면, 행운의 여신은 조금씩 여러분 편을 들어줄 것이다. 바꿔 말하면 무언가를 시도하지 않으면 당연히 실패하겠지만, 끊임없이 열심히 노력하다보면 훨씬 더 많은 성공이 뒤따를 것이다.

잠깐 멈춰 복습하기

이번 장의 핵심 내용은 무엇인가? 많이 기억해내지 못하더라도 괜찮다. 세부 사항까지 다 기억하는 사람은 거의 없다. 배운 내용을 압축해서 몇 가지 핵심적인 정보 덩어리로 만들다보면 놀랍게도 학습 속도가 무척 빨라진다.

배운 내용 다지기

1. 정보 덩어리는 작업 기억과 어떤 관계가 있는가?
2. 문제를 스스로 해결하는 것이 왜 정보 덩어리 짓는 과정의 일환인 걸까? 왜 문제를 스스로 해결해야 할까? 그냥 교과서 뒤에 실린 답을 죽 훑으면서 이해한 다음에 다른 내용으로 넘어가면 안 될까? 시험 보기 직전에 정보 덩어리를 정리하려면 어떤 작업을 추가로 진행해야 할까?

3. 시험 효과란 무엇일까?
4. 어떤 문제를 여러 번 연습했다면, 일단 멈춰서 제대로 하고 있다고 느껴지는지, 다시 말해 문제 풀이 과정에서 다음 단계가 자연스럽게 파악되는지를 생각해보라.
5. '세렌디피티의 법칙'은 무엇인가? 직접 겪은 적이 있는가?
6. 시험 볼 때 숨막힐 듯한 기분이 드는 것과 지식의 붕괴는 어떻게 다른가?
7. 학생들은 내용을 상기하는 자체 시험보다 해당 내용을 다시 읽는 게 더 훌륭한 학습법이라고 착각한다. 이런 흔한 오해에 빠지지 않으려면 어떻게 해야 할까?

이베이 연구소 부소장 닐 선더레산: 수학과 과학 분야에서 성공에 이르는 길과 통찰

닐 선더레산 박사는 과학, 공학, 수학, 기술 분야에서 성공하도록 학생들을 돕는 '인스파이어 프로그램'의 창립자다. 인스파이어 프로그램을 거친 학생 중 불우한 환경에서 자란 대학교 신입생들이 최근 이베이 전자 상거래에 핵심적인 지적 자산을 제공하는 특허를 최초로 신청했다. 선더레산 박사의 이야기는 성공으로 향하는 길에 관한 통찰력을 보여준다.

"저는 명문 학교 출신이 아닙니다. 사실 제가 다닌 학교는 평균 이하의 수준이었죠. 제대로 된 선생님이 없는 과목이 여럿이었습니다. 하지만 저는 선생님이 어떤 분이건 그분께 배울 만한 점이 있는지 살폈습니다. 훌륭한 기억력이든, 사람 좋은 미소든 간에 말이죠. 이런 긍정적인 태도 덕분에 학교 선생님들에게 감사할 수 있었고 열린 마음으로 수업 내용을 받아들일 수 있었습니다.

나중에 커리어를 쌓을 때도 이런 태도가 도움이 되었어요. 요즘도 저는 언제나 주변 사람들에게서 적극적으로 영감을 얻어요. 다른 사람들의 긍정적인 면을 발견하지 않다보면 기분이 안 좋아지더라고요. 그럴 때 내면을 관찰하고 변화해야 했죠.

조금 뻔한 이야기 같겠지만 저는 늘 누구보다도 어머니에게 영감을 많이 받았습니다. 저희 어머니는 중학교까지만 다니셨어요. 고등학교에 가려면 작은 고향 마을을 떠나야 했거든요. 어머니는 인도에서 독립운동이 일어나던 흥분되지만 위험한 시기에 자라셨죠. 저희 어머니에게는 기회의 문이 닫혔지만 다른 사람들을 위해서는 문을 열어주자고 결심했습니다. 손을 뻗으면 잡히는 엄청난 기회들이 있다는 걸 사람들이 깨닫게 해주자고요.

저희 어머니는 '글쓰기는 배움의 기초다'라고 강조하셨어요. 초등학교 시절부터 박사과정을 거칠 때까지 저는 진정으로 배우고자 하는 게 있다면 각 단계를 글로 쓰고 체계적으로 이해하면 엄청나게 도움이 된다는 사실을 발견했습니다.

대학원생일 때 다른 학생들은 교과서에서 어떤 구절이나 특정 해법의 각 단계들을 열심히 형광펜으로 강조 표시했죠. 저는 그런 방식을 이해할 수 없었습니다. 그렇게 하다보면 머릿속에서 제대로 정리도 안 되고 원래의 내용도 파괴되거든요.

제 경험은 여러분이 이 책에서 배우는 내용과 같은 사실을 강조해줍니다. 책에 강조 표시를 하는 건 유능함의 환상을 주기 때문에 피해야 합니다. 적어도 제 경험상 그래요. 인출 연습이 훨씬 더 유용합니다. 각 페이지의 핵심 개념을 머릿속에 단단히 자리잡게 한 뒤 다음 페이지로 넘기세요.

저는 보통 머리가 맑은 아침에 수학처럼 어려운 과목을 공부했습니다. 지금도 그렇게 하고 있죠. 화장실에 있을 때나 샤워를 할 때 가장 큰 정신적인 돌파구를 찾기도 했습니다. 그 문제를 머릿속에서 고민하지 않자 분산모드가 작동해 마법을 부린 거죠."

8장
도구와 도움말, 요령 들

유명한 전문 경영인 데이비드 앨런은 이렇게 말했다. "우리는 해야 할 일을 하도록 스스로를 속입니다. 제 주변에서 가장 큰 성과를 거둔 이는 이런 속임수를 잘 활용한 사람들입니다. 우리의 똑똑한 부분이 우리가 해야 할 일을 설정해두면, 그렇게 똑똑하지 않은 부분이 거의 자동적으로 반응해서 최고의 성과를 내는 행동을 하게 됩니다."[1]

앨런은 운동복을 입어서 운동모드에 들어가게 한다든지, 주요 보고서를 현관 옆에 두어 잊지 않게 챙긴다는 식의 요령을 예로 든다. 방해 요소가 적은 도서관의 조용한 구석 자리 같은 새로운 환경에서 작업이나 공부를 하니 미루기 습관을 개선하는 데 꽤 도움이 됐다는 이야기를 학생들에게도 많이 들었다. 연구 결과에 따르면, 일이나 공

부만 하기 위한 특별한 장소를 정해두면 특히 도움이 된다.[2]

정신을 흐트러뜨리는 잡생각을 누르는 명상도 좋은 요령이다.[3] (꼭 뉴에이지 같은 걸 좋아하는 사람들만 명상을 하는 게 아니다. 명상의 가치를 입증하는 과학적 연구도 꽤 많다.[4]) 명상을 시작하려는 사람에게는 타이 셰리든의 『청바지를 입은 부처』가 짧지만 도움이 될 것이다. 종교에 상관없이 누구나 읽기 적당한 책으로 전자책은 무료로 이용할 수 있다. 이 밖에도 명상에 도움을 주는 어플도 많으니 여러분에게 맞는 방법을 구글에서 검색해보면 좋다.

마지막 비법은 생각의 초점 옮기기다. 예컨대 내가 아는 한 학생은 평일에는 새벽 네시 반에 일어났다는데 몸이 피곤하다는 생각 대신 '오늘 아침은 얼마나 맛있을까' 하는 생각에 집중했기에 그럴 수 있었다고 한다.

이런 틀 다시 짜기를 보여준 가장 비범한 인물로 1마일(약 1.6킬로미터)을 4분 안에 최초로 주파한 육상 선수 로저 배니스터를 들 수 있다. 의대생이었던 배니스터는 코치를 고용하거나 선수용 특별식을 만들어 먹을 돈이 없었다. 의대 공부를 하느라 바빠서 달리기 연습도 하루에 고작 30분만 할 수 있었다. 논리적으로 따져볼 때 배니스터가 목표를 달성할 가능성은 없었다. 그래도 그는 그런 이유에 집중하지 않았다. 대신 자기만의 방식으로 목표를 달성하는 데 초점을 맞추었다. 세계 신기록을 수립했던 그날 아침에도, 그는 일어나서 평상시처럼 아침을 먹고 병원 회진을 돈 뒤 경기장으로 향하는 버스를 탔다.

다행히도 여러분에게는 유리하게 활용 가능한 긍정적인 마음가짐이 있다. 이런 마음가짐 덕분에 마감 기한 안에 숙제를 해치울 수 있다고 스스로에게 핑계를 대는 것처럼 아무 소용 없는 생각이나 일을 더 어렵게 만드는 부정적인 마음가짐이 보완된다.

일이나 공부를 시작하려고 앉았을 때 어느 정도 부정적인 감정이 드는 것은 당연한 일이다. 그런 감정을 어떻게 잘 조절하고 다루느냐가 중요하다. 연구자들에 따르면, 미루지 않고 빨리 시작하는 사람들은 머릿속에서 부정적인 생각이 들어도 이를 제쳐두고 스스로에게 "시간 낭비하지 말고 일단 시작하자. 뛰어들어 시작하고 나면 기분이 더 좋아질 거야"[5]라고 말하기 때문에 느리게 시작하는 사람과 다르다.

미루기 습관에 긍정적으로 접근하자

저는 학생들에게 다음 세 가지 규칙을 따른다면 미뤄도 좋다고 말합니다.

1. 미루는 중에는 컴퓨터를 하지 말자. 신경이 그쪽으로만 쏠리기 때문이다.
2. 미루기를 하기에 앞서 숙제 중에서 가장 쉬운 문제가 뭔지 살펴보자. (이 시점에서는 꼭 문제를 풀지 않아도 된다.)
3. 그 문제를 푸는 데 필요한 등식을 작은 종이쪽지에 옮겨 적고, 미루기를 마치고 공부를 시작할 때까지 이를 갖고 다녀라.

이런 접근방식을 활용하면 문제가 분산모드에 오래 남을 수 있다고 생각합니다. 학생들은 미루면서도 문제를 붙잡고 있는 셈이죠.

—엘리자베스 플로먼(카모선칼리지 물리학과 강사)

자체 실험:
더 나은 자신이 되기 위한 핵심

UC버클리의 심리학과 명예교수인 세스 로버츠 박사는 대학원생 시절, 실험을 배우자 자기 자신을 대상으로 삼아 진행해봤다. 로버츠가 맨 처음 진행했던 자체 실험은 여드름에 관한 것이었다. 피부과 의사가 테트라사이클린 항생제를 처방하자 로버츠는 약의 복용량을 바꿨을 때 얼굴의 여드름 수가 어떻게 변하는지를 셌다. 결과는 어땠을까? 테트라사이클린은 여드름 수에 아무 영향도 끼치지 못했다!

겉보기에는 강력하고 위험한 부작용도 가진 이 테트라사이클린이라는 약이 여드름에 꼭 효과를 보이는 건 아니라는 사실을 그는 우연히 발견했다. 의학계에서 이 사실을 밝히려면 10년이 더 걸릴지도 모를 일이다. 반면 로버츠의 예상과는 반대로 과산화벤조일 크림은 효과가 있었다. 로버츠는 이에 대해 이렇게 기록했다. "여드름에 대해 연구한 결과, 비전문가라도 자체 실험을 통해 (1) 전문가들이 옳은지를 직접 확인할 수 있고 (2) 전문가도 모르는 사실을 발견할 수 있다는 사실을 알게 됐다. 이런 일이 가능할 줄 몰랐다."[6] 수년간 로버츠는 자기 기분을 연구하거나, 체중을 조절하거나, 오메가3가 두뇌 기능에 얼마나 효과적인지 알아보는 자체 실험을 진행했다.

로버츠는 아이디어를 점검하거나 새로운 가설을 만들어 발전시킬 때 자체 실험이 매우 유용하다는 사실을 발견했다. 그는 이에 대해 이렇게 썼다. "본질적으로 자체 실험은 인생을 급격히 변화시킬 수 있다. 예컨대 X라는 행동을 몇 주 동안 하지 않다가 그다음 몇 주 동안 X를 한다. 여기에 더해 스스로를 수백 가지 방식으로 감시하기에 자체 실험을 진행하면 예상치 못했던 부작용을 쉽게 밝힐 수 있다. 더구나 여드름이나 수면 외에 여러 가지 점들을 매일 관찰하다보면 예상치 못한 변화를 더욱 쉽게 발견하는 기준치가 형성된다."[7]

무얼 대상으로 자체 실험을 해볼까 하고 찾는가? 그렇다면 적어도 처음에는 미루기 습관을 대상으로 해보자. 끝마쳐야 할 일을 완료하지 못했을 때 그렇게 만든 계기가 무엇이었는지, 그에 대한 좀비모드의 습관적인 반응은 무엇이었는지 적어보자. 자신의 반응을 기록하다보면 그렇게 반응하는 자신을 변화시키기 위해 필요한 압력을 스스로 넣게 되고 점차 일하는 습관을 개선하게 된다. 작가 닐 피오레는 『내 시간 우선 생활습관』이라는 뛰어난 저서에서 일주일에서 이주일 동안 매일 본인이 한 일을 자세하게 기록해서 뭐가 문제인지 파악해 미루기 습관을 고치자고 제안한다.[8] 자신의 행동을 감시하고 확인하는 방법은 여러 가지다. 하지만 몇 주 동안 작성하는 일지가 여러분을 변화시키는 핵심 요소다. 또한 사람마다 잘 맞는 환경이 따로 있다. 어떤 사람들은 시끄러운 카페가, 또 어떤 사람들은 조용한 도서관이 더 잘 맞는다. 여러분에게 최선의 장소가 어딘지 알아야 한다.

고립파 대 협력파: 단순히 이해하려 애쓰는 단계를 넘어서 미루기 습관을 다른 방식으로 관리하기

미루기 습관을 해결하려면 다른 사람을 비롯해서 주의를 흐트러뜨리는 모든 것에서 멀어져 스스로를 고립시키라는 팁을 주고 싶어요. 방이나 도서관에 혼자 틀어박혀 그 무엇에도 주의 집중이 깨지지 않게 합시다.

—오쿠리 카어트(전자공학과 2학년생)

저는 특정 과목과 씨름할 때, 같은 강의를 듣는 친구들과 함께 공부를 하면 좋더라고요. 친구들에게 모르는 걸 묻기도 하고 모두가 헷갈리는 부분은 머리를 맞대고 다 함께 고민하기도 하죠. 제가 모르는 걸 친구들은 알 수도 있고, 친구들이 모르는 걸 제가 알 때도 있어요.

—마이클 패리조(기계공학과 3학년생)

최고의 좀비 동맹: 일정 다이어리를 개인적인 실험 노트로 활용하자

습관을 관리하는 최선의 방법은 간단하다. 일주일에 한 번 그 주에 해야 할 핵심 과제를 짧게 목록으로 작성하는 것이다. 그런 다음 매일 적정하게 할 수 있거나 성취할 수 있는 일의 목록을 적어라. 이 목록은 전날 자기 전에 나열해보자.

왜 전날 해야 할까? 연구 결과, 이렇게 하면 무의식이 해당 목록에 적힌 과제와 미리 씨름하면서 이를 어떻게 해결해야 할지 알아내려 한다.[9] 잠들기 전에 내일 할 일을 목록으로 작성하면 머릿속 좀비들이 그 일을 실행하도록 도울 것이다.

대부분의 사람들은 휴대전화나 온라인상에 나오는 달력이나 종이 달력에 중요한 마감 날짜를 표시한다. 여러분도 아마 이런 시스템을 활용할 것이다. '마감일 달력'에 일주일 동안 마쳐야 할 일을 스무 가지 정도 적자. 그리고 매일 밤 이 목록을 바탕으로 다음날 해야 할 일을 작성한다. 다섯 개에서 열 개 정도면 된다. 일단 하루 할 일 목록을 작성했다면 예상치 못한 중요한 일이 생기지 않는 한 새로운 항목을 추가하지 마라. (끝도 없이 목록이 길어지는 상황을 여러분도 원치 않을 것이다.) 또한 목록의 각 항목을 바꿔치기하지도 말자.

할 일 목록이 없는 무기력한 좀비　　　　할 일 목록을 작성한 행복한 좀비

해야 할 일을 목록으로 작성해두지 않으면, 그 일에 대한 생각이 작업 기억의 네 개 슬롯 가장자리에 도사리게 된다. 그런 생각들이 머릿속에서 귀한 자리를 차지한다.

하지만 일단 할 일 목록을 만들면 작업 기억이 비워져 그 자리를 문제 풀이에 활용할 수 있다. 만세! 하지만 목록에 적은 일은 반드시 해낸다고 확신해야 한다는 걸 유념하자. 만약 무의식이 스스로를 믿지 않으면, 일에 대한 생각은 다시 소용돌이치듯 올라와 작업 기억을 차지할 것이다.

알아둘 점이 한 가지 더 있다. 글쓰기 코치인 대프니 그레이 그랜트는 글쓰기 교실 학생들에게 이렇게 권한다. "아침에 일어나자마자 가장 하기 싫은 일부터 하세요." 가장 중요하지만 가장 싫어하는 일을 일어나자마자 해치워라. 그러면 놀랄 만큼 효율성이 높아진다.

다음은 내가 플래너에 적었던 하루에 할 일 목록 샘플이다. (여러분도 자신만의 일주일 치 샘플을 만들어볼 수 있다.) 항목이 여섯 개뿐이라는 점에, 이중 몇몇은 과정 지향적이라는 점에 주목하자. 예를 들어 나는 이미 몇 달간 학술지에 제출할 논문을 작업하고 있었기에 이 작업에 집중하는 시간을 조금만 써도 일이 마무리되어가던 참이었다. 결과물 지향적인 항목도 몇몇 있지만, 이는 제한된 기간 안에 할 수 있는 경우다.

11월 30일

—『미국국립과학원회보*PNAS*』 논문 작업(한 시간)
—산책 가기
—책읽기(1장)
—ISE 150: 시연 준비
—EGR 260: 기말고사용 문제 한 개 준비
—강연 원고 마무리하기

집중해서 즐겁게!
목표 완료 시간: 오후 다섯시

내가 마지막에 덧붙인 말에 주목하자. 나는 각각의 항목에 집중하면서도 일을 즐겁게 하고 싶다. 오늘은 이 목록대로 일을 잘 진행했다. 이메일 알람을 끄는 걸 깜박해서 잠깐 곁길로 샜지만 결국 따라잡았다. 일에 다시 집중하기 위해 컴퓨터에 설치된 타이머를 22분으로 맞추고 포모도로 기법을 수행했다. (왜 22분으로 맞췄느냐고? 안 될 이유가 뭔가? 매번 똑같이 할 필요는 없다. 포모도로 모드로 이동하는 과정에서 과정 지향적인 일을 하게 된다는 사실에도 주목하라.) 지나치게 과중한 항목은 없었는데, 회의 참석이나 강의 등 그 밖에도 다른 할 일이 있었기 때문이었다. 가끔은 할 일 목록에 잡초 뽑기나 부엌 청소 같은 물리적인 활동을 몇 가지 끼워넣기도 한다. 개인적으로는 이런 일을 선호하지 않지만 가끔은 분산모드의 휴식으로 활용하기 때문에 이를 종종 하게 되고, 기다리기도 한다. 여러분도 공부 중간중간에 다른 일들을 섞으면 모든 일을 보다 즐겁게 할 수 있고 무의미하게 오래 앉아만 있는 시간이 줄어들 것이다.

시간이 지나고 경험이 쌓이자 어떤 특정 작업을 할 때 시간이 얼마나 걸릴지 더욱 정확히 예측하게 되었다. 여러분도 주어진 시간에 적당히 마칠 만한 현실적인 일의 분량을 곧 파악하게 될 것이다. 어떤 사람들은 각각의 항목에 1에서 5까지 숫자를 매겨서 우선순위가 가장 높은 일을 1번으로, 다음날까지 미뤄도 괜찮은 일을 5번으로 놓는다. 어떤 사람들은 우선순위가 높은 항목 옆에 별표를 해둔다. 몇몇 사람들은 각각의 항목 앞에 네모 칸을 그려두고 완료 후 체크하기도 한다. 나는 어떤 항목을 끝내면 두꺼운 검은 펜으로 죽 그어서 지우는 걸 좋아한다. 어떤 방식이든 끌리는 대로 하라. 자신에게 적합한 방식을 직접 개발하게 될 것이다.

일정표 짜기가 주는 자유

저는 미루기 습관과 싸우기 위해 해야 할 일의 일정을 전부 짰어요. '금요일에는 논문을 시작해서 토요일에는 끝내야 해. 그리고 토요일에는 수학 숙제를 해야 해. 일요일에는 독일어 시험 공부를 해야지.' 이런 식으로요. 그러자 할 일이 정돈돼 스트레스가 많이 줄더라고요. 만약 일정을 못 지키면 다음날 해야 할 일이 두 배로 늘어났는데 그런 상황은 정말 바라지 않았거든요.

—랜들 브로드웰(기계공학 전공, 독일어 부전공자)

예전에 플래너나 다이어리를 사용해봤었지만 별로 효과를 보지 못했는가? 그렇다면 좀더 알림 기능이 확실한 방법을 활용해보자. 문 옆에 칠판이나 화이트보드를 두고 여기에 할 일 목록을 적어두자. 이렇게 해도 목록에 적힌 일을 하나씩 지울 때마다 짜릿한 기쁨을 맛볼 것이다!

내가 목표 완료 시간을 오후 다섯시로 정했다는 사실에 주목하라. 왠지 그러면 안 될 것 같지 않은가? 하지만 사실이 그렇다. 마감 시간은 일일 계획에서 아주 중요한 요소다. 끝내는 시간을 미리 정하는 일은 일하는 시간을 계획하는 것만큼이나 중요하다. 보통 나는 오후 다섯시에 모든 일을 끝내는 것을 목표로 한다. 물론 새로운 것을 배울 때는 저녁 휴식을 끝내고 잠자기 전에 즐겁게 다시 훑어보기도 한다. 가끔은 끝내야 할 중요한 프로젝트를 진행할 때도 있다. 그래도 이렇게 마감 시간을 오후 다섯시로 정해놓는 건, 가족과 함께 시간을 보내거나 저녁 시간에 느긋하게 다양한 책을 읽는 걸 좋아하기 때문이다. 일정이 너무 느슨해 보일 수도 있지만 내가 꽤 일찍 일어나며 일주일 중 엿새를 이렇게 한다는 사실을 기억하라. 일이나 공부가 지나치게 많은 상황이 아니라면 이렇게까지 할 필요가 없을 것이다.

'좋아요, 뭐 당신은 공부해야 할 청소년기를 다 지난 교수잖아요. 당신이라면 일찍 일을 끝마쳐도 괜찮겠죠!'라고 생각할 수도 있다. 하지만 내가 존경하는 학습 전문가 칼 뉴포트는 학창시절에도 대부분 오후 다섯시에 일과를 마쳤다.[10] 그는 이렇게 해서 결국 MIT에서 박사학위를 취득했다. 바꿔 말하면, 몇몇 사람들에게는 의심스러워 보일지 몰라도 이런 방식은 엄격한 학사 일정을 소화해야 하는 대학생과 대학원생에게도 효과적이다. 힘든 공부 시간 사이에 건강한 여가 시간을 곁들이는 사람이 쉬지 않고 공부에만 매달리는 사람보다 더 나은 성과를 거둔다.[11]

일단 하루치 계획을 다 마쳤다면, 여러분의 일과는 거기서 끝이다. 만약 목표 마감 시간을 넘겨서 계속 일을 한다거나 계획했던 항목들을 아직 끝내지 못했다면 플래너를 활용해 보충하거나 일하는 전략을 약간 변화시킬 수도 있다. 매일매일 중요한 목표가 하나씩 있다. 다음날 일정표에 목표를 짧게 적고, 오늘 이를 해냈다면 체크를 하자.

물론 일상생활이 너무 바빠 휴식이나 여가 시간을 갖지 못할 수도 있다. 예컨대 두 가지 업무를 숨가쁘게 진행하거나 너무 많은 강의를 들을지도 모른다. 하지만 아무리 바빠도 짧은 휴식 시간을 갖자.

마감 기한이 한창 남았어도 이를 매일 할 일의 목록으로 바꾸는 것이 중요하다. 할 일을 한 번에 하나씩 공격하라. 큰 업무를 작은 업무로 작게 쪼개 오늘 할 일 목록에 집어넣자. 천릿길도 한 걸음부터다.

한번 해보자!

성공을 위한 계획 짜기

그동안 회피했던 일 중에서 작은 일을 하나 골라보자. 그리고 그 일을 언제 어디서 해낼 것인지 계획해보자. 오후에 휴대전화를 비행기모드로 해둔 채 도서관에 가서 그 일을 할 것인가? 아니면 내일 저녁 노트북을 한쪽에 치워두고서 다른 방에 가서 손으로 써가며 작업할 것인가? 무엇을 선택하든 해야 할 일을 어떻게 수행할지 계획만 해도 그 일을 완수할 확률이 훨씬 높아진다.[12]

여러분은 미루기 습관과 죄책감을 동기 부여제로 삼아왔기 때문에 과연 또다른 시스템을 활용할 수 있을까 의문을 가질 수도 있다. 더 나아가 서두르지 않고 어떤 일을 해냈던 귀중한 경험을 해본 적이 없기에 시간 자원을 제대로 분배하는 방법을 깨닫기 힘들 수도 있다. 이제 곧 살펴보겠지만, 만성적으로 미루는 사람들은 미룰 때마다 이런 행동이 '이번 딱 한 번'만 하는 독특하고 예외적인 일이라고 되풀이되지 않을 것이라고 믿는다. 사실이 아니더라도 이는 계속해서 믿을 정도로 꽤 그럴싸한 이야기이긴 하다. 계획표가 있어야 그런 생각에 반박할 수 있다. 배우 치코 마르크스는 이렇게 말했다. "당신은 누구 말을 믿겠어요? 나예요, 아니면 당신 눈이에요?"

미루기 습관을 고치는 법: 산업공학과 학생 조너선 맥코믹의 통찰

1. 계획표에 마감 기한을 실제 날짜보다 하루 앞당겨 적는다. 이런 식으로 하면 마지막 순간에 급하게 서두르지 않아도 되고, 과제물을 제출하기 전에 하루 동안 충분히 검토할 수 있다.
2. 친구들에게 지금 과제를 하는 중이라고 말한다. 그러면 내가 페이스북에 활동중이라고 뜨면 친구들이 과제를 해야 하지 않느냐고 제지해준다.
3. 책상 앞에 현장 엔지니어들의 초봉이 적힌 종이를 붙여놓는다. 숙제나 공부에 집중이 안 될 때 그걸 보고 지금 열심히 하면 나중에 보상을 받을 것이라고 마음을 다잡을 수 있다.

가끔은 불가피하게 일을 조금씩 미룬다. 하지만 수학과 과학 분야에서 효율적으로 공부하려면 미루기 습관을 통제해야 한다. 머릿속 좀비를 잘 관리해야 한다. 계획표를 작성하면 할 일이 무엇인지 한눈에 들어온다. 할 일 목록을 처음 작성할 때는 의욕이 앞서 도저히 하루에 못 끝낼 분량을 적기도 한다. 하지만 점차 익숙해지면서 달성 가능한 만큼만 목표를 설정하게 된다.

여러분은 이렇게 생각할지도 모른다. '좋아요, 그럼 시간별로 관리를 하면 안 되나요? 뭐가 가장 중요한 일인지는 어떻게 알죠?' 그렇기에 일주일 단위로 할 일 목록을 적어야 한다. 주간 일정을 짜면 한

걸음 차분히 뒤로 물러서서 큰 그림을 그리며 우선순위를 정할 수 있다. 그리고 하루 일정을 전날 밤에 작성해두면, 장기적으로 봤을 때는 해로운, 성급한 결정을 내리지 않을 수 있다.

가끔은 예상치 못한 일 때문에 계획을 변경해야 하는 상황이 생기지 않을까? 물론이다! 하지만 '세렌디피티의 법칙'을 기억하라. 행운의 여신은 노력하는 사람에게 손을 내민다. 계획을 잘 짜는 것도 노력의 일부다. 목표에 눈을 떼지 말고 가끔씩 마주치는 장애물에 너무 동요하지 말자.

목록 작성하기와 시작의 중요성

저는 매일 해야 할 일 목록을 만들어 일주일을 짜임새 있게 보내요. 보통 줄이 그어진 종이에 목록을 적어서 이걸 접어서 주머니에 넣고 다니죠. 매일, 여러 번 종이를 꺼내 할 일을 제대로 했는지, 오늘 중요한 일이 무엇인지 거듭 확인합니다. 하나하나 해치우면서 줄을 그어 지우면 기분이 좋아요. 특히 오래 진행해온 일이면은요. 이 종이쪽지만 모아놓은 서랍이 있을 정도죠.

일단 한 번에 하나씩 시작하는 게 편해요. 몇 가지를 동시에 진행할 때도 있지만요. 그렇게 하면 다음에 그 일을 다시 할 때는 어느 정도 완료된 상황이라서 걱정을 덜 수 있어요.

—마이클 가샤지(산업공학과 2학년생)

기술적인 팁: 공부에 유용한 최고의 어플과 프로그램

타이머와 펜, 종이만 갖춰도 미루기 습관을 고치는 데 무척 효과적이다. 하지만 기술을 활용할 수도 있다. 학생들을 위한 몇 가지 훌륭한 학습 도구들을 소개해보겠다.

한번 해보자!

공부에 집중할 수 있게 도와줄 훌륭한 어플과 프로그램

(따로 표시되어 있지 않다면 무료 버전을 이용할 수 있다)

타이머

- 포모도로 기법(서비스의 가격대나 방법이 다양하다). http://francescocirillo.com/

일정과 계획 짜기, 플래시카드

- 30/30: 할 일 목록과 타이머가 동시에 제공된다. http://3030.binaryhammer.com/
- 스터디블루: 플래시카드와 쪽지가 제공되는데 공부할 시간이 되면 문자 메시지를 보내준다. 학습 내용에 대한 링크도 달려 있다. http://www.studyblue.com/
- 에버노트: 개인적으로 좋아하는 어플 중 하나다. 할 일 목록 생성과 랜덤 지식 정보 쪽지 생성으로 인기가 좋다(작은 수첩을 들고 다니며 떠오르는 생각을 메모하던 사람들에게 유용하다). http://evernote.com/
- 안키: 훌륭한 플래시카드 프로그램 중 하나로 반복 알고리즘의 간격이 적절하다. 다양한 분야에 활용 가능한 여러 데크가 미리 만들어져 있다.

http://apps.ankiweb.net/
- 퀴즐렛닷컴: 플래시카드를 직접 입력할 수 있다. 강의를 같이 듣는 친구들과 분담해 작업할 수도 있다(무료). http://quizlet.com/ko
- 구글 태스크와 구글 캘린더.

웹사이트에서 시간을 낭비하지 않게 돕는 프로그램

- 프리덤: 많은 사람들이 깊이 신뢰하는 프로그램. 맥, 윈도우, 안드로이드, ios에서 무료 버전을 사용해볼 수 있다. http://macfreedom.com/
- 스테이포커스드: 구글 크롬용 프로그램. https://chrome.google.com/webstore/detail/stayfocusd/laankejkbhbdhmipfmgcngdelahlfoji?hl=en
- 리치블록: 파이어폭스, 구글 크롬, 마이크로소프트 엣지 등에서 사용 가능한 프로그램. https://www.proginosko.com/leechblock

동기 부여를 위한 웹사이트

- 스틱K: 목표 설정을 돕는 웹사이트. http://www.stickk.com/
- 커피티비티: 카페에 있는 것처럼 적당한 배경 소음을 제공해준다. http://coffitivity.com/

방해 요인을 제거하는 가장 간단한 방법

- 컴퓨터와 스마트폰의 알람 소리를 전부 끄자!

요약

- 정신적 요령을 잘 활용하면 목표 달성을 돕는 강력한 도구로 쓸 수 있다. 다음은 가장 효율적인 도구들이다.

- 미루기 습관을 고치기 위해 도서관처럼 방해 요인이 없는 장소로 가라.
- 잡생각이 나면 그냥 흘려보내서 이를 무시하는 연습을 하자.
- 여러분의 태도가 문제라면 부정적인 것 대신 긍정적인 것에 주의를 집중하도록 머릿속 틀을 다시 짜자.
- 일이나 공부를 시작하려고 자리에 앉았을 때 얼마간 부정적인 감정이 드는 것은 지극히 정상적인 일이다.

- '쉬는 시간'을 미리 계획하기는 미루기 습관을 예방하기 위한 아주 중요한 요령이다. 이로써 무언가를 미루는 습관을 피할 수도 있다.
- 미루는 습관 고치기의 핵심은 하루 할 일 목록의 합리적인 작성이다. 주간 일정도 함께 작성해 거시적 관점에서도 할 일을 점검하면 좋다.
- 하루 할 일 목록은 전날 밤에 작성하자.
- 가장 힘들고 까다로운 일부터 하자.

잠깐 멈춰 복습하기

책을 덮고 다른 곳으로 눈길을 돌려보자. 이번 장의 핵심 내용은 무엇이었는가? 이번 장을 끝까지 다 읽었다면 스스로를 칭찬해주자. 어떤 일을 해낼 때마다 자기 등을 두드려주어야 한다!

배운 내용 다지기

1. 학생들이 공부를 시작할 때 얼마간 부정적인 감정이 드는 것이 정상이라면, 이러한 장애물을 어떻게 극복할 수 있을까?
2. 미루기 습관을 통제하는 가장 좋은 방법은 무엇일까?
3. 왜 어떤 일이나 공부를 하기 전날 밤에 할 일 목록을 작성해야 할까?
4. 지금 부정적으로 생각하는 무언가에 대한 틀을 머릿속에서 다시 짜려면 어떻게 해야 할까?
5. 계획 완료 시간을 매일 정하는 게 왜 중요한지 설명해보자.

한번 해보자!

실현 가능한 목표를 세우자

이번 장을 읽고서 여러분이 새 출발을 하면 좋겠다. 앞으로 이 주일 동안은 매주 초에 주간 목표를 적자. 그런 다음 주간 목표에 기초해서 하루에 달성 가능한 다섯 개에서 열 개의 목표를 매일 작성하자. 각 항목을 마칠 때마다 줄을 그어 지우고 성취감을 만끽하자. 필요하다면 주어진 과제를 세 개 정도의 보다 '작은 할 일 목록'으로 만들면서 동기를 부여하자.

현실적인 시간 안에 일일 목표를 달성해 죄책감 없이 여가 시간을 즐기는 것도 목표 가운데 하나라는 점을 유념하라. 여러분은 인생을 더욱 즐겁게 해줄 새로운 습관을 개발하는 것이다!

일정은 종이나 노트북에 정리해도 좋고 문에 칠판이나 화이트보드를 붙여두고 거기에 적어도 된다. 자신에게 가장 잘 맞는 방식으로 시작해보자.

마법처럼 수학에 빠져 인생의 가장 힘든 시기를 극복하다: 메리 차의 이야기

제가 태어난 지 삼 주일 정도 됐을 때 저희 아버지는 가족을 떠나셨어요. 아홉 살 때 어머니가 돌아가셨고요. 그래서 저는 중고등학교 시절을 형편없이 보냈어요. 스무 살도 되기 전에 60달러만 들고 양부모님 집에서 나왔죠.

하지만 지금은 대학교에서 생화학을 전공하고 있어요. 학점은 3.9 정도인데 열심히 공부해서 의대에 가는 게 목표예요. 내년에 지원하려고요.

이 모든 이야기가 수학과 무슨 상관이냐고요? 좋은 질문이네요!

저는 경제적으로 너무 힘이 들어서 스물다섯 살 무렵에 입대를 했습니다. 군대에 간 것은 제 인생에서 최고의 결정이었죠. 그렇다고 군생활이 쉬웠던 건 아니지만요. 아프가니스탄에 파병되었을 때가 가장 힘들었어요. 일은 마음에 들었지만 동료들과 공통점이 많지 않았죠. 그래서 종종 소외감과 외로움을 느꼈는데 그러다가 기분전환을 할 겸 남는 시간에 수학을 공부하게 됐어요.

군생활은 좋은 공부 습관을 들이기에 좋았죠. 몇 시간 동안 집중하는 대신 몇 분이라도 시간 날 때 할 수 있는 걸 찾아야 했어요! 이런저런 일이 주변에서 계속 터졌기 때문에 시간 날 때 집중해서 공부해야 했죠.

그 과정에서 저는 우연히 '마법처럼 수학에 빠지기'라는 방법을 발견했어요. 분산모드와 동일한 방법이었죠. 어떤 문제나 대목에서 꽉 막혀 전혀 실마리를 못 찾을 때 폭발 사건이나 다른 급한 일이 터져서 불려갔죠. 밖에 나가 팀을 이끌든 조용히 앉아 기다리든 간에 제 머릿속은 수학 문제를 계속 신경썼어요. 그러면 그날 밤 방에 돌아왔을 때 막혔던 문제가 모두 말끔히 해결되었어요!

적극적인 복습도 도움이 됐어요. 머리 손질을 하는 중이든, 샤워를 하는 중이든 이미 해결했던 수학 문제를 다시 떠올렸죠. 이렇게 하면 머릿속에서 문제를 계속 떠올리기 때문에 해법을 잊지 않죠.

제 학습과정은 다음과 같았습니다.

1. 한 섹션에서 까다로운 문제를 전부 풀어보자. (혹은 적어도 이해가 될 만큼 각각의 '유형'을 다 풀어보자.)
2. 그 문제들을 머릿속에서 숙성시키자.
3. 머릿속 도구상자에 추가하고 싶은 모든 중요한 개념들과 각 유형별 예제를 종이에 기록하자.
4. 시험을 보기 전까지 주제, 각 섹션별 대표 문제, 문제 풀이 기법 전부를 열거할 수 있어야 한다. 문제 유형이나 도구상자 요령이 아니라 각 주제와 섹션을 죽 늘어놓을 정도로도 괜찮다. 이런 식으로 말로 내용을 상기하다보면 각 문제 유형을 보다 빠르게 파악하고 자신 있게 시험을 볼 수 있게 해준다.

어렸을 때는 무언가를 당장 해내지 못하면 그 일을 앞으로도 해내지 못할 거라 생각했습니다. 아니면 제가 똑똑하지 않아서 그렇다고 믿었죠. 전혀 아니었어요. 무언가를 일찍 시작해야 그걸 소화할 시간이 생긴다는 사실을 이제는 알아요. 이렇게 하면 공부를 할 때 스트레스를 받지 않을 수 있고, 공부가 훨씬 더 즐거워지죠.

9장
미루기 좀비 관리법 최종 정리

미루기 습관을 다루는 다양한 방법에 대해 여러 장에 걸쳐 알아봤다. 이번 장에서는 미루기 습관에 대한 새로운 시각을 마지막으로 몇 가지 더 소개해보겠다.

'집중 존'에서 열심히 일하기의 장단점

1988년, 마이크로소프트에서 근무중인 두 명의 기술자가 금요일 밤 파티에서 우연히 만났다. 그 덕에 마이크로소프트가 포기하다시피한 주요 소프트웨어의 장애물을 해결하는 짜릿한 방안이 나올 수 있었다. 이 두 사람은 자신들의 아이디어를 시험해보고 컴퓨터를 켜서 문제의 코드를 한 줄씩 훑어보기 위해 파티를 떠났다. 그날 저녁,

두 사람은 무언가를 해냈다. 프란스 요한슨의 매혹적인 저서 『클릭 모먼트』에 따르면, 이 무언가 덕분에 거의 버려지다시피했었던 소프트웨어 프로젝트가 윈도우 3.0으로 변모됐다. 그 덕에 마이크로소프트는 오늘날과 같은 전 세계적인 기술 거대 기업이 될 수 있었다.[1] 이처럼 영감은 생각지도 못한 곳에서 분출되곤 한다.

정신적으로 고되게 총력을 기울이며 밤새 일을 하다가 쉬는 시간에 통찰을 얻는다는 이러한 종류의 창의적인 돌파구는 수학과 과학 분야의 전형적인 공부방식과는 다르다. 이는 오히려 스포츠에 가깝다. 운동 선수들은 이따금 엄청난 스트레스를 받으며 모든 노력을 기울여야만 하는 시합을 치러야 한다. 하지만 이런 상황에서 매일 훈련을 하는 것은 아니다.

생산성이 아주 높은 날, 밤까지 계속 일을 진행하면 많은 분량을 처리할 수 있다. 하지만 그다음날에는 플래너를 확인해보면 그보다 생산성이 낮아질 수도 있다. 한번에 몰아서 일을 하는 습관을 가진 사람들은, 제한된 기한 안에 합리적으로 일을 해내는 사람들보다 보통 전반적인 생산성이 훨씬 떨어진다.[2] '집중 존'에 너무 오래 머물다 보면 번아웃에 빠질 수 있다.[3]

마감 기한이 닥치면 스트레스 지수가 올라갈 수 있으며, 그에 따라 스트레스 호르몬이 발동돼 사고과정에 관여하는 집중 존으로 이동한다. 하지만 지나치게 스트레스를 받으면 명료하게 사고하는 능력이 사라지기 때문에 아드레날린에 의존하는 일은 위험할 수도 있다. 더욱이 곧 닥칠 시험에 대비해 수학과 과학을 공부하는 일은 주어진 마감 기한까지 보고서를 끝내는 일과는 차원이 다르다. 우리 두뇌는 사회적이고 시각적이며 언어 지향적인 구조를 잘 발달시키도록 진화했기 때문에 수학과 과학을 공부하려면 새로운 신경 연결고리와 구조를 발전시켜야 한다. 많은 경우 수학과 과학 공부에 필요한 신경 구조는 천천히 발달한다. 그리고 그 과정에서 집중모드와 분산모드를 번갈아가며 내용을 흡수해야 한다. 특히 수학과 과학을 공부할 때 벼락치기를 하면서 "나는 마감이 닥쳐야 공부가 잘되더라"라는 식으로 변명한다면 이는 사실이 아니다.[4]

미루기 습관에 대해 이야기하면서 첫머리에서 다뤘던 비소를 먹던 사람이 떠오르는가? 1800년대 오스트리아에는 비소를 먹는 소수의 사람들이 있었는데, 이들은 비소의 장기적인 해로움이나 내성이 생길 가능성을 무시했다. 마치 미루기 습관의 위험성을 인지하지 못하는 것처럼 말이다.

미루기 습관에 대한 이해는 당장은 고통스러운 무언가가 궁극적으로는 건강에 더 유익할 수 있다는 사실을 받아들이는 일과도 같다. 할 일을 미루려는 충동을 극복하는 것은 결과적으로 유익한 작은 스트레스 요인과도 상당히 비슷하다.

"저는 일을 하지 않을 때는 쉽니다. 다른 일을 하는 것이 아니라요!"

—B. F. 스키너(심리학자, 자신의 커리어에 전환점이 된 중요한 깨달음을 얻고 했던 말)[5]

현명한 기다림

앞서 살폈듯이 겉으로 보기에 좋은 특성이 나쁜 결과를 일으킬 수도 있다. 체스에서 기존의 관념 때문에 더 훌륭한 수로 나아가지 못하는 아인슈텔룽 효과가 그 좋은 예다. 보통은 바람직하다고 여기는 주의 집중력에 정신이 사로잡혀 더 좋은 해답을 찾지 못하게 된다.

주의 집중력이 언제나 좋은 것만은 아니듯 겉으로 보기에 정말 나쁜 습관인 미루기도 언제나 나쁜 것만은 아니다. 예를 들어 할 일 목록을 하나씩 구성할 때, 우선순위에 없는 항목을 미룬다고 비난받을 수도 있다. 하지만 무언가에 일단 뛰어들기 전에 잠시 **멈추고 성찰하**는 법을 배울 수 있다는 게 미루기 습관의 긍정적인 면이라 할 수 있다. 이 과정에서 여러분은 현명하게 기다리는 법을 배운다. 우리에게는 항상 무언가 할 일이 있다. 그렇기에 우선순위를 정하면 의사결정을 위한 큰 그림을 보게 된다. 가끔은 잠깐 기다리다보면 저절로 상황이 해결되기도 한다.

다시 말해 **잠시 멈추고 성찰하는 것이 핵심**이다. 미루기 습관을 버릴 때뿐 아니라 수학과 과학 분야의 일반적인 문제를 풀 때도 그렇다. 물리학 문제를 풀 때 수학 전문가(교수나 대학원생)와 수학 초심자(대학생)의 차이점을 관찰해보니, 놀랍게도 전문가들이 조금 **더 천천히** 문제 풀이를 시작했다.[6] 전문가들은 어떤 문제의 바탕에 깔린 물리학 원리에 따라 문제를 범주화하는 데 평균 45초가 걸린다. 반면 대학생들은 바로 문제에 뛰어들며 풀이법을 결정하는 데 30초밖에 걸리지 않는다.

당연하지만 이때 대학생들이 내린 결론은 틀린 경우가 많다. 이들은 바탕에 깔린 원리보다는 표면적인 모습만으로 판단하기 때문이다. 예컨대 전문가들은 시간을 충분히 들여 '브로콜리는 채소이고 레몬은 과일이다'라고 결론을 내리지만 초심자들은 문제에 바로 달려들어 '브로콜리는 작은 나무이고 레몬은 분명 달걀이다'라고 떠든다. 문제를 해결하기 전에 잠깐 멈추면, 두뇌가 정보 덩어리 도서관에 접근해 특정 문제를 더 큰 그림과 연결하는 시간이 생긴다.

더 넓은 맥락에서도 이런 기다림은 중요하다. 특정 수학 개념, 과학 개념을 이해하느라 애를 먹을 때도 좌절감에 휘둘리거나 해당 개념이 너무 추상적이어서 다루기 힘들다며 이를 무시해서는 안 된다. FBI의 인질 협상가 개리 네스너는 적절한 제목의 저서 『이기는 사람은 악마도 설득한다』에서 인질 협상의 성공담과 실패담을 통해 누구든 여러 가지 교훈을 얻을 수 있다고 소개한다.[7] 이런 상황의 초반에는 감정이 고조되어 있다. 이를 빠르게 해결하고자 노력을 하면 종종 재앙으로 이어진다. 하지만 감정적인 도발에 공격적으로 대응하고자 하는 자연적인 욕구를 억누르다보면 감정을 이루는 분자들이 조금씩 흩어진다. 그렇게 머리를 식히고 대응해야 인질범에게서 사람을 구한다.

"하고 싶은 대로 그냥 해봐" 하면서 여러분을 자극하는 감정은 잘못된 판단을 내리게 이끈다. 예를 들어 직업을 선택할 때 "열정을 따르라"라고 조언하는 건 가장 좋아하는 영화배우와 결혼하겠다는 결정과도 같다. 듣기에는 좋지만 곧 현실이 고개를 든다. 결과가 이를 증명해준다. **지난 수십 년 동안, 어떤 직업을 선택하는 게 정말로 현명한지를 이성적으로 분석하지 않고 맹목적으로 열정을 따라 선택한 학생들은 이성과 열정을 아울러 결정한 학생들보다 자신의 선택에 덜 만족했다.**[8]

이는 내 인생과도 관련이 있다. 나는 원래 수학에 열정도, 재능도, 소질도 갖추지 못했었다. 하지만 이성적으로 숙고한 결과, 수학을 잘해야겠다고 마음먹었다. 수학을 잘하기 위해 열심히 공부했지만 그저 열심히 하는 것만으로는 충분하지 않다는 사실을 깨달았다. 나 자신을 속이지 말아야 했다.

결국 나는 수학을 잘하게 되었다. 그러자 과학으로 통하는 문이 열렸고 점차 과학도 잘하게 되었다. 실력이 좋아지자 열정도 뒤따랐다.

우리는 자신이 잘하는 일에 열정을 갖는다. 하지만 무언가를 잘하지 못할 때 그에 대해 열정을 갖거나 열정을 쌓아가지 못할 거라고 믿는다면 그건 실수다.

미루기 습관에 대한 질의응답

Q. 저는 해야 할 일이 너무 많다는 사실에 압도당하면 이에 대한 생각을 피하게 돼요. 그러면 상황이 더욱 악화될 뿐인데도요. 산더미 같은 일에 깔리는 기분이 들 때는 어떻게 해야 할까요?

A. 몇 분이면 할 수 있는 세 가지 '소규모 과제'를 적어봅시다. 행운의 여신은 노력하는 사람을 돕는다는 사실을 잊지 마세요. 최선을 다해서 가치 있는 일에 집중해보세요.

이 시점에서는 눈을 감고 이제 첫번째 과제 말고는 걱정하거나 염려할 일이 아무것도 없다고 자신에게 말하세요. ('눈을 감으세요'라는 건 농담이 아닙니다. 이렇게 하면 이전에 머릿속에 남았던 사고 패턴에서 벗어날 수 있죠.[9]) 포모도로 방식을 게임처럼 해도 좋습니다. 25분 동안 이번 장의 몇 페이지를 살펴볼 수 있나요?

많은 양의 어려운 과제를 해내는 건 살라미 소시지를 먹는 일과도 같습니다. 조금씩 잘라서 먹어야 하죠. 아무리 작은 성과라도 무언가를 달성했다면 성취감을 만끽하세요. 여러분은 앞으로 나아가고 있으니까요!

Q. 미루기 습관을 고치려면 얼마나 걸릴까요?

A. 몇 가지 결과는 즉각 얻을 수 있겠지만, 여러분이 좋아하고 편안하게 여기는 새로운 작업 습관이 자리를 잡고 적응을 하는 데는 삼 개월 정도 걸릴 겁니다. 인내심을 갖고 상식적인 선에서 조금씩 나아가세요. 당장 극적인 변화만 추구하지는 마세요. 지속 가능하지도 않을 뿐더러 좌절감만 더 안겨줄 뿐입니다.

Q. 저는 주의가 산만한 편이라 여기 집중했다가 저기 집중했다가 왔다갔다해요. 저는 일이나 공부를 미룰 수밖에 없을까요?

A. 물론 아닙니다! 제 학생들 가운데 창의적이고 실력이 뛰어난 상당수가 이 책에서 다뤘던 여러 도움말과 도구를 활용해서 주의력 결핍 과잉행동장애ADHD를 비롯해 다양한 주의력 장애를 극복했습니다. 여러분도 할 수 있습니다.

주의력이 쉽게 깨진다면, 단시간 동안 특정 과제에 집중하도록 돕는 도구가 유용할 겁니다. 일정을 적는 플래너, 문 앞의 화이트보드, 타이머, 휴대전화나 컴퓨터에 설치하는 일정이나 시간 관리용 어플과 프로그램 같은 도구들요. 이런 도구들은 미루는 습관을 지닌 좀비를 '책임을 지는' 좀비로 바꿔줍니다.

주의력 결핍 장애를 가진 어느 학생의 도움말

저는 주의력 결핍 장애를 겪기 때문에 미루는 습관과 날마다 싸웁니다. 체계적인 일정 관리법은 미루기를 예방하는 유일한 방법이죠. 과제의 마감 기한이라든지 공부 시간, 친구들과 노는 시간을 비롯해 '모든 것'을 플래너나 공책에 매일 적어둬요. 그리고 날마다 같은 공간에서 공부하며 휴대전화는 아예 꺼버리는 식으로 주의 집중을 흐트러뜨리는 것은 '전부' 치우죠.

이제는 매주, 같은 시간에 할 일을 처리합니다. 저는 일정한 루틴과 구조를 좋아하죠. 그래서 미루는 습관을 고치기가 처음에는 무척 어려웠어요. 하지만 역시 이 덕분에 일단 한 달 동안 새로운 습관을 저에게 욱여넣으면 그걸 지속하기도 쉬웠죠.

—웨스턴 여수룬(전공을 밝히지 않은 2학년생)

Q. 미루기 습관을 통제하려면 최소한의 의지력만 사용하라고 하셨습니다. 의지력을 많이 활용해서 이를 강화해야 하는 게 아닐까요?

A. 의지력은 근육과 상당히 비슷합니다. 근육을 강화하고 개발하려면 근육을 써야 합니다. 하지만 주어진 시간 동안 여러분의 근육이 내는 에너지는 한정적입니다. 의지력을 개발하고 활용하는 것은 균형을 맞추는 일과 비슷하죠.[10] 그래서 변화하고자 한다면 자기 훈련이 필요한 어려운 과제를 한 번에 하나만 골라서 수행해야 합니다.

Q. 제 경우에는 일단 앉아서 공부를 시작하는 일까지는 쉬워요. 하지만 시작하자마자 페이스북이나 이메일을 확인하게 돼죠. 그러다보면 세 시간이면 끝날 공부를 하는 데 여덟 시간이나 걸리더라고요.

A. 포모도로 기법대로 타이머를 설정하면 어떤 경우든 머릿속의 좀비를 물리칠 수 있습니다. 미루기 습관을 한번에 완벽하게 고치기는 어렵습니다. 일이나 공부를 하는 과정을 조금씩 계속 개선해나가면 돼요.

Q. 자기 역할은 나 몰라라 하면서 다른 모두를 탓하는 학생에게 해주실 조언이 있나요? 시험은 전부 망쳤지만 점수에 비해서는 아는 게 더 많다고 믿는 학생에게는 어떻게 조언하실 건가요?

A. 어떤 상황에서든 계속 '이건 내 잘못이 아냐'라고 생각한다면 무언가 잘못된 것입니다. 결국 여러분의 운명을 이끄는 선장은 본인이

죠. 원하는 성적을 받지 못했다면 다른 사람을 탓하기보다는 스스로 변화해 더 좋은 곳에 상륙할 수 있도록 방향을 잡아가야 합니다.

지난 수년 동안 수많은 학생들이 "사실은 그 내용을 안다"라고 말했습니다. 그저 시험만 망쳤을 뿐이라고요. 하지만 그 학생들과 함께 수업을 들은 친구들의 이야기는 다릅니다. 친구들은 그 학생이 사실 공부를 거의 하지 않았다고 말하죠. 자기 능력에 대한 잘못된 확신은 가끔은 망상에 가깝습니다. 그래서 여러 회사에서 수학과 과학 성적이 좋은 사람을 채용하려는 것 같아요. 이런 과목에서의 좋은 성적은 어려운 주제를 해결하려는 능력을 객관적으로 보여주는 경우가 많으니까요.

다양한 분야의 세계 정상급 전문가들도 그 자리까지 오르는 길이 결코 쉽지 않았다고 밝혔다는 사실을 다시 강조하겠습니다. 이들이 미끄러지듯 움직이며 뭐든 쉽게 하는 듯해도 지금의 경지까지 도달하기 위해 모두 힘들고 지겨운 시간을 묵묵하게 보냈습니다.[11]

한번 해보자!

좀비와 싸우는 연습

계속 미뤘던 일을 해야 할 때 마주했던 장애물을 생각해보자. 어떤 마음가짐을 갖는 게 실제로 이 일에 뛰어들 때 도움이 될까? 예컨대 이렇게 생각해보자. '이건 사실 그렇게 어려운 일이 아냐. 일단 시작만 하면 점점 훨씬 쉬워져. 가끔은 즐겁지 않은 일을 하는 것도 괜찮아. 그만한 대가가 있을 거야.'[12]

요약

미루기 습관 고치기는 무척 중요한 주제이므로 이번에는 앞서 소개했던 미루기 습관을 극복하기 위한 핵심 요점을 모두 정리했다.

- 언제 목표 달성을 했는지, 어떤 일을 해냈고 어떤 일을 해내지 못했는지를 손쉽게 확인하기 위해 일정 플래너를 작성하자.
- 매일 특정한 루틴과 과제를 수행하자.
- 다음날 해야 할 일을 전날 밤에 목록으로 정리해두면 두뇌가 목표를 깊이 숙고해보게 돼 성공을 거두기가 더 쉬워진다.
- 해야 할 일을 작은 도전 과제로 쪼개자. 늘 여러분(과 머릿속 좀비)에게 수많은 보상을 주자. 승리감과 행복을 만끽할 시간을 주자.
- 어떤 과제 하나를 완전히 끝마치기 전까지는 보상을 의도적으로 미루자.

- 미루기 습관으로 인도하는 계기를 조심하자.
- 도서관의 조용한 구석 자리처럼 미루기 습관으로 이끄는 계기가 적은 새로운 환경으로 들어가자.
- 집중력을 방해하는 장애물이 생기겠지만, 모든 문제의 원인을 외부로 돌리지 말자. 만약 모든 것이 언제나 다른 누군가의 잘못 같다면, 스스로를 성찰할 때다.
- 새로 도입하는 시스템을 신뢰하자. 집중모드에서는 열심히 일을 하거나 공부를 하고 느슨하게 휴식을 취할 때도 새로운 시스템을 충분히 믿자. 그래야 죄책감 없이 제대로 쉴 수 있다.
- 계속해서 미룰 경우를 대비해 예비 계획을 수립하자. 그 누구도 완벽할 수는 없다.
- 가장 까다로운 일을 맨 먼저 하자.

행복한 실험이 되기를!

잠깐 멈춰 복습하기

책을 덮고 다른 곳으로 눈길을 돌려보자. 이번 장의 핵심 내용은 무엇이었는가? 오늘밤 잠자리에 들기 전 여기서 말한 핵심 개념들을 다시 떠올려보자. 잠들기 직전은 종종 어떤 아이디어를 머릿속에 단단히 새기기에 무척 유용한 시간이다.

배운 내용 다지기

1. 만약 주의력이 쉽게 흐트러진다면, 미루기 습관을 예방하기 위해 활용 가능한 접근법으로 무엇이 있는가?
2. 미루는 행위는 어떤 경우에 유용하고, 어떤 경우에 해로운가?
3. 목표에 돌진하기 전에 잠깐 멈춰 성찰해봐서 도움이 된 적이 있는가?
4. 공부를 하기 위해 자리에 앉았지만 집중하지 못하고 시간을 낭비할 때, 해야 할 일에 얼른 착수하기 위해 어떤 조치를 취할 수 있는가?
5. 장애물을 만나면 어떻게 대응하는가. 이런 장애물이 자신의 책임이라는 생각이 강하게 드는가? 아니면 피해자의 위치에 머무는가? 어떻게 대응하면 궁극적으로 가장 도움이 될까? 왜 그럴까?
6. 합리적으로 분석해서 균형 있게 결정하는 대신 열정에만 이끌려 직업을 정한 사람들이 왜 직업 만족도가 더 낮을까?

10장

기억력을 향상시키는 법

조슈아 포어는 평범한 사람이었다. 하지만 때로는 평범한 사람이 무척 흔치 않은 일을 할 수 있다.

대학교를 졸업한 지 얼마 안 된 포어는 부모님과 함께 생활하면서 기자가 될 준비를 하고 있었다. 그는 그렇게 기억력이 좋은 편은 아니었다. 여자친구의 생일처럼 중요한 날을 가끔 잊기도 했고, 자동차 열쇠를 어디 두었는지 잘 깜박했으며, 오븐에 음식을 넣어두고는 까먹기도 했다. it's를 its로 쓰는 것처럼 아무리 실수하지 않으려고 노력해도 쉬운 맞춤법을 종종 틀리기도 했다.

하지만 어떤 사람들은 자기와는 무척 다르다는 사실에 포어는 깜짝 놀랐다. 어떤 이들은 30초 안에 무작위로 섞은 카드의 순서를 외우거나 수십 개의 전화번호나 이름, 얼굴, 사건, 날짜를 아무렇지도

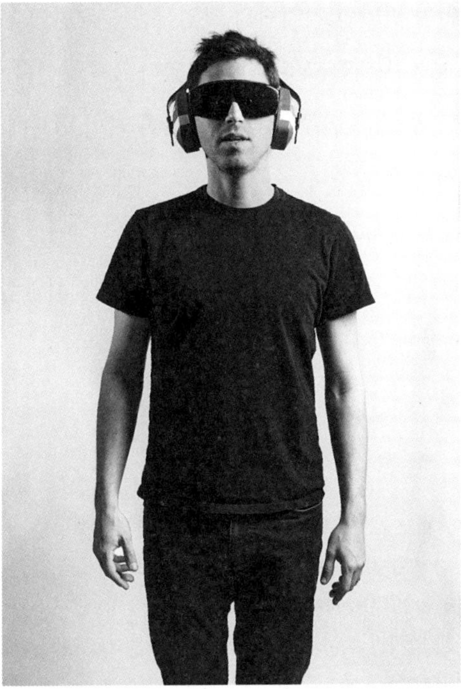

기자인 조슈아 포어가 미국기억력챔피언십에 참가하기 위해 준비하고 있다. 귀마개와 작은 구멍이 난 눈가리개를 착용해 집중이 흐트러지지 않도록 한다. 기억력챔피언십 참가자들에게는 주의가 흐트러지는 상황이 무엇보다 큰 적이다. 다시 말해 무언가를 정말로 기억하고 싶다면, 방해물이 없는 상황에서 집중하는 게 최선이다.

않게 흡수하듯 기억했다. 누가 무작위로 어떤 시를 보여줘도 금방 외워서 낭송할 수 있다.

포어는 질투가 났다. 그런 비범한 기억력의 달인들은 두뇌를 조직하는 특별한 비밀이 있어서 엄청난 양의 데이터를 쉽게 기억하는 게 분명하다고 생각했다.

하지만 포어가 만났던 기억력의 달인들은 훈련받기 전에는 자기들도 기억력이 보통 사람들과 다를 바 없었다고 주장했다. 믿기지 않을지도 모르지만, 이들은 아주 오래된 시각화 기법 덕분에 빠르고 쉽게 기억하게 되었다고 말했다. 이들은 포어에게 거듭 강조했다. "누구든 할 수 있어요. 심지어 당신도요."[1]

그 이야기에 자극을 받은 포어는 미국기억력챔피언십 결승전에서 카드 한 벌을 앞에 두고 경기를 펼치게 됐다. 상상조차 못할 믿기 힘든 시나리오였다.

교육자로서 우리는 개별적인 사실을 단순히 암기하기보다는 정보 덩어리를 형성해야 한다고 열정적으로 말하곤 합니다. 그러다보면 가끔 학생들에게 암기가 중요하지 않다는 암시를 줄 때가 있죠. ('찾아보면 될 공식을 왜 굳이 외워야 하지?') 하지만 핵심 개념들은 창의적인 덩어리 짓기 과정을 위해 필요한 씨앗이기 때문에 꼭 암기해야 합니다! 머릿속에서 그동안 암기한 것들을 이리저리 활용해야 비로소 정보 덩어리를 형성할 수 있다는 사실이 중요하죠.

—포러스트 뉴먼(새크라멘토시티칼리지 천체물리학과 교수)

부엌 식탁이 어디 있는지 기억하는가?: 엄청난 시공간적 기억력

놀랍게도 우리에게는 엄청난 시공간 기억 시스템이 존재한다. 이 시스템에 의존한 기술을 활용하는 동안에는 정보를 뇌에 새겨넣기 위해 단순히 반복만 하지는 않는다. 대신 재미있고 기억에 잘 남으며 창의적인 방식으로 기억하고자 하는 사항을 보다 쉽게 보고, 느끼고, 듣게 만든다. 게다가 이런 기술은 작업 기억을 자유롭게 풀어준다. 가끔은 별나지만 논리적인 방식으로 정보를 한데 모아 장기 기억을 보다 쉽게 향상시킨다. 이렇게 하면 시험 시간에 스트레스를 받지 않으면서도 편하게 내용을 기억해낼 수 있다.

여러분의 시각적, 공간적 기억력이 얼마나 뛰어난지에 대해 더 자세히 알아보자. 지금껏 한 번도 방문한 적 없는 집을 둘러본다고 해보자. 주요 가구들이 어떻게 배치되어 있는지, 방이 어디에 있는지, 색은 어떤지, 욕실 찬장에는 어떤 약병이 있는지 곧 파악하게 된다. 고작 몇 분 만에 수천 가지의 새로운 정보 조각이 머릿속에 들어와 저장된다. 심지어 몇 주가 지나더라도 집을 둘러보는 데 걸린 시간만큼 텅 빈 벽을 바라볼 때보다 훨씬 많은 정보가 머릿속에 남아 있을 것이다. 우리 머릿속은 장소에 대한 이런 일반적인 정보를 잘 간직하도록 만들어져 있기 때문이다.

고대와 현대의 기억 전문가들은, **이렇게 자연적으로 갖춘 방대한 시각-공간 기억력을 활용한다.** 우리 조상들은 이름이나 숫자를 기억하기 위해 방대한 기억력을 가질 필요가 없었다. 대신 사흘간 사슴 사냥을 마치고 집에 어떻게 돌아갈지나 주둔지 남쪽에 위치한 바위 언덕 어디에 탐스러운 블루베리가 열렸는지 같은 점은 반드시 기억해야 했다. 이런 진화적인 필요성 덕분에 우리 인류는 '사물이 어디에 있고 어떻게 생겼는지'를 다루는 대단한 기억 시스템을 갖게 되었다.

기억하기 쉬운 시각 이미지의 힘

시각적 기억 시스템에 대해 알아보기에 앞서, 기억하고자 하는 주요 사항을 나타내는 아주 기억하기 쉬운 시각 이미지부터 떠올려보자.[2] 예컨대 왼편의 노새 그림을 뉴턴의 운동 제2법칙인 f=ma를 기억하는 데 활용할 수 있다. ('힘'과 '질량' '가속도'는 근본적인 관계를 갖는데, 인류가 이를 밝혀내는 데는 수십만 년밖에 걸리지 않았다.) 이 그림에서 '날고 있는flying'은 공식의 f를, '노새mule'는 공식의 m을 나타낸다. a는 음, 여러분에게 맡기겠다.

무언가를 기억할 때 이미지가 무척 중요한 역할을 하는 이유는, 이 이미지가 우뇌의 시공간적 영역과 직접 연결되기 때문이다.[3] 이미지는 향상된 기억력과 시각 영역을 함께 활용해서 겉으로는 단조롭고 기억하기 어려운 개념을 여러분이 요약할 수 있게 이끈다.

감각을 자극해 신경 고리를 더 많이 만들수록 어떤 개념과 그 뜻을 더 쉽게 상기해낸다. 노새의 이미지를 보는 것에서 그치지 않고 노새의 냄새를 맡고 노새가 느끼는 것처럼 바람의 압력을 느낄 수 있다. 심지어 불어오는 바람소리를 들을 수도 있다. 이미지는 재미있고 여러 감각을 불러일으킬수록 더 좋다.

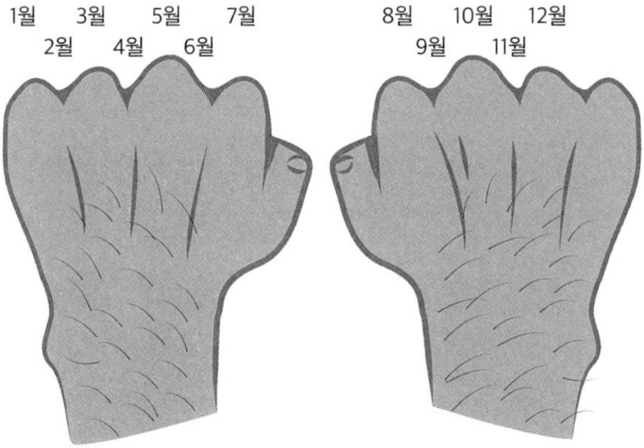

창의적으로 기억을 돕는 장치. 주먹을 쥐었을 때 마디가 튀어나온 부분이 31일까지 있는 달이다. 대학에서 미적분학 강의를 듣는 한 학생은 이에 대해 이렇게 말했다. "묘하게도 이 단순한 기억 장치 덕에 31일까지 있는 달을 다시는 잊지 않을 것 같아요. 정말 놀라워요. 반복을 통해 암기하는 게 너무 지겨워서 거의 20년 동안 외우기를 포기했던 내용을 단 10초 만에 배웠네요."

기억의 궁전 기법

기억의 궁전 기법이란 집처럼 친숙한 장소를 일종의 시각적인 메모지처럼 활용해서 그곳에 여러분이 기억하고자 하는 개념과 결부시킨 이미지를 배치하는 기법이다. 집, 학교 가는 길, 제일 좋아하는 식당처럼 익숙한 장소를 머릿속에 그리기만 하면 된다. 그러면 짠! 마음속 상상의 눈을 깜박이는 사이 그 장소는 여러분이 메모지로 활용할 기억의 궁전이 된다.

기억의 궁전 기법은 장 볼 물건의 목록(우유나 빵, 달걀)처럼 서로 관련 없는 항목을 기억하는 데 유용하다. 집의 현관문 바로 안쪽에 놓인 거대한 우유병, 소파에 툭 놓인 빵, 커피 테이블 가장자리에서 계란물이 똑똑 떨어지는 금 간 달걀 같은 식으로 상상하면 된다. 바꿔 말하면 익숙한 장소를 걸어다닌다고 상상을 하면서, 그 풍경에 기억하고자 하는 항목들을 생생하게 기억에 남을 만한 이미지로 바꿔 결부시키는 것이다.

여러분이 모스굳기계를 경도 1에서 경도 10까지 외우려 한다고 해보자. (1도가 활석talc, 2도가 석고gypsum, 3도가 방해석calcite, 4도가 형석fluorite, 5도가 인회석apatite, 6도가 정장석orthoclase, 7도가 석영quartz, 8도가 황옥topaz, 9도가 강옥corundum, 10도가 금강석diamond이다.) 여러분은 각각의 항목이 들어가게 다음과 같은 암기용 문장을 만들 수 있다. '무시무시한 거인들은 편하게 소화할 악어나 별난 트롤들을 찾아낼 수 있다Terrible Giants Can Find Alligators or Quaint Trolls Conveniently Digestible'(한국에서는 '활석 많은 방형이 인정 없이 석황을 강금했다'라는 식으로 머리글자를 따서 암기하기도 한다—옮긴이). 이 문장 역시 여전히 암기하기 힘들긴 하다. 하지만 기억의 궁전 기법을 덧붙이면 훨씬 쉬워진다. '집 현관에 들어서면 무시무시한 거인이 캔 하나를 들고 서 있다. 안에 들어가니 악어 한 마리가 보인다……' 이런 식으로 말이다. 금융, 경제, 화학 등 어떤 분야를 공부하든지 이와 똑같은 방식을 적용할 수 있다.

이 기법을 처음 활용할 때는 느릿느릿 진행할 것이다. 머릿속에서 견고한 이미지를 떠올리려면 다소 시간이 걸린다. 하지만 계속하다 보면 더 빨라진다. 한 연구 결과에 따르면, 이 기법을 활용한 사람들은 지역 대학교 구내의 물품 보관소를 한두 번 머릿속에서 '걸어다니는' 식으로 연습했음에도 사오십 가지 정도 되는 항목 중에서 95퍼센트 이상을 기억해냈다고 한다.[4] 이런 방식으로 정신을 활용하면 암기는 창의력을 불러일으키는 훌륭한 연습이 될 수 있다. 또한 동시다발적으로 신경 연결고리가 만들어져 창의성을 더욱더 불러일으킬 수 있다. 이 방식을 싫어할 이유가 과연 있을까? (음, 싫어할 만한 상황이 있기는 하다. 이 기법은 시공간적 시스템과 연결되므로 운전처럼 공간적인 작업을 수행할 때는 이 기억의 궁전 기법을 꺼릴 수도 있다.[5] 운전시에는 주의가 흐트러지면 위험할 수도 있으니 말이다.)

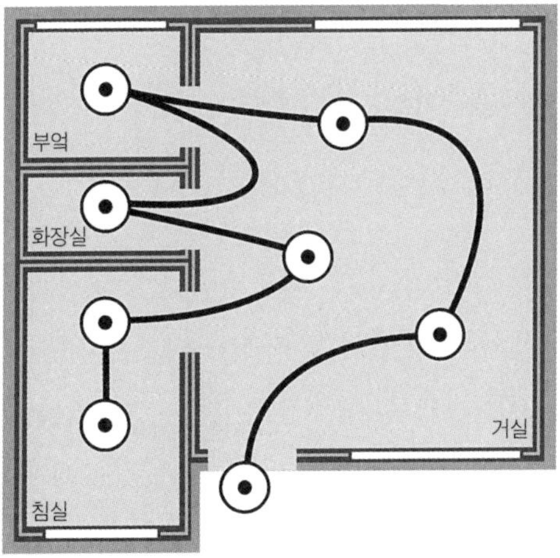

머릿속에서 기억의 궁전을 돌아다니며 기억해야 할 이미지들을 배치하자. 다섯 가지 요소로 이뤄진 이야기라든지 일곱 단계로 이뤄진 과학적 방법을 암기할 때 이 방법이 유용하다.

한번 해보자!

기억의 궁전 활용하기

손꼽히는 해부학 교수 트레이시 매그랜은 표피의 다섯 개 층을 암기하는 데 기억의 궁전 기법을 이렇게 활용했다.

"표피에는 다섯 개 층이 있습니다. 가장 안쪽에서 바깥쪽 순으로 기저층, 가시층, 과립층, 투명층, 각질층이죠. 어떤 층이 가장 깊은 곳에 있는지 기억하려면 집의 '지하실basement'을 떠올리세요. 여기가 기저층stratum basale입니다. 지하 계단을 조심조심 올라 지하실(가장 깊은 층)에서 지붕(표층)까지 가는 겁니다. 가다보면 선인장 가시spine에 덮인 곳이 있죠. 여기가 가시층stratum spinosum이에요. 뒤이어 부엌이 나오는데 누가 바닥에 설탕 과립을 쏟았어요. 여기가 과립층stratum granulosum이죠. 이제 지붕 위에 오르기 전 선탠로션을 발라야 해요. 투명층stratum lucidum은 자외선으로부터 여러분을 보호하기 때문에 선탠로션과 비슷하지만 손바닥과 발바닥에만 있으니 거기에 로션을 바른다고 상상해보세요. 이제 옥상에 올라가 맛좋은 옥수수corn를 먹습니다. 여기가 각질층stratum corneum이죠."

이처럼 '기억의 궁전' 기법을 학습에 어떻게 활용할 수 있을까?

노래로 내용을 기억하는 방식 또한 우뇌를 우선적으로 활용한다는 측면에서 기억의 궁전 기법과 연관된다. 예컨대 2차 방정식에서 근의 공식이나 부피를 구하는 공식을 비롯해 여러 공식을 노래로 기억할 수 있다. 인터넷 검색창에서 '근의 공식'과 '노래'를 함께 검색해보거나 직접 노래를 만들어보자. 동요의 경우에는 가사를 쉽게 기억하기 위해 율동을 활용할 때가 많다. 〈산토끼〉 같은 동요에서 깡충깡충하거나 이리저리 몸을 흔들거나 살짝 제자리 뛰기를 하는 등 가사와 연관된 동작을 활용하면 신경 연결고리가 많이 만들어져 기억하기가 쉽다. 이러한 동작이 기억의 일부가 될 감각을 만들기 때문이다.

이런 기법은 공식이나 개념, 장 볼 목록을 비롯해 여러 가지를 기억하는 데 유용하다. 머리가 하얘지고 몸이 굳을 정도로 긴장되는 연설과 발표를 할 때도 기억에 남을 만한 이미지를 활용하면 핵심 사항들을 잊지 않고 이야기할 수 있다. 말하고자 하는 핵심 사항을 기억에 남을 만한 이미지와 연결만 하면 된다. 기억의 궁전 기법을 활용해서 연설 내용을 암기하는 장면을 직접 보여준 조슈아 포어의 거장다운 TED 강연을 참고하라.[6] 공식을 암기하는 데 이런 기법을 어떻게 적용하는지 궁금하다면 수학 기호를 기억하기 쉬운 시각 이미지로 나열한 스킬스툴박스닷컴SkillsToolbox.com에 들어가보자.[7] (예컨대 나누기 기호인 '/'를 아이들이 즐기는 미끄럼틀이라고 기억하는 식이다.)

기억에 남는 이미지든, 귀에 착 감기는 노래든, 쉽게 상상할 수 있는 '궁전' 이미지든, 기억을 보조하는 기술들은 무언가를 그냥 넘어가거나 다른 일을 하려고 할 때 정신을 집중시키므로 효과적이다. 이런 기법은 무언가를 기억할 때 그 대상의 의미가 중요하다는 사실을 다시 일깨운다. 일부러 부여한 그 의미가 조금 별나도 말이다. 요컨대 암기법은 생활에서 배우는 것에 의미를 부여하고, 재미있고 기억에 잘 남게 만들라고 알려준다.

기억을 돕는 노래

10학년 때 화학 수업에서 아보가드로수(6.02214×10^{23})를 배웠지만 저와 제 친구들 중 누구도 이 수를 암기하지 못했죠. 그래서 친구들과 함께 골든그레이엄 시리얼 광고에 나오는 노래로 아보가드로수에 대한 노래를 만들었어요. (광고 음악도 사실은 오래된 노래인 <오, 뎀 골든 슬리퍼스>였지만요.) 이 노래 덕분에 30년이 지난 지금도 아보가드로수를 기억한답니다.

—맬컴 화이트하우스(컴퓨터공학 전공생)

최고의 교사 트레이시의 암기에 대한 도움말

이리저리 서성이거나 심지어 미리 간식을 조금 먹어두는 것도 암기에 도움이 돼요. 정신활동을 할 때 우리 두뇌는 많은 에너지를 쓰거든요. 그뿐만 아니라 뭔가를 배울 때는 두뇌의 여러 영역을 활용하는 게 중요합니다. 우리는 본 것을 기억할 때는 시각피질을, 들은 것을 기억할 때는 청각피질을, 느낀 것을 기억할 때는 감각피질을, 들고 이동하는 것을 기억할 때는 운동피질을 사용해요. 무언가를 배울 때 두뇌의 많은 영역을 사용할수록 더욱 튼튼한 기억 패턴이 만들어지고, 연결망이 촘촘해져서 시험 같은 스트레스 상황에서도 그 정보를 덜 까먹게 됩니다. 예컨대 해부학 실습실에서 학생들은 해부 모형을 집어들고 눈을 감고서 각각의 구조를 감각으로 느낀 다음 그 부위의 이름을 큰 소리로 말해야 해요. 후각이나 미각은 사용하지 않지만요. 그런 감각은 다른 데 쓰자고요!

—트레이시 매그랜(새들백칼리지 생명과학과 교수)

요약

- 익숙한 풍경에 기억에 남는 사물을 배치하는 '기억의 궁전 기법'은 시각적 기억 시스템의 힘을 절감하게 해준다.
- 보다 절제되고 창의적인 방식으로 기억을 활용하는 법을 배우면 주의를 집중할 수 있다. 이는 심지어 보다 거칠고 분산적인 연결고리를 만들어 강력한 기억을 형성한다 해도 마찬가지다.
- 이해하는 내용을 암기하다보면, 그 내용을 보다 심오하게 내면화할 수 있다. 그리고 그 내용을 통달하는 데 필요한 머릿속 도서관을 보다 탄탄히 지을 수 있다.

잠깐 멈춰 복습하기

책을 덮고 다른 곳으로 눈을 돌려보자. 이번 장의 핵심 내용은 무엇이었는가? 내일 아침 잠에서 깨어나 '침대에서 벗어나는' 루틴을 시작할 때 이번 장의 핵심 내용들을 다시 상기해보자.

배운 내용 다지기

1. 중요한 공식을 기억하게 해줄 이미지를 한번 상상해보자.
2. 수업 시간에 배운 핵심 개념을 네 개 이상 골라 나열하자. 그리고 어떻게 이 개념들을 기억할 만한 이미지로 변환할지 설명해보고 이를 기억의 궁전 어디에 배치할지 말해보자. (여러분을 지켜볼 선생님을 위해, 기억에 남는 이미지는 약간의 검열을 거쳐 정해야 한다. 재치 있는 어떤 영국 배우가 "저는 사람들이 뭘 하든 상관하지 않아요. 길거리에서 대놓고 뭘 하거나 말을 겁먹게 만들지만 않는 한은요"이라고 했지만 말이다.)
3. 할머니가 이해할 수 있게끔 기억의 궁전 기법을 설명해보자.

공간 지각력은 학습할 수 있다: 공대 교수 셰릴 소비

셰릴 소비는 유명 대회 수상 경력이 있는 엔지니어로 복잡한 행동을 시각화하는 3D컴퓨터그래픽의 설계가 관심 분야다. 다음은 셰릴의 이야기다.[8]

"많은 사람들이 공간 지능을 고정된 자질이라고 오해합니다. 그런 재능을 가졌거나, 아니거나 둘 중 하나라고요. 하지만 강조하건대 이는 사실이 아닙니다. 공간 지능을 타고나지 않아도 학습할 수 있어요. 그 산증인이 바로 접니다. 저는 공간 능력이 부족하다며 제가 선택했던 공학 분야를 거의 떠날 뻔했었어요. 하지만 열심히 노력했고 기술을 향상시켜 결국 학위를 마칠 수 있었죠. 학생 때 공간 지능이 필요한 기술을 익히느라 고생했기 때문에 지금은 같은 문제를 겪는 학생들을 돕는 데 전력을 다하고 있습니다. 저와 함께했던 학생들은 거의 전부가 연습을 통해 능력을 개선했죠.

사람의 지능은 음악적인 것에서부터 언어, 수학적인 것까지 형태가 다양합니다. 공간적인 사고 역시 중요하죠. 공간 지능이 높은 사람들은 어떤 사물을 머릿속에서 더 보기 좋은 시점에서 보거나 빙 돌리거나 반으로 쪼갤 수도 있어요. 몇몇 경우에 공간 지능은 어떤 장소에서 다른 장소로 가는 길을 지도만으로 찾는 능력을 의미하기도 합니다.

엔지니어링, 건축, 컴퓨터공학을 비롯한 여러 분야에서 성공하려면 공간적인 관점에서 사고할 줄 알아야 합니다. 주어진 시간 동안 여러 비행기들의 경로를 예상하고 경로가 서로 겹치지 않게 조정해야 하는 항공교통관제사들을 생각해보세요.

여러 부속을 조립해 엔진을 만드는 자동차 정비사들에게도 공간 지능은 필요합니다. 최근 연구 결과에 따르면 공간 지능은 창의력이나 혁신성과도 연결됩니다. 바꿔 말하면, 공간적으로 사고하는 능력이 뛰어날수록 보다 창의적이고 혁신적인 인재가 될 수 있습니다!

공간적인 능력이 떨어지는 몇몇 학생들은 어린 시절에 그런 능력을 개발하는 데 도움이 되는 경험을 많이 해보지 못해서 그럴지도 모른다는 걸 알게 되었습니다. 사물을 분리했다가 다시 합치는 놀이를 많이 해본 아이들은 보통 공간 능력이 뛰어납니다. 특정 스포츠를 즐기면서 공간 능력을 발달시킨 아이들도 있죠. 농구가 그런 예입니다. 농구를 할 때는 코트 어디서든 공이 바스켓에 들어가는 궤적을 상상해야 합니다.

하지만 어린 시절에 이런 활동을 못했다 해도 아직 늦지 않았습니다. 어른이 되어서도 공간 능력을 개발할 수 있으니까요. 인내와 연습만 있으면 돼요.

어떻게 하면 될까요? 어떤 사물을 있는 그대로 정확히 스케치한 다음 다른 각도에서 다시 스케치해보세요. 3D 컴퓨터게임을 하거나 3D 퍼즐을 즐기세요(2D 퍼즐부터 연습해봐야 할 수도 있어요!). 길을 찾을 때 GPS에만 의존하지 말고 지도를 보면서 방향을 가늠해보세요. 무엇보다도 포기하지 않는 게 중요해요. 꾸준히 노력하세요!"

11장

더 많은 기억법들

생생한 시각적 비유 만들기

수학과 과학 분야의 개념을 기억하고 이해하기 위한 아주 효율적인 방법을 하나 알려주겠다. **개념에 대한 비유나 은유를 만들어보라**. 시각적인 비유일수록 더 좋다.[1] 비유란 어떤 사물이 다른 사물과 어떻게든 비슷하다는 사실을 깨닫는 방식일 뿐이다. 예컨대 지리 선생님이 시리아를 시리얼 그릇 모양에 빗대거나 요르단을 나이키 에어 조던 운동화에 빗댄다면 학생들은 수십 년이 지나도 이를 까먹지 않는다.

전류를 이해할 때는 이를 물로 시각화하면 도움이 된다. 이와 비슷하게 전압도 압력의 일종으로 '여길' 수 있다. 전압이 원하는 방향으로 전류를 밀어내는 일을 기계식 펌프가 물리적 압력으로 물을 밀어내는 일에 빗댈 수 있다. 그러다가 전기에 대해서든 아니면 여러분이 집중하고 싶은 다른 주제에 대해든 좀더 고급 지식을 얻으면 비유를 고치거나 기존의 비유를 버리고 보다 말이 되는 새로운 비유를 만들면 된다.

미적분학의 극한 개념을 익힐 때는 결승선을 향해가는 육상 선수를 상상하면 된다. 선수가 결승선에 가까워질수록 속도는 점점 느려진다. 우리가 실제 극한값에 충분히 가까워질 수 없는 상황은 결코 결승선에 닿지 못하는 육상 선수의 모습을 슬로모션 카메라로 잡는 것과 마찬가지다. 『알기 쉬운 미적분』이라는 얇은 책을 쓴 실바누스 톰슨 역시 이런 방식을 통해 수 세대에 걸쳐 학생들이 미적분을 익히도록 도왔다. 때론 교과서는 온갖 세부 사항에 집중하느라 여러분에게 무엇보다 중요한 큰 그림을 놓치기도 한다. 『알기 쉬운 미적분』 같은 책은 가장 중요한 문제에만 집중하게 이끌어주므로 한번 훑어볼 만하다.

자신을 지금 익히려는 개념으로 상상해보는 것도 도움이 된다. 예컨대 전자가 구리판을 파고드는 것을 여러분이 따뜻하고 보송보송한 슬리퍼를 신은 모습이라고 상상해보자. 아니면 로그방정식의 x 속에 몰래 숨어들어가서 토끼굴에서 머리를 쑥 내밀듯 내다보면 어떤 기분이 들지 상상해보자. (무심코 '0으로 나누기' 같은 짓을 저질러 방정식을 폭파시키지 않게 조심하자.)

달빛 그리고 학교 꿈

저는 언제나 잠들기 전에 공부를 합니다. 그러면 왜인지 모르겠지만 잠들기 직전에 공부했던 내용이 꿈에 나오더라고요. 대부분 이런 '학교 꿈'은 꽤 별나긴 하지만 그래도 도움이 돼요. 예컨대 '운영 연구'라는 과목을 수강할 때는 교점 사이를 왔다갔다 뛰어다니며 가장 짧은 경로를 구하는 알고리즘을 물리적으로 수행하는 꿈을 꿨습니다. 어떤 사람들은 절 두고 미쳤다고 할지도 모르지만 저는 꽤 괜찮은 방법이라고 생각해요. 다른 사람들보다 조금 덜 공부해도 되거든요. 제 무의식이 은유와 비유를 꿈에서 보여주나봐요.

—앤서니 슈토(산업시스템공학과 4학년생)

화학을 공부하면서는 양이온cation을 귀여운 앞발paw을 가지고 긍정적인 양의 속성pawsitive을 지닌 고양이cat라고 생각하고, 음이온anion은 눈물을 나게 하니 부정적인 음의 속성negative을 지닌 양파onion라고 생각해볼 수 있다.

이런 비유나 은유는 결코 완벽하지 않다. 하지만 따지고 보면 모든 과학 분야의 모델들 역시 어느 순간에는 틀릴 수 있는 비유에 불과하다.[2] 하지만 이를 신경쓰지 마라. 비유는(그리고 모델은!) 여러분이 이해하고자 하는 수학이나 과학 분야의 개념이나 과정 이면에 놓인 중심 개념을 물리적으로 이해하는 데 무척 중요하니 말이다. 흥미롭게도 비유나 은유는 아인슈텔룽 효과에서 빠져나오는 데도 유용하다. 즉 어떤 문제를 잘못된 방식으로 생각하던 사람들을 도울 수 있다. 예를 들어 군인들이 한꺼번에 여러 방향에서 어떤 요새를 공격한다는 단순한 이야기는 학생들에게 창의적인 길을 열어주어 학생들은

암세포를 파괴할 때 어느 정도의 저선량 방사선을 쓰는 게 효과적일지 직감적으로 깨달을 수 있다.[3]

그뿐만 아니라 비유는 어떤 개념을 풀로 붙인 듯 단단하게 정신에 붙이는 데도 유용하다. 이미 머릿속에 존재하던 신경 구조를 연결해 주기 때문이다. 마치 기름종이를 위에 대고 패턴을 따라 그리는 과정과 비슷하다. 비유를 통해 개념이 무엇에 대한 것인지를 감잡을 수 있다. 어떤 개념에 대한 적당한 비유나 은유가 떠오르지 않는다면, 종이 한 장을 펼치고 펜이나 연필을 손에 쥐어라. 단어나 그림을 활용해 1~2분 정도 자유롭게 낙서만 해도 적당한 비유를 찾을 것이다.

과학에서의 비유와 시각화

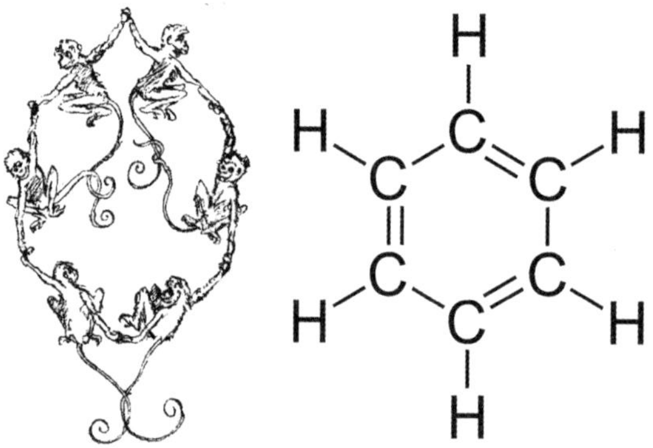

비유 그리고 무언가를 마음의 눈으로 바라보게 하는 시각화는 과학과 공학 분야의 발전에 유례없이 중요한 역할을 도맡았다.[4] 예컨대 1800년대에 화학자들이 분자들로 이뤄진 작은 세계를 상상하고 시각화하면서, 이 분야는

극적으로 발전했다. 벤젠 고리 속 화학 구조를 원숭이들이 꼬리를 문 모습으로 재미있게 그린 왼쪽의 그림은 『독일화학협회 보고서』의 1886년판 패러디에 나온 것이다.[5] 단일 결합은 원숭이가 손을 서로 맞잡은 모습으로, 이중 결합은 맞잡은 손에 더해 작은 꼬리까지 얽힌 모습으로 나타냈음을 주목하라.

개념을 기억하는 데 유용한 간헐적 반복

무언가에 주의를 집중하면 그 대상이 작업 기억에 일시적으로 들어온다. 하지만 이 '무언가'를 작업 기억에서 장기 기억으로 옮기려면, 두 가지 조건이 필요하다. (f=ma을 기억하기 위해서 날아다니는 거대한 노새라는 이미지를 만든 것처럼) 해당 개념을 **기억이 잘 되는** 이미지와 연결해서 이를 **반복**해야 한다. 그렇지 않으면 자연스러운 대사과정이 작은 뱀파이어처럼 새로 생겨난 희미한 신경 연결 패턴을 쪽쪽 빨아먹는다. 이 뱀파이어들이 희미한 신경 패턴을 제거하는 일은 사실 바람직하다. 여러분을 둘러싼 일 중에서 상당수는 쓸데없는 일이다. 그렇기에 그 모든 것을 다 기억했다가는 쓰레기를 못 버리고 쌓아두는 사람처럼 결국 쓸모없는 기억의 거대한 더미에 갇힐 것이다.

반복은 중요하다. 기억할 만한 뭔가를 만들었더라도 이를 반복해야만 그 항목이 장기 기억에 단단히 저장된다. 그렇다면 몇 번이나 반복을 해야 할까? 각 반복 사이에는 얼마나 간격을 둬야 할까?[6] 더 효율적으로 반복하려면 어떻게 해야 할까?

기억하고 싶은 것을 반복하지 않으면, 머릿속 '대사 뱀파이어'가 해당 기억이 단단하게 강화되기 전에 신경 패턴을 쪽쪽 빨아먹어 없앨 것이다.

관련 연구 결과를 통해 쓸 만한 통찰을 얻을 수 있다. 실용적인 예를 하나 들어보자. '밀도'의 개념에 대한 정보를 몇 가지 기억한다고 해보자. 밀도는 ρ라는 재밌게 생긴 그리스 문자로 표현되며(이는 '로'라고 읽는다), '세제곱미터당 킬로그램'이라는 표준 단위로 측정된다.

어떻게 하면 이 정보를 보다 편하고 효율적으로 기억에 단단히 굳힐까? (지금쯤이면 이런 작은 정보 덩어리를 장기 기억에 저장하면 해당 분야에 대해 큰 그림을 그릴 때 도움이 된다는 사실을 알 것이다.)

색인 카드를 집어들고 한 면에 'ρ'라고 적고 반대쪽 면에 나머지 정보를 적을 수 있다. **직접 손으로 적으면 배우고자 하는 내용을 더 깊**

게 부호화(신경 기억 구조로 전환하는 것)할 수 있다. '세제곱미터당 킬로그램'이라고 적는 동안 가로, 세로, 높이가 각각 1미터인 커다란 가방에 숨은 잘 보이지 않는 1킬로그램이란 개념을 상상해볼 수 있다(그저 무게를 느껴보라). 암기하려는 무언가를 기억에 잘 남는 대상으로 전환할수록 다시 상기하기가 더 쉬워진다. 아니면 단어와 그 뜻을 큰 소리로 말해 해당 내용에 대해 청각적인 연결고리를 만들어도 좋다.

이런 다음 'ρ'라고 적힌 카드만 보면서 반대쪽 면에 뭐라고 적혔는지 떠올려보아라. 만약 기억나지 않으면 카드를 뒤집어서 기억해야 할 내용을 스스로에게 상기시킨다. 제대로 기억한다면 카드를 치워도 된다.

이제 다른 활동을 해보자. 또다른 카드를 준비해 아까처럼 혼자서 시험해보자. 카드가 여러 장 있다면 죽 훑어보면서 내용을 기억하는지 확인하자. (앞서 살핀 인터리빙 학습법이다.) 조금 헤매고 헷갈린다 해도 당황하지 말자. 일단 카드를 활용한 학습을 어느 정도 마치면 카드를 아예 치워라. 잠시 머리를 식혔다가 잠들기 전에 다시 꺼내보자. 잠을 자는 동안 머릿속에서 패턴과 정보 조각을 반복해 곱씹는다는 사실을 명심하자.

이후 며칠에 걸쳐 외우고자 하는 내용을 짧게라도 반복하자. 매일 아침이나 저녁 시간에 몇 분간 복습하고, 가끔은 카드 순서도 바꾸자. 반복하는 시간 간격을 조금씩 늘려 해당 내용이 머릿속에 단단히 자리잡히게 만들자. 이렇게 복습 간격을 늘리면서 점차 특정 분야에 숙달이 되면 익히려는 내용이 더욱 확실히 머릿속에 자리잡을 것이다.[7] ('안키' 같은 훌륭한 플래시카드 프로그램에는 복습 간격을 며칠에서 몇 달까지 두고 반복시키는 알고리즘이 내장되어 있다.)

흥미롭게도, 다른 사람의 이름을 기억하는 가장 좋은 방법은 처음 이름을 들은 날부터 점차 간격을 늘려가며 그 사람의 이름을 머릿속에서 끄집어내는 것이다.[8] 아예 복습을 안 하면 금방 기억이 희미해지거나 잊힌다. 머릿속 대사 뱀파이어들이 기억을 잇는 연결고리를 빨아먹기 때문이다. 그러므로 **시험을 앞두고 복습을 할 때는 어떤 내용을 그냥 건너뛸지 신중하게 결정해야 한다. 관련된 기억이 남아 있다 해도 복습을 하지 않으면 그 기억이 손상되기가 쉽다.**[9]

간헐적 반복: 학생과 교수 모두에게 유용한 방법!

저는 학생들에게 며칠 또는 몇 주에 걸쳐 간헐적 반복 학습을 하라고 조언해줘요. 분석적인 공학 수업뿐 아니라 고대 공학사 수업 시간에도요. 낯선 인명과 용어를 암기할 때는 며칠에 걸쳐 반복하는 게 최선입니다. 실제로 저는 강의를 준비할 때도 정확히 이렇게 하죠. 용어들을 며칠 동안 큰 소리로 읽어서 수업 시간에 자연스럽게 그 용어가 입밖으로 나오게 하죠.

—파비안 하디프리오노 탄(오하이오주립대 토목공학과 교수)

한번 해보자!

비유를 활용한 학습

지금 배우고 있는 개념을 떠올려보자. 여러분이 공부하는 분야와 완전히 다른 분야에 그 개념과 비슷한 과정이나 개념이 있는가? 그 개념에 대한 유용한 비유도 찾아보자. (약간 엉뚱해서 재미있는 비유라면 더 좋다!)

의미가 생기도록 항목을 모아라

암기를 할 때 핵심적인 요령을 또하나 소개하자면, 비슷한 항목끼리 모아 해당 내용을 단순화하면 좋다. 뱀파이어를 쫓는 네 가지 식물인 마늘garlic, 장미rose, 산사나무hawthorn, 겨자mustard를 암기한다고 해보자. 이 단어들의 앞 글자를 따면 GRHM이 된다. 그러니 이제 그레이엄Graham 크래커의 이미지만 떠올리면 이 네 가지를 쉽게 기억할 수 있다. (기억의 궁전에 놓인 식탁에서 이 크래커를 가져와 모음을 툭툭 털어낸다고 상상하면 더 좋다.)

숫자는 기억에 남는 사건과 연결 지으면 훨씬 쉽게 외울 수 있다. 예컨대 1965년을 외워야 한다면 친척 가운데 누군가가 이 해에 태어났다고 연결하는 식이다. 아니면 그 숫자를 익숙한 숫자체계와 연계해도 된다. 예컨대 11초라는 시간은 100미터 달리기 기록으로는 꽤 괜찮다. 아니면 75란 숫자는 만들려고 하는 스키 모자를 뜨개질할 때 필요한 코의 개수일 수 있다. 개인적으로 나는 어떤 숫자를 내가 그 나이였을 때, 또는 그 나이가 되었을 때의 감정과 연결 짓는다. 18이란 숫자는 쉬운 편이다. 내가 세상에 처음 발을 내디딘 나이이니 말이다. 그리고 104라는 숫자를 보면 늙었지만 행복한 증조할머니가 된 내 모습이 떠오른다.

여러 학문 분야에서 **암기용 문장**을 활용해 학생들이 개념을 쉽게 외우게끔 돕는다. 암기해야 하는 목록의 항목 첫 글자를 따서 문장을 만드는 식이다. 예컨대 의학계에는 이런 암기용 문장들이 무척 많이 전해져온다. 예컨대 손목뼈의 이름을 '호시탐탐 파트라슈'라고 암기하는 식이다.

십진법에서 10의 배수만큼 숫자가 늘어날 때 붙는 접두어를 외우는 문장도 있다. '헨리왕은 초콜릿 우유를 마시다가 죽었다King Henry died while drinking chocolate milk'라는 문장이다. 이 문장을 통해 1000kilo, 100hecto, 10deca, 1, 0.1deci, 0.01centi, 0.001milli을 차례대로 암기할 수 있다.

시간이 지나면서 이런 암기 요령의 유용성이 입증되었다. 흔히 사용되는 무언가를 암기해야 하는 상황이라면, 누군가가 고안한 암기법이 없는지 인터넷에 한번 검색해보자. 아니면 직접 암기용 문장을 만들어봐도 좋다.

암기용 문장을 실제 지식과 혼동하지 말자

화학 분야에는 '스티바크 망철코니 구아'라는 암기용 문장이 있습니다. 주기율표에서 전이금속의 첫번째 줄(스칸듐, 타이타늄, 바나듐, 크로뮴, 망가니즈, 철, 코발트, 니켈, 구리, 아연)을 외우기 위한 구절이죠. 나머지 전이금속들은 또다른 암기용 구절이나 요령으로 주기율표의 빈칸을 채워넣을 수 있습니다. 예컨대 학생들은 구리, 은, 금이 모두 동전을 만드는 데 쓰이니 은과 금은 구리와 같은 세로줄에 위치한다는 식으로 암기합니다.

불행히도 몇몇 학생들은 정말 셋 다 동전을 만들 때 써서 이들 금속이 같은 세로줄에 놓인다고 오해합니다. 화학적인 특성이 비슷하고 원자가가 유사해서 그런 건데도 말이죠.

이처럼 학생들은 암기용 문장을 실제 지식이라고 착각할 수 있습니다. 기억을 돕고자 활용하는 은유나 비유를 실제 지식과 혼동하지 않게 항상 조심해야 합니다.

—윌리엄 피에트로(요크대 화학과 교수)

이야기 만들기

앞서 살폈던 항목들에서 아주 짧게 만들더라도 이야기를 의미 있게 만들려고 했음을 주목하라. 불쌍한 헨리왕은 그 초콜릿 우유를 마시지 말았어야 했다! 일반적으로 스토리텔링은 오랫동안 정보를 기억하고 유지하는 핵심적인 방법이다. 요크대에서 과학사와 공학사를 가르치는 베라 파브리 교수는 학생들에게 수업 시간에 배우는 내용을 단지 대학 강의라고 생각하지 말고 줄거리와 등장인물, 토론거리를 갖춘 이야기로 생각하라고 말한다. 수학과 과학 분야에서 최고 강의는 종종 스릴러처럼 구성된다. 흥미를 돋우는 문제에서 시작해 이를 해결해야 하는 과정이기 때문이다. 만약 선생님에게서 혹은 교과서에서 답을 알아내고 싶게 만드는 질문을 찾을 수 없다면, 직접 질문을 찾아 스스로 답을 하면 된다.[10] 암기를 돕는 이야기의 중요성을 잊지 말라.

손으로 직접 써라!

저를 찾아오는 학생들에게 손과 두뇌는 직접 연결되니까 필기 내용을 다시 옮겨 쓰거나 노트를 정리하면 많은 내용을 보다 작고 소화 가능한 덩어리로 쪼갤 수 있다고 강조하곤 합니다. 많은 학생들이 필기 내용을 워드 문서나 슬라이드로 타이핑해 정리하는 걸 선호합니다. 그 학생들이 학습 때문에 힘들어할 때 저는 타자를 치지 말고 직접 써보라고 먼저 권하죠. 이 조언을 받아들인 학생들은 바로 다음 장부터 곧장 효과를 봅니다.

—제이슨 드챈트 박사(피츠버그대 간호대학 건강증진 및 개발 과정 감독자)

근육 기억

손으로 카드를 작성하면 내용을 머릿속에서 시멘트처럼 단단히 굳힐 수 있다는 사실을 앞서 언급했다. 이 분야에 대한 연구는 거의 이뤄지지 않았지만,[11] 많은 교육자들이 손으로 글을 쓰는 행동과 연결되는 일종의 근육 기억이 존재하는 듯하다고 말한다. 예컨대 어떤 방정식을 처음 접할 때는 아무 의미 없는 공식처럼 보인다. 하지만 종이에 이 방정식을 여러 번 꾹꾹 눌러 적다보면, 그 방정식이 머릿속에서 생명과 의미를 얻게 된다. 이와 같은 맥락에서 몇몇 학생들은 문제나 공식을 큰 소리로 읽다보면 이해가 더 잘 된다고 말한다. 하지만 어떤 공식을 수백 번씩 쓰지는 말아라. 처음 몇 번 적는 건 도움이 되지만 어느 정도 시간이 지나면 기계적인 연습이 될 뿐이다. 그 시간에 다른 일을 하는 편이 낫다.

혼잣말을 해보자

저는 학생들에게 교과서에 강조 표시를 하고 재독하기보다는 혼잣말을 해보라고 얘기합니다. 그러면 학생들은 '무슨 말도 안 되는 소리를 하는 거지' (사실은 어느 정도 맞는 말이고요) 하며 의아하게 절 바라보죠. 하지만 꽤 많은 학생들이 나중에 찾아와서는 그 방법이 정말 효과적이었고, 이제는 이 방법을 잘 활용하고 있다고 말한답니다.

—디나 미요시(샌디에이고 메사칼리지 심리학과 조교수)

진짜 근육 기억

기억력을 향상시키면서 전반적인 학습 역량을 진심으로 키우고 싶은가? 그렇다면 운동이 가장 효과적일 것이다. 최근 동물과 인간을 대상으로 진행한 실험에 따르면, 규칙적으로 운동을 하면 기억력과 학습 역량이 상당히 개선된다고 한다. 기억과 관련된 영역에 새로운 뉴런을 만드는 데 운동이 한몫하는 듯하다. 그뿐만 아니라 운동을 하면 새로운 신경 전달 경로가 만들어지기도 한다.[12] 달리기, 걷기 같은 운동과 근력 운동이 다르듯, 각기 다른 유형의 운동은 조금씩 다른 효과를 일으키는 듯하다. 하지만 유산소 운동이든 무산소 운동이든 학습과 기억력 향상에는 서로 비슷하게 강력한 효과를 보였다.

보다 빨리 전문가로 이끌어주는 암기 요령

핵심은 다음과 같다. 무언가를 기억하기 위해 단어 대신 머릿속 이미지를 활용하면 보다 쉽게 어떤 분야의 전문가로 발돋움할 수 있다. 바꿔 말하면 수학과 과학 분야에서 개념을 시각적으로 처리하는 법을 배우면 용이하게 그 분야에 숙달한 사람이 될 수 있다.[13] 여기에 다른 암기 요령들을 함께 활용하면 학습력과 암기력이 상당히 향상된다.

순수주의자들은 공부할 때 이런 별난 암기 기술을 사용하는 게 진정한 배움이 아니라고 반박할지도 모른다. 하지만 연구 결과에 따르면, 이런 요령을 활용하는 학생들이 그렇지 않은 학생들보다 성적이 좋았다.[14] 더구나 어떻게 특정 분야의 전문가가 되는지를 다룬 영상 연구에 따르면, 이런 암기 요령들은 정보 덩어리와 큰 그림의 틀을 얻는 속도를 높여줘 초심자가 훨씬 빠르게, 가끔은 몇 주 안에도 그 분야의 준전문가가 될 수 있었다.[15] 암기 요령은 작업 기억을 확장해 장기 기억을 보다 쉽게 활용하게 해준다.

게다가 암기과정 자체가 창의력을 발휘하는 연습이 된다. 이러한 혁신적인 기법을 더 많이 활용할수록, 여러분의 창의력은 더 높아진다. 개념을 처음으로 내면화하면서 동시에 예상하지 못한 미래의 연결고리를 위한 가능성을 미리 만들어두는 셈이 되기 때문이다. '기억 근육'을 활용해서 연습을 많이 할수록 더 쉽게 기억하게 된다. 방정식을 연상시키는 이미지를 만들고 이를 기억의 궁전에 놓인 부엌 싱크대에 배치하는 데 처음에는 15분이 걸렸다 해보자. 하지만 나중에는 비슷한 일을 수행하는 데 몇 분이나 몇십 초밖에 걸리지 않는다.

내용의 핵심 측면을 내면화할 때 시간은 보다 적게 걸리면서도 훨씬 깊게 이해하게 된다는 사실도 깨달을 것이다. 단순히 책만 훑어봤을 때보다 공식의 의미를 훨씬 깊게 이해할 것이다. 그리고 이런 공식들을 시험에서나 실생활에서 보다 효율적으로 적용할 것이다.

배우들의 대본 암기법에 대한 연구에 따르면, 배우들은 내용을 그저 달달 암기하지 않는다고 한다. 대신 그들은 대사를 암기하기 위해 등장인물의 동기와 욕구를 이해하려고 노력한다.[16] 마찬가지로, 암기를 할 때는 무엇보다도 공식이나 해답이 실제로 무슨 뜻인지 이해하는 게 중요하다. 이해는 암기과정에도 많은 도움을 준다.

자신은 그렇게 창의적인 사람이 아니라고 반박할지도 모른다. 방정식이나 이론에는 여러분의 이해와 암기를 돕는 대단한 포부나 세심한 감정이 담겨 있지 않아서 힘들다고 말이다. 하지만 여러분의 머릿속에는 두 살짜리 아이가 있다는 걸 명심하라. 아이 같은 천진한 창의력이 여러분에게 아직 존재한다. 거기까지 도달만 하면 된다.

도움이 되는 암기 요령

저는 공학 학위를 따면서 긴급 의료원 자격증 시험도 준비중이었어요. (시험까지 겨우 두 달 남았었죠!) 이 시험 때문에 성인이나 소아 환자에게 쓰는 수많은 약과 그 복용량을 암기해야 했습니다. 처음에는 방대한 양에 압도되었고, 그 지식이 사람의 생사를 좌우한다는 사실이 부담스러웠어요. 하지만 곧 학습을 수월하게 해줄 약간의 요령을 발견했죠. 예컨대 라식스라고도 불리는 푸로세미드라는 약은 몸에 축적된 수분을 제거하는 역할을 합니다. 이 약의 복용량은 40밀리그램이라는 걸 기억해야 했죠. 다행히 4-0라는 숫자의 생김새가 푸로세미드furosemide와 비슷하게 보였습니다. 이런 식으로 하면 머릿속에 개념과 지식을 단단히 쌓을 수 있죠. 지금은 두 번 생각할 필요도 없이 이 내용이 자동으로 튀어나옵니다. 정말 대단하죠.

—윌리엄 콜러(기계공학과 2학년생)

한번 해보자!

학습을 도와주는 노래

수업 시간에 외워야 하는 등식, 적분 공식, 과학 공식을 기억하기 쉽게 노래를 만들어보자. 어떤 요령을 통해서든 간에 중요한 개념을 암기하면 보다 복잡한 문제를 쉽고 빠르게 풀 수 있다.

요약

- 비유와 은유는 어려운 개념을 보다 빨리 배우게 해준다.
- 반복은 기억하고자 하는 내용이 머릿속에서 희미해지기 전에 이를 단단히 다질 수 있기 때문에 중요하다.
- 의미 있는 방식으로 무리 짓거나 축약을 하면 배우고자 하는 내용을 단순화하고 이를 덩어리지어 더욱 쉽게 기억할 수 있다.
- 조금 유치해 보이는 암기법일지라도 배우고자 하는 내용을 이야기로 만들면 더 쉽게 기억된다.
- 배우고자 하는 내용을 손으로 쓰거나 입 밖으로 소리 내어 말하다보면 기억이 향상된다.
- 운동은 머릿속에서 뉴런이 자라 새로운 연결고리를 형성하는 데 강력하고 중요한 수단이다.

잠깐 멈춰 복습하기

무언가를 배웠던 장소가 아니라 다른 곳에서 내용을 떠올려보는 게 얼마나 중요한지를 유념하라. 이번 장의 핵심 내용을 상기할 때 이 기법을 활용해보자. 사람들은 가끔 무언가를 처음 공부했던 장소의 분위기를 떠올린다. 포근한 안락의자의 푹신한 쿠션, 카페 벽에 걸려 있던 그림, 거기서 흘렀던 특정 음악을 떠올리는 것도 기억의 실마리를 제공한다.

배운 내용 다지기

1. 종이 한 장을 꺼내 현재 이해하고자 애쓰는 수학과 과학 개념에 관한 시각적 비유나 언어적 비유를 끼적여보자.
2. 현재 읽고 있는 수학이나 과학 책의 한 챕터를 살펴보자. 해당 내용을 더 배우고 싶게 이끌 만한 질문을 던져보자.
3. 잠들기 전에 학습하는 내용을 머릿속에서 복습해보자. 이 과정의 효율을 높이려면 아침에 눈을 뜨자마자 같은 내용을 떠올려보는 게 좋다.

12장

스스로의 재능을 알아보는 법

직관적인 이해를 위한 공부

우리는 스포츠를 통해 수학과 과학의 공부법을 많이 배울 수 있다. 야구를 예로 들어보자면, 결코 하루아침에 야구 경기에서 안타를 칠 수 없다. 몇 년에 걸쳐 배트를 수없이 휘두르다보면 완벽한 스윙을 하게 된다. 순조롭게 반복하다보면 근육 기억이 만들어져 몸이 한 번만 생각하고도(하나의 정보 덩어리만 처리하고도) 무엇을 해야 할지 알게 된다. 공을 치겠다고 복잡한 단계를 전부 상기할 필요는 없다.[1]

이처럼 일단 수학과 과학 분야에서 무언가를 왜 해야 하는지를 이해하면, 그것을 어떻게 할지를 매번 다시 납득하지 않아도 된다. 10×10=100이라는 사실을 이해하기 위해 매번 주머니에 콩이 백 개

들었다고 가정한 뒤 이를 열 개씩 열 줄로 정렬할 필요가 없어진다. 어떤 단계에서는 그저 기억을 해서 알 뿐이다. 예를 들어 $10^4 \times 10^5 = 10^9$처럼 밑이 같은 숫자들을 곱할 때는 숫자 위에 쓰인 위첨자인 지수를 단순히 더하기만 하면 된다는 사실을 외웠다. 여러 유형의 문제를 풀면서 이 연산을 여러 번 활용하다보면, 선생님이나 교과서의 설명만 단순히 접하며 배울 때보다는 이 연산을 왜 그리고 어떻게 하는지에 대해 훨씬 더 잘 이해하게 된다. 누가 말해준 것을 받아들이는 경우보다 자신의 머릿속에서 의미의 패턴을 구축할 때 이해도가 더욱 높아진다. 명심해라. 사람들은 자기가 받아들인 정보를 스스로 이해하려고 노력하는 과정에서 배운다. 누군가의 말을 듣기만 해서는 복잡한 무언가를 배울 수 없다. (수학 선생님들 말마따나 "수학은 관람하는 경기가 아니다".)

체스 고수, 응급실 의사, 전투기 비행사를 비롯한 여러 분야의 전문가들은 종종 복잡한 결정을 빠르게 내려야 한다. 이때 이들은 자신의 의식체계를 차단하고 잘 훈련된 직관에 의존해 마음 깊은 곳에 각인된 정보 덩어리들의 목록을 꺼낸다.[2] 어떤 지점에서는 무언가를 왜 해야 하는지를 의식적으로 '이해'하려는 과정이 의식의 흐름을 늦추고 방해해 결국 더 나쁜 결정을 하게 만든다.

교사들과 교수들은 무심코 규칙에 지나치게 얽매인다. 이에 관한 흥미로운 연구 하나를 살펴보자. 여섯 명의 사람이 심폐소생술을 하는 모습을 영상으로 촬영했는데 그 가운데 한 명만 전문 구급요원이었다.[3] 연구자들은 전문 구급요원들에게 그중에서 누가 진짜 구급요원인지 추정해보라고 했다. 그러자 90퍼센트는 누가 '진짜' 전문 구급요원인지 제대로 맞혔다. 그들은 "저 사람은 자기가 지금 뭘 하고 있는지 아는 것 같아요"라고 그 이유를 들었다.[4] 반면 심폐소생술 강사들은 겨우 30퍼센트만 진짜 전문 구급요원을 알아맞혔다. 이 까다로운 이론가들은 영상 속 진짜 전문가들이 멈출 시간을 재지 않았다거나 손을 어디 올렸다 같은 문제를 지적했다. 규칙을 정확하게 따르는 일은 현장 전문가보다 강사들에게 더 의미가 있었다.

일단 수학과 과학 분야에서 무언가를 왜 해야 하는지를 이해했다면, 어떻게 하는지를 다시 설명할 필요는 없다. 이렇게 너무 많은 것을 생각하다보면 숨이 막힌다.

천재를 부러워할 필요는 없다

올림픽에 출전하는 육상 선수들이 주말에 몇 시간 조깅을 하거나 여가 시간에 바벨을 몇 번 드는 식으로 실력을 쌓지 않는 것처럼 체스 그랜드마스터들도 벼락치기로 머릿속 신경 연결고리를 만들지 않는다. 대신 이들은 오랜 시간에 걸쳐 조금씩 기초 지식을 쌓고 큰 그림의 맥락에서 지식을 이해하게끔 수없이 연습한다. 이런 연습은 기억 흔적을 장기 기억의 저장고에 새겨넣으며, 필요할 때 이곳에서 신경 패턴에 빠르고 수월하게 접근할 수 있다.[5]

체스 챔피언 망누스 칼센의 이야기로 되돌아가보자. 그는 시간제한이 있는 스피드 체스 경기뿐 아니라 일반 체스 경기를 할 때도 두뇌 회전이 빠른 천재였다. 칼센은 과거에 진행됐던 체스 경기의 수천 가지 패턴을 놀라울 만큼 많이 파악했다. 종반전에 체스판 위 말들의 배열만 보고도 지난 수백 년 동안 진행된 만 번 이상의 체스 경기 가운데 어느 경기와 동일한지 곧바로 알아챌 정도였다. 바꿔 말하면, 칼센은 가능한 해법 패턴을 방대하게 덩어리 지어 머릿속에 도서관을 구축해뒀다. 그 결과 지금 마주한 상황과 비슷한 상황에서 과거의 누군가가 어떻게 대처했는지 그 정보 덩어리를 빠른 속도로 샅샅이 뒤질 수 있었다.[6]

칼센은 과거나 현재의 웬만한 체스 선수보다는 뛰어났지만 그렇다고 해서 유별나게 비범한 건 아니다. 체스 그랜드마스터들은 수천 가지의 정보 덩어리 패턴을 만들기 위해 최소 10년은 연습하고 공부를 한다.[7] 이렇게 하면 머릿속 패턴을 손쉽게 끄집어내 경기가 어떻게 전개되든 아마추어보다 훨씬 빠르게 핵심 요소를 곧장 알아챌 수 있었다. 그랜드마스터들은 어떤 상황에서든 최고의 수를 두기 위한 직관을 재빠르게 발휘하도록 전문적인 안목을 기른다.[8]

하지만 잠깐. 이런 체스 마스터들이나 여섯 자리 수를 암산으로 곱할 수 있는 사람들은 그러한 재능을 타고난 천재가 아닐까? 꼭 그렇지는 않다. 솔직히 대답하자면 물론 지능이 중요하긴 하다. 머리가 좋으면 보통 작업 기억이 뛰어나다. 보통 사람처럼 네 개의 슬롯이 아니라 아홉 개의 슬롯을 가져서 한번에 많은 정보를 담을 수 있고, 마치 성난 불독처럼 달려들어 지식과 정보를 물고 늘어지기도 해서 수학과 과학을 보다 쉽게 공부할 수 있다.

그런데 그런 사람들은 창의력을 기를 때 더 고생을 한다.

왜 그럴까?

이는 우리의 오래된 친구이자 적, 아인슈텔룽 효과 때문이다. 이미 머릿속에 든 정보가 새로운 사고를 가로막는 것이다. 뛰어난 작업 기억이 생각을 너무나 단단히 붙잡기 때문에 새로운 생각이 쉽게 비집고 들어가지 못한다. 이렇게 주의 집중력이 엄격하게 통제되는 사람들은 가끔 주의력결핍 과잉행동장애인 사람들처럼 머릿속에서 신선한 공기를 쐬게 되기도 한다. 즉 여러분이 바라지 않는데도 주의 집중의 대상을 바꿔버린다. 복잡한 문제를 해결할 줄 아는 사람들은 단순한 문제도 지나치게 오래 생각한다. 그 결과 간단하고 분명한 답 대신 비비 꼬인 복잡한 답을 향해간다. 연구 결과에 따르면 똑똑한 사람들은 복잡한 수풀 속에서 헤매지만 지능이 낮은 사람들은 풀을 베어버리는 식으로 단순한 해법을 통해 더 쉽게 길을 찾아간다.[9]

무엇을 아느냐보다 어떻게 생각하느냐가 중요하다

제 경험상 GRE 점수와 나중에 거두는 직업적인 성공은 거의 반비례했습니다. 실제로 제자들 가운데 GRE 점수가 무척 낮았던 수많은 학생이 큰 성공을 거뒀습니다. 소위 '천재'라는 학생들 가운데 놀랄 만큼 많은 수가 어떤 이유에서인지 곁길로 빠져 실패했고요.[10]

—빌 제틀러(플로리다대 생물학과 교수,
학생 지도 경험이 풍부한 올해의 강의상 수상자)

여러분이 한 번에 여러 가지를 생각할 수 없는 유형이라면 수업 시간에 잘 집중하지 못하고 공상을 할 것이다. 그리고 작업 기억을 최대한 활용하기 위해 집중이 잘 되는 조용한 곳을 찾을 것이다. 여러분이 그런 사람이라면 창의력이 높은 부족의 일원이 된 걸 환영한다. 작업 기억의 용량이 다소 적은 사람은 배운 내용을 새롭고 더 창의적인 조합으로 더 쉽게 일반화할 수 있다. 이런 경우 전전두엽 피질의 집중력에서 비롯한 작업 기억이 모든 것을 단단하게 매어두지 못하기 때문에, 두뇌의 다른 부위에서 정보를 보다 쉽게 받아들이게 된다. 감각 피질을 비롯한 이 다른 부위는 주변 환경에서 일어나는 일과 조화를 잘 이룰 뿐 아니라 창의적인 아이디어는 물론이고 꿈의 원천이 되기도 한다.[11] 작업 기억의 용량이 작으면 가끔은 내용을 이해하고 주변에 무슨 일이 벌어지는지 알기 위해 더 열심히 노력하거나 더 많은 시간을 들여야 할 수도 있다. 하지만 정보 덩어리를 만들고 나면 그 덩어리를 이리저리 굴리면서 상상도 못했던 속도로 창의적인 방식으로 다룰 수 있다.

여기 머릿속 정보 덩어리에 대한 또다른 중요한 사실이 있다. 지성의 보루라고 할 법한 체스계에서도 몇몇 **엘리트 선수들의 지능 지수는 평균 정도**다. 지능 지수가 중간 정도인 이 선수들은 연습을 더 많이 하기 때문에 지능 지수가 높은 선수들보다 기량이 더 뛰어나다.[12] 바로 이게 핵심이다. 실력이 보통이든, 엘리트든 간에 모든 체스 선수들은 연습을 통해 재능을 키운다. **연습, 특히 가장 까다로운 측면에 의도적으로 집중해서 연습을 진행하면 보통의 두뇌를 가진 사람들도 뛰어난 지능을 '타고난' 사람들의 영역으로 올라설 수 있다.** 웨이트 리프트 트레이닝을 하다보면 근육이 커지는 것과 마찬가지로 특정 정신 패턴을 연습하다보면 여러분의 정신 패턴은 확장되고 깊어진다. 흥미롭게도 이런 연습은 작업 기억을 확장하는 데도 좋다. 연구자들에 따르면, 연습을 통해 점점 더 긴 자릿수의 숫자를 반복적으로 외우다보면 작업 기억이 향상되는 것처럼 보인다고 한다.[13]

타고난 재능을 가진 사람들은 그들만의 고충이 있다. 지능이 아주 뛰어난 아이들은 가끔 주변에서 따돌림을 당해 자신의 재능을 감추거나 억누르는 법을 배우게 된다. 이 경우 원상태로 돌리기가 힘들다.[14] 또 똑똑한 사람들은 좋든 나쁘든 모든 복잡한 상황을 쉽게 상상할 수 있기 때문에 고생을 한다. 지능이 엄청나게 뛰어난 사람들은 평범한 사람보다 많이 일을 미룬다. 어린 시절부터 그런 방식이 늘 통했기 때문이다. 즉 이들은 어린 시절에 필수적인 삶의 기술을 잘 익히지 못했을 가능성이 높다.

재능을 타고난 사람이든, 기본 지식을 다지고 익히기 위해 고투해야 하는 사람이든, 자신이 능력은 없으면서 요행에 기대는 사람처럼 느껴진다면 여러분만 그런 게 아니라는 사실을 깨달으면 좋겠다. 시험을 우연히 잘 봤다면 다음 시험에서 친구들이나 가족들이 결국 여러분의 무능함을 알게 될 것이라고 생각한다. 이런 감정은 발에 챌 듯이 흔하기 때문에 이런 현상을 '가면 현상'이라고 부르기도 한다.[15] 스스로가 무능하다는 이런 기분에 시달린다면, 상당히 많은 사람들이 내심 그렇게 생각한다는 걸 명심하라.

사람들의 재능은 각기 다르다. 옛 속담처럼 '하나의 문이 닫히면 또다른 문이 열린다'. 당당하게 고개를 들고 열린 문을 바라보자.

무한을 향해 나아가기

몇몇 사람들은 직관적인 분산모드의 사고방식이 우리의 영성과 보다 더 조화를 이룬다고 생각한다. 그리고 분산모드가 증진시키는 창의력은 가끔 인간의 이해 범위를 넘어서는 듯하다.

앨버트 아인슈타인은 이렇게 말했다. "인생을 사는 방식은 두 가지뿐이다. 하나는 삶에 기적이 전혀 없다는 듯이 사는 것이다. 다른 하나는 모든 게 기적이라고 믿는 것이다."

스스로를 과소평가하지 말자

저는 학교에서 과학 올림피아드에 나갈 학생들을 지도합니다. 저희 학교는 지난 9년 동안 주 대회에서 여덟 번 우승했죠. 올해는 주 대회에서 1점 차이로 우승을 놓쳤지만, 그래도 전국 대회에서 10위 안에 듭니다. 그런데 제 경험상 (모든 과목에서 A+를 받는) 최상위권 학생들은 지식을 머릿속에서 잘 다룰 줄 아는 학생들보다는 과학 올림피아드 같은 중압감 있는 대회에서 좋은 성적을 못 거두더라고요. 최상위권 바로 아래인 학생들은 최상위권 학생들보다는 자기 머리가 나쁘다고 생각하곤 합니다. 하지만 저는 겉보기에 성적이 약간 뒤처져도 올림피아드가 요구하는 것처럼 혼자서 창의적으로 사고할 수 있는 학생들을 대회에 데려갑니다. 최상위권 학생들은 문제가 머릿속에 암기한 정보 덩어리와 정확히 맞아떨어지지 않으면 허둥대더라고요.

—마크 포터(미라로마고등학교 생물 교사)

요약

- 어떤 내용에 대한 정보 덩어리를 잘 만들고 나면 모든 세부 사항을 의식하지 않고 작업을 자동적으로 척척 해내게 된다.
- 주변 학생들이 학습 내용을 훨씬 빨리 익힐 경우 주눅들 수도 있다. 하지만 '평균적인' 학생들이 진취성이나 일을 끝까지 마치는 능력, 창의력 측면에서는 때론 더 뛰어나다.
- 창의력을 발휘하려면 완전히 주의 집중을 기울인 상태에서 마음을 느긋하게 먹고 공상하는 분산모드로 전환할 줄 알아야 한다.
- 지나치게 골똘히 궁리하다보면 해답을 발견하는 과정에 방해를

받을 수 있다. 나사를 못이라고 착각하고 거기에 망치질을 하는 것처럼 말이다. 문제를 풀다가 난관에 부닥치면 잠깐 그 문제에서 벗어나 다른 일로 넘어가자. 아니면 하룻밤 푹 자고 다시 들여다보는 게 때론 최선이다.

잠깐 멈춰 복습하기

책을 덮고 다른 곳으로 눈길을 돌려보자. 이번 장의 핵심 내용은 무엇인가? 지금껏 읽은 이 책 전체의 핵심 개념에 대해서도 생각해보자.

배운 내용 다지기

1. 살면서 끈기가 빛을 발하고 결실을 맺었던 분야가 있었는가? 끈기 있게 해보고 싶은 새로운 분야가 있는가? 더듬더듬 길을 찾는 것처럼 느껴지는 힘든 시기를 대비한 대안이 있는가?
2. 중요한 강의를 듣는 것처럼 집중해야 할 활동을 방해한다며 사람들은 공상에서 벗어나려고 한다. 여러분에게 잘 맞는 방식은 무엇인가? 애써서 주의 집중을 계속 유지하는 것인가, 아니면 집중이 잘 되지 않을 때는 지금 관심 있는 다른 문제로 관심을 돌리는 것인가?

느리게 배우는 학생에서 슈퍼스타가 된 닉 애플야드의 이야기

닉 애플야드는 항공우주, 자동차, 에너지, 생의학을 비롯한 여러 경제 분야에서 두루 사용되는 고급 시뮬레이션 도구를 개발하고 지원하는 한 첨단 기술 회사의 부사장으로 미국 기업계를 이끌고 있다. 그는 영국 셰필드대에서 기계공학 학위를 받았다.

"어린 시절 저는 배우는 속도가 느렸어요. 문제 있는 아이로 여겨졌고 이 꼬리표가 저에게 큰 영향을 주었죠. 선생님들은 저를 완전히 포기했고 앞으로 성공할 가망이 없는 아이로 취급했어요. 설상가상으로 저희 부모님들 또한 학습 진도가 더딘 저 때문에 좌절하셨죠. 큰 대학병원에서 부장 의사로 계시던 아버지가 특히 많이 실망하셨어요. (아버지 역시 어린 시절에 저와 비슷한 문제를 겪었다는 사실을 나중에 알게 되었지만요.) 인생의 모든 분야에서 자신감을 꺾이는 악순환이 반복되었어요.

뭐가 문제였을까요? 저는 수학이, 그리고 분수, 구구단, 긴 나눗셈, 대수학 같은 그와 조금이라도 관련된 모든 게 싫었습니다. 지겨운데다 왜 배워야 하는 건지 이해도 안 됐어요.

그러던 어느 날 뭔가 변화가 일어났습니다. 당시에는 깨닫지 못했지만 말이죠. 아버지가 집에 컴퓨터를 가져오신 겁니다. 모두가 하고 싶어할 만한 컴퓨터 게임을 만들어 하룻밤 사이에 백만장자가 된 십대들의 이야기를 들은 적이 있었어요. 저도 그렇게 되고 싶었죠.

저는 프로그램을 더 열심히 읽고 연습하고 만들었습니다. 전부 어느 정도는 수학과 연관이 됐죠. 결국 영국의 한 유명 컴퓨터 잡지에 제 프로그램 가운데 하나가 소개됐습니다. 정말 흥분되는 순간이었죠.

이제 저는 차세대의 자동차를 설계하고 우주로 로켓을 발사하고 사람의 몸에 대해 분석하는 데 수학이 어떻게 활용되는지를 날마다 봅니다.

수학은 더이상 아무 의미가 없는 분야가 아닙니다. 경이로움과 엄청난 직업적 기회의 원천이죠!"

13장

두뇌를 조각하기

열한 살인 산티아고 라몬 이 카할은 이번에는 작은 대포를 만들어 이웃집에서 새로 만든 큼직한 나무 대문을 박살내버렸다. 1860년대 스페인 시골 지방에서는 이렇게 말썽을 부리는 비행 청소년을 다룰 선택지가 별로 없었기에 어린 카할은 벼룩이 들끓는 교도소에 갇히게 됐다.

카할은 고집이 세고 반항적이었다. 카할이 엄청나게 열정을 쏟는 분야가 딱 하나 있다면 그림이었다. 하지만 그림을 그려서 어떻게 먹고살겠는가? 게다가 카할은 미술 과목 말고 다른 과목에는 전혀 관심이 없었다. 쓸모없다고 판단한 수학과 과학에는 더 그랬다.

카할의 아버지 돈 후스토는 아무 배경도 없이 자수성가한 엄격한 사람이었다. 귀족 가문처럼 편하게 먹고살 수는 없었다. 돈 후스토는

산티아고 라몬 이 카할은 신경계의 구조와 기능에 대한 이해를 넓히는 데 지대한 공헌을 해 노벨상을 받았다.[1] 하지만 이 사진 속 카할은 과학자보다는 예술가 같다. 눈빛에 말썽꾸러기였던 어린 시절의 장난기가 언뜻 비친다.

카할은 평생 수많은 뛰어난 과학자들을 만나고 그들과 일했는데, 이들은 카할보다 훨씬 똑똑했다. 하지만 카할이 흥미로운 자서전에서 지적했듯이, 머리 좋은 사람들은 특출난 일을 해낼 수 있지만 다른 사람들처럼 부주의하고 편견에 사로잡힐 수도 있다. 카할은 생각을 제때 바꾸고 실수를 인정하는 유연성 그리고 ("덜 똑똑한 사람들의 미덕"[2]인) 인내심 덕분에 성공할 수 있었다고 생각했다. 그리고 이 모든 것의 배후에는 사랑스러운 아내 실베리아 파냐나스 가르시아의 내조가 있었다(두 사람 사이에는 일곱 아이가 있었다). 카할은 누구든, 심지어 지능이 평범한 사람이라도 자기 두뇌의 조각가가 될 수 있으며, 타고난 재능이 거의 없는 사람도 풍성한 수확을 거둘 수 있다고 믿었다.[3]

아들에게 꼭 필요한 규율과 안정성을 가르치기 위해 그를 이발사에게 견습생으로 보냈다. 하지만 이로 인해 카할은 공부에서 아예 손을 놓게 되었고 그러자 재앙이 일어났다. 그의 스승들은 교육을 하겠다며 그를 때리거나 굶겼다. 카할은 충격적일 만큼 규율이 엄한 악몽 같은 생활을 이어갔다.

이랬던 산티아고 라몬 이 카할이 훗날 노벨상 수상자이자 현대 신경과학의 아버지로 추앙받을 것이라고 누가 예상했겠는가?

생각을 바꾸면 인생이 바뀐다

말썽을 부리던 청소년기를 지나 산티아고 라몬 이 카할은 이십대 초반에야 전통적인 의학 공부를 시작했다. 카할은 자기 두뇌가 그저 "경박하고 제멋대로 행동하는 데 싫증이 나서 얌전하게 진정된" 게 아닐까 생각했다.[4]

연구 결과에 따르면, 뇌 속에서 뉴런을 따라 신호가 보다 빠르게 전달되도록 돕는 지질 절연체인 미엘린수초는 많은 경우 이십대까지도 완전히 성장하지 않는다. 이 때문에 십대 청소년들이 충동적인 행동을 제어하기를 어려워할지도 모른다. 의도적 행동과 통제를 관장하는 영역 사이의 연결이 아직 완벽하게 형성되지 않은 것이다.[5]

"타고난 능력이 부족하더라도 인내심을 가지고 끈질기게 노력하고 집중력을 발휘하면 따라잡을 수 있다. 노력은 재능을 대체할 수 있다. 더 정확하게는 노력이 재능을 만든다."[6]

—산티아고 라몬 이 카할

하지만 신경 회로를 **활용**하면 다른 미세한 변화는 물론이고 그 위에 미엘린수초를 쌓아올리기도 쉬워진다.[7] 다시 말해 연습은 서로 다른 두뇌 영역 사이의 연결을 튼튼하게 강화해주며, 두뇌의 통제 센터와 정보 저장 센터 사이를 연결하는 고속도로를 만든다. 카할의 경우 시간이 지나며 자연스럽게 두뇌가 성숙했고 여기에 사고력을 발전시키려는 노력이 더해지자 자신의 행동을 전반적으로 통제할 수 있었다.[8]

우리는 해당 뉴런을 **활용하는** 사고과정을 연습함으로써 신경 회로가 개발되도록 **촉진할** 수 있다.[9] 신경 발달 이해에 대한 연구는 이제 첫발을 겨우 뗐을 뿐이지만, 적어도 한 가지는 분명하다. **생각하는 방식을 바꾸면 두뇌에 상당한 변화를 일으킬 수 있다.**

카할에 대해 특히 흥미로운 점을 들자면, 그는 적어도 통상적인 의미에서의 천재는 아니었음에도 훌륭한 업적을 달성했다. 카할은 "단어 사용에 있어서 민첩성과 확실성, 명료함"을 갖추지 못했다는 사실을 깊이 후회했다.[10] 엎친 데 덮친 격으로 카할은 감정적으로 고양되면 말을 거의 제대로 못했다. 암기를 못했기 때문에 앵무새처럼 지식을 외워야 인정받는 학교생활도 그에겐 고역일 수밖에 없었다. 카할은 핵심 개념을 이해하고 기억하는 일만 가능했으나 이해력도 대단하지 않아 좌절할 때가 많았다.[11] 그럼에도 오늘날 신경과학 연구에서 가장 흥미로운 분야의 상당수는 카할의 독창적인 발견에 기초한다.[12]

카할은 자신을 가르쳤던 선생님들은 안타깝게도 학생들의 능력을 제대로 평가하지 않았다고 회고했다. 민첩함을 영리함으로 받아들였고 암기력을 중시하며, 명령에 복종하는 게 옳다고 여겼다.[13] 그런 면에서 '결점'을 가졌던 카할의 성공을 통해서 오늘날에도 선생님들이 학생들을 쉽게 과소평가하고 학생들도 스스로를 과소평가한다는 걸 미루어볼 수 있다.

깊이 있게 덩어리 짓기

카할은 의대를 다니다 말다가 했다. 그리고 쿠바에서 군의관으로 근무하고 교수 자리를 놓고 몇 번 고배를 마신 뒤 결국 조직학 교수 자리를 얻어 생물 세포의 해부학적 특징을 현미경으로 연구하게 됐다.

매일 아침 카할은 뇌와 신경계 세포를 연구하기 위해 현미경용 슬라이드를 조심스럽게 준비했다. 그리고 염색으로 두드러지게 강조된 세포들을 신중하게 몇 시간 동안 관찰했다. 오후에는 아침에 봤던 세포 모양을 떠올리며 마음의 눈으로 추상적인 상을 그린 뒤 직접 세포를 그렸다. 그러고는 이 그림을 현미경 속 실제 이미지와 비교했다. 그다음 다시 화판으로 돌아가 그림을 그렸고, 또 확인한 다음, 다시 그렸다. 그림이 슬라이드 하나가 아니라 특정 세포 슬라이드 전체가 가진 통합된 본질을 포착했다고 느낀 후에야 카할은 쉬었다.[14]

카할은 사진 실력도 뛰어났다. 컬러사진 찍는 법에 대한 책을 스페인어로는 처음으로 썼을 정도였다. 하지만 카할은 관찰 대상의 진정한 본질을 사진으로 담아낼 수 없다고 생각했다. 카할은 예술 작업을 통해서만 정보 덩어리라는 실재를 추상화할 수 있고, 이렇게 하는 게 다른 사람들이 정보 덩어리의 본질을 보게 하는 데 최선이라고 믿었다.

추상화나 정보 덩어리 짓기, 어떤 개념의 요점 같은 통합은 일종의 신경 패턴이다. **훌륭한 정보 덩어리는 우리가 공부하는 대상의 내부뿐만 아니라 우리 삶의 다른 분야나 영역에서도 공명하는 신경 패턴을 형성한다. 추상화는 어떤 개념을 한 영역에서 다른 영역으로 전이시켜준다.**[15] 훌륭한 그림이나 시, 음악, 문학작품이 우리 마음을 잡아끄는 것도 그래서다. 우리가 정보 덩어리를 파악하면 이는 우리 마음속에서 새로운 삶을 시작한다. 우리의 기존 신경 패턴을 강화하고 이해하면 이와 연관되는 다른 패턴을 좀더 쉽게 파악하고 발전시킬 수 있다.

신경 패턴인 정보 덩어리를 일단 만들어냈다면, 카할을 비롯해 다른 위대한 화가, 시인, 과학자, 작가가 수천 년 동안 그랬듯이 이 덩어리 지은 패턴을 다른 사람들에게 보다 쉽게 전달할 수 있게 된다. 그리고 일단 다른 사람들이 그 정보 덩어리를 파악하면, 이들 역시 이를 활용하게 되고 인생의 다른 영역에 적용되는 다른 유사한 정보 덩어리도 보다 쉽게 형성하게 된다. 이는 창의적인 과정에서 중요한 부분이다.

수학과 과학을 빠르게 학습하는 핵심 요령 중 하나는, 배우는 사실상 모든 개념을 이미 알고 있는 무언가에 비유해보는 것이다.[16] 혈관을 고속도로에 비유한다든지, 핵반응을 무너지는 도미노에 비유하는

그림에서 왼쪽의 물결치는 신경세포 리본으로 표현된 정보 덩어리는 오른쪽의 덩어리와 무척 비슷하다. 여러분이 일단 어떤 분야에서 정보 덩어리를 파악하고 나면 다른 분야에서도 비슷한 정보 덩어리를 만들거나 파악하기가 훨씬 쉬워진다. 예를 들어 수학 분야에서 저변에 놓인 덩어리는 물리학, 화학, 공학 분야까지 반복되며 가끔은 경제학, 경영학, 인간 행동 모델에서도 비슷한 정보 덩어리를 볼 수 있다. 그렇기에 물리학이나 공학 전공자가 영어나 역사 전공자보다 경영학 석사학위를 따기가 더 쉬운 것이다.[17]

또한 은유와 물리적인 비유는 무척 다른 영역의 개념들이 서로 영향을 미치도록 정보 덩어리를 형성한다.[18] 그래서 수학이나 과학, 공학을 무척 좋아하는 사람들은 종종 스포츠나 음악, 언어, 미술, 문학 활동이나 지식을 통해 종종 놀랄 만큼 도움을 받는다. 나 역시 언어를 배우는 방법에 대한 지식은 수학과 과학을 배우는 데 도움이 되었다.

것처럼 가끔 비유나 은유는 엉성하게 이뤄진다. 하지만 이런 단순한 비유와 은유를 강력한 도구 삼아서 이미 존재하는 신경 구조를 골격으로 활용해 새롭고 더욱 복잡한 신경 구조를 더욱 빠르게 만들 수 있다. 이렇게 새로 만든 구조를 활용하다보면, 이 구조가 맨 처음의 단순한 구조보다 훨씬 유용한 특징을 지닌다는 사실을 발견할 것이다. 이런 새로운 구조는 아주 다른 영역에서 더욱더 새로운 개념을 위한 비유나 은유의 원천이 된다. (그렇기에 금융계에서 물리학자나 공학자를 찾는 것이다.) 예컨대 이론 입자물리학 분야에서 훌륭한 업적을 쌓았던 물리학자 이매뉴얼 더만도 투자은행 골드만삭스로 이직해 블랙-더만-토이 이자율 모델을 개발하는 데 공헌했다. 더만은 결국 이 은행의 정량적 위험 전략팀을 이끌게 되었다.

요약

- 두뇌가 성숙하는 속도는 사람마다 다르다. 상당수의 경우, 사람들의 뇌는 이십대 중반까지도 충분히 성장하지 않는다.
- 손꼽히게 위대한 과학자 중에도 어렸을 때는 가망 없는 비행 청소년이었던 경우가 있다.
- 수학과 과학, 공학 분야에서 직업적 성공을 거두려면, 정보 덩어리를 만드는 법을 점차 배워야 한다. 즉 핵심 개념을 추상화할 줄 알아야 한다.
- 은유와 물리적인 비유는 어떤 영역의 개념이 아주 다른 영역에 영향을 주게끔 정보 덩어리를 만들 수 있다.
- 현재 어떤 직업을 가졌든, 또는 어떤 직업을 꿈꾸든 간에 마음을 열고 수학과 과학을 계속 학습해보아라. 이렇게 하면 정보 덩어리를 풍부하게 갖춰 인생을 살면서 또는 일을 하면서 마주치는 모든 도전 과제에 더욱 현명하게 접근할 수가 있다.

잠깐 멈춰 복습하기

책을 덮고 다른 곳으로 시선을 돌려보자. 이번 장의 핵심 내용은 무엇이었는가? 그 내용을 여러분의 인생이나 직업적인 목표와 연관 지으면 더욱 수월하게 상기할 수 있을 것이다.

배운 내용 다지기

1. 산티아고 라몬 이 카할은 예술에 대한 열정을 과학에 대한 열정과 결합하는 방식을 터득했다. 유명인사나 가족, 친구, 지인 가운데 카할 같은 사람이 있는가? 여러분도 이런 융합을 해낼 수 있을까?
2. 빨리 배우는 사람이 무조건 더 똑똑하다는 생각의 함정에 빠지지 않으려면 어떻게 해야 할까?
3. 주변에서 하라는 대로만 하는 데는 장단점이 따른다. 카할의 인생을 여러분의 인생과 비교해보자. 주변에서 시키는 대로 했을 때 괜찮았던 적이 있는가? 그렇게 했다가 예상치 못하게 문제가 생긴 적은 없는가?
4. 카할의 결점과 비교했을 때, 여러분이 지닌 한계점은 무엇인가? 자신의 단점을 어떻게 장점으로 승화할 수 있을까?

14장
방정식이라는 시로 마음의 눈 키우기

방정식이라는 시 쓰는 법 배우기: 표준 방정식에 깔린 의미를 풀어내자

시인 실비아 플라스는 이렇게 말한 적이 있다. "물리학 강의실로 들어갔던 날, 나는 죽음 같은 암담함을 느꼈다."[1] 실비아는 이렇게 계속 이어갔다.

어두운색 머리를 짧게 잘랐으며 높고 혀 짧은 소리로 발음하던 키가 작고 까무잡잡한 맨지라는 선생이 몸에 딱 맞는 파란 정장을 입고 작은 나무 공을 든 채 강단에 서 있었다. 선생은 홈이 파인 가파른 경사면에 공을 올리고 아래로 굴렸다. 그리고는 'a'를 가속도라 하고 't'를 시간이라 하겠다고 하더니 갑자기 칠판에 온갖 글자와 숫자, 등호를 휘갈겼다. 내 머릿속은 죽어버렸다.

플라스의 반자전적인 이 회고 속에서 맨지 선생은 그림이나 사진 없이 도표와 수식으로만 채워진 400쪽짜리 책을 저술했다. 플라스의 시를 직접 읽고 감상하는 대신 누가 들려주는 이야기만 듣는 일이나 마찬가지였다. 회고담에 따르면 플라스는 그 강의 수강생 중에서 유일하게 A학점을 받았지만 결국 물리학이 두려워서 이에 대한 공부를 그만뒀다.

"결국 수학은 마음의 시와 마찬가지이고 시는 마음의 수학과 마찬가지가 아니겠는가?"

—데이비드 유진 스미스(미국의 수학자이자 교육자)

반면 물리학자 리처드 파인먼의 물리학 입문 수업은 완전히 달랐다. 노벨상 수상자인 파인먼은 취미로 봉고를 연주하고 알은체하는 지식인보다는 세상 물정에 밝은 택시 운전사와 더 많이 이야기 나누던 사람이었다.

파인먼은 열한 살 무렵에 친구에게 즉흥적으로 내뱉은 말 때문에 생각이 전환됐다고 한다. 그는 한 친구에게 "생각하기란 머릿속에서 혼잣말하기와 다를 바가 없어"라고 말했다.

"아, 그래?" 파인먼의 친구가 대꾸했다. "너 자동차 안에 들어 있는 크랭크축 모양이 얼마나 복잡한지 알지?"

"알아. 근데 왜?"

"좋아. 그럼 나한테 설명해봐. 머릿속에서 혼잣말로 크랭크축 모양을 어떻게 표현할 수 있는데?"

바로 그때부터 파인먼은 생각을 언어로도 표현할 수 있지만 시각적으로도 표현할 수 있다는 사실을 깨달았다.[2]

파인먼은 학창시절에 전자파 그러니까 햇빛부터 휴대폰 신호에 이르기까지 모든 것을 실어나르는 눈에 보이지 않는 에너지 흐름이라는 개념을 상상하고 시각화하느라 애쓴 적이 있었다고 훗날 회상했다. 파인먼은 마음의 눈으로 본 것을 그대로 기술하는 일을 어려워했다.[3] 이렇듯 전 세계에서 손꼽히는 물리학자도 몇몇 물리 개념을(상상하기 난해하다고 여겨지는 것들을) 상상하느라 고생한다면 우리처럼 평범한 사람들은 더 그렇지 않을까?

시에서 우리는 격려와 영감을 얻을 수 있다.[4] 미국의 싱어송라이터 조너선 콜턴이 유명한 수학자 브누아 망델브로에 대해 쓴 〈망델브로 집합〉이라는 노래를 살펴보자.

망델브로는 천국에 있네.
그는 혼돈에서 질서를 선사했고, 무無에서 희망을 주었지.
그의 기하학은 모두가 실패한 곳에서 성공했네.
그러니 우리가 길을 잃어도 나비 한 마리가 날개를 파닥거려서
아주 머나먼 곳에서 작은 기적 하나를 일으켜 우리를 집에 데려

다줄 거야.[5]

망델브로의 뛰어난 수학적 업적의 진수가 마음을 울리는 콜턴의 가사에 포착되어 있다. 이 구절을 통해 나비의 부드러운 날갯짓이 퍼져나가 아주 먼 곳까지 영향을 미치는 장면을 마음의 눈으로 그릴 수 있다.

새로운 기하학을 창조한 망델브로의 작업 덕분에 우리는 구름이나 해안선처럼 개략적이고 불규칙하게 보이는 대상도 어느 정도는 질서를 갖는다는 걸 알게 되었다. 오늘날 애니메이션의 마법 같은 제작 기법에서 알 수 있듯이 시각적인 복잡성도 단순한 몇몇 규칙에서 탄생할 수 있다. 또한 콜턴의 노래 가사는 우주 한구석에서 일어나는 미약한 변화가 궁극적으로는 다른 모든 것에 영향을 끼친다는 망델브로의 연구 결과를 시사한다.

콜턴의 글을 더 자세히 살펴볼수록 이를 더욱더 인생의 다양한 측면에 적용해보게 된다. 망델브로의 업적을 더 많이 이해할수록 이 작품의 의미는 보다 명료해질 것이다.

시와 마찬가지로 방정식에도 숨겨진 의미가 있다. 물리학 방정식을 많이 접하지 않은 초보자라면, 그리고 상징 기호 안에 내재된 삶의 원리를 깨닫도록 배우지 못했다면, 시구가 여러분에게 아무 의미도 없을 것이다. 하지만 숨겨진 맥락을 찾고 이를 배울 때 그 의미는 마음속으로 미끄러져 들어가고 결국 삶을 파고든다.

고전적인 한 논문에서 물리학자 제프리 프렌티스는 물리학을 처음 접하는 학생과 경험이 많은 물리학자가 방정식을 어떻게 바라보는지 비교했다.[6] 물리학 초보자들은 방정식을 서로 연관 없는 방대한 방정식 중 하나라고 여겼다. 반면 연륜을 쌓은 학생들이나 물리학자들은 마음의 눈으로 방정식 뒤에 숨은 의미를 보았다. 그 방정식이 큰 그림에서는 어떻게 맞아떨어지는지뿐만 아니라 방정식의 일부가 어떤 느낌인지도 살폈다.

"시인의 면모를 갖추지 못한 수학자는 결코 진정한 수학자가 될 수 없다."

—카를 바이어슈트라스(독일의 수학자)

가속도를 의미하는 a라는 글자를 보면, 자동차에서 액셀 페달을 밟는 기분이 들지도 모른다. 슈웅! 자동차의 액셀을 밟아 좌석이 뒤로 밀리는 상황을 느껴보라.

그렇다고 a라는 글자를 볼 때마다 그런 기분을 느껴야 할까? 당연히 아니다. 배우고 있는 내용의 모든 세부 사항을 다 떠올려야 한다면 미쳐버릴지도 모른다. 하지만 액셀 페달을 밟는 감각은 마음속에서 정보 덩어리로 떠올라야 하고, 방정식에서 a라는 글자를 보고 그 의미를 해석하려 애쓰는 순간 그 정보 덩어리가 작업 기억으로 곧장 미끄러져 들어와야 한다.

이와 비슷하게, '질량'을 뜻하는 'm'이라는 글자를 보고는 관성 때문에 웬만해서는 움직이지 않는 50파운드짜리 돌덩이의 무게를 느낄 수 있다. 그리고 '힘'을 뜻하는 'f'라는 글자를 보면 힘이라는 개념의 바탕에 무엇이 놓이는지 마음의 눈으로 볼 수 있어야 한다. (힘은 질량과 가속도 둘 다에 의존해 이는 f=ma라는 방정식으로 나타난다.) f 뒤에 무엇이 있는지가 느껴질지도 모른다. 힘은 게으르게 꿈쩍 않으려는 돌덩이의 질량을 '끙차' 하고 밀어내는 기운(가속도)이 쌓여 이루어졌다.

여기에 대해 조금만 더 살펴보자. 물리학에서 '일work'이라는 용어는 에너지를 뜻한다. 우리는 어떤 '거리distance'만큼 무언가를 밀었을 때('힘force'으로) '일'을 한다(즉 에너지를 공급한다). 우리는 이 내용을 시적인 간결함으로 w=f×d라 부호화한다. 일단 w를 '일'이라고 여기게 되면 마음의 눈으로, 심지어는 몸으로 느껴 그 뒤에 무엇이 숨어 있는지를 이해하게 된다. 결과적으로 우리는 다음과 같은 방정식 시를 추출하게 된다.

w

w=f×d

w=(ma)×d

바꿔 말하면 기호나 방정식에는 숨겨진 맥락이 있다. 해당 개념에 보다 친숙해질수록 그 의미는 더욱 명료해진다. 비록 그런 방식으로 표현하지는 않았지만 과학자들은 종종 방정식을 시의 한 형태로 여긴다. 자신이 보고 이해하려는 바를 부호화하는 속기법으로 활용하는 것이다. 관찰력이 뛰어난 사람들은 여러 의미를 갖는 시의 깊이를 인식한다. 그리고 이와 마찬가지로 수준이 깊어진 학생들은 마음의 눈으로 공식 뒤에 숨은 의미를 알아차리거나 또다른 해석을 직관적으로 찾아내기까지 한다. 당연한 얘기지만 그래프나 도표를 비롯한 다른 시각 자료에도 숨겨진 의미가 있다. 책만 파고들기보다는 마음의 눈을 통해 볼 때 이러한 의미는 더욱 풍성하게 드러난다.

공부중인 내용을 단순화, 개인화하기

이미 살피기는 했지만, 방정식 뒤에 깔린 개념을 상상하는 법에 관한 더 훌륭한 통찰력을 갖추게 되었으니 이 내용을 복습해볼 만하다. **수학과 과학을 공부할 때 머릿속에서 추상적인 개념에 생명을 불어넣는 과정이 무엇보다 중요하다.** 예를 들어 산티아고 라몬 이 카할은 현미경으로 관찰한 이미지 속에 사람처럼 꿈을 꾸고 뭔가를 희망하는 생명체들이 산다고 여겼다.[7] 카할의 동료이자 친구로 '시냅스'라는 단어를 만든 찰스 셰링턴 경은 자신의 작업에 생명을 불어넣는 대단한 능력을 가진 과학자는 카할뿐이라고 친구들에게 말할 정도였다. 셰링턴은 카할의 이런 능력 덕분에 그가 성공한 게 아닐까 했다.

아인슈타인의 상대성이론은 수학적 능력보다는 상상력에서 비롯했다(아인슈타인은 자신의 이론을 진척시키기 위해 종종 수학자들과 협력해야 했다). 아인슈타인은 자신이 빛의 속도로 움직이는 하나의 광자라고 상상하고서 두번째 광자가 자기를 어떻게 인식할지 생각했다. 두번째 광자는 무엇을 보고 느낄까?

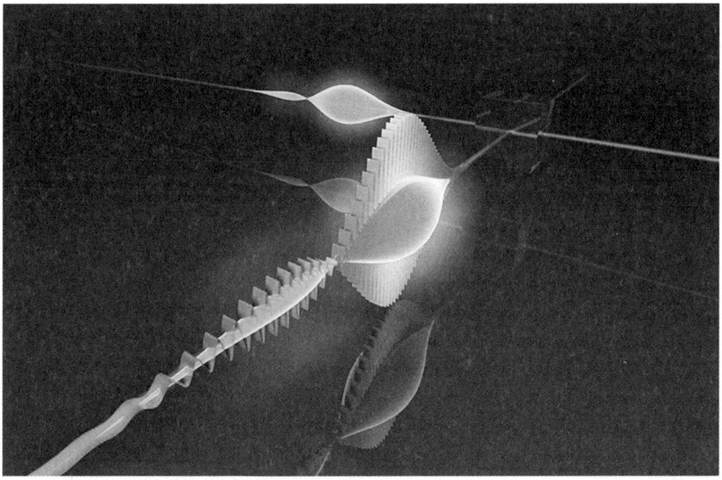

아인슈타인은 자기 자신을 광자라고 상상할 수 있었다.[8] 우리는 이탈리아 물리학자 마르코 벨리니가 단일 광자(뒤쪽)의 형태를 측정하기 위해 강력한 레이저 펄스(앞쪽)를 활용해 만든 이 아름다운 이미지를 통해 아인슈타인이 어떻게 느꼈을지 알 수 있다.

유전자 전이(DNA 가닥에서 위치를 바꾸는 '점핑 유전자')를 발견해 노벨상을 수상한 바버라 매클린톡은 연구 대상이었던 옥수수를 어떻게 상상했는지를 이렇게 기록했다. "나는 염색체의 내부까지 볼 수 있었다. 사실상 모든 것이 거기에 있었다. 놀랍게도 마치 내가 그 현장에 있는 것 같았다. 그들이 내 친구들처럼 느껴졌다."[9]

연구중인 대상이나 메커니즘을 스스로 생각하고 느낄 줄 아는 생명체처럼 상상하는 일이 바보 같게 보일 수도 있다. 하지만 이는 효과적이다. 연구 대상에 생명을 불어넣으면 딱딱한 숫자와 수식만 들여다볼 때는 직관할 수 없는 현상을 이해할 수 있기 때문이다.

단순화 역시 중요하다. 앞서 소개했던 봉고를 연주하는 물리학자

선구적인 유전학자 바버라 매클린톡은 연구 대상인 분자 수준의 물질이 거대해졌다고 상상했다. 다른 노벨상 수상자들처럼 매클린톡도 자신의 연구 대상을 개인화했고 심지어 그들과 친구가 되었다.

리처드 파인먼은 개념을 자기가 파악할 수 있도록 단순하게 설명해 달라고 다른 수학자들과 과학자들에게 요청한 것으로 유명했다. 놀랍게도 거의 모든 개념이 아무리 복잡하더라도 단순하게 설명할 수 있었다. 복잡한 대상을 핵심 요소로 쪼개어 단순하게 설명한다면, 해당 대상을 더 깊게 이해할 것이다.[10] 학습법 전문가 스콧 영 역시 이러한 발상을 좀더 발전시켜, 어떤 대상의 본질을 보다 쉽게 파악하려면 단순한 비유나 은유를 찾아야 한다는 '파인먼 기법'을 개발했다.[11]

위대한 생물학자 찰스 다윈도 무척 비슷한 방식을 사용했다. 어떤 개념을 설명할 때 다윈은 누군가가 자기 서재로 들어왔다고 상상했다. 그는 펜을 내려놓고 가장 단순한 용어로 그 개념을 설명하려 했다. 이러한 방법 덕에 그는 글을 쓸 때 해당 개념을 어떻게 하면 글로 잘 설명할 수 있을지 파악할 수 있었다. 웹사이트 레딧닷컴Reddit.com의 '다섯 살짜리에게 하듯이 설명해봐Explain like I'm 5' 코너 역시 누구든 복잡한 주제에 대해 단순하게 설명하는 글을 올리게 한다.[12]

무언가를 설명하려면 일단 이를 제대로 이해해야 한다고 생각할지도 모른다. 하지만 공부중인 주제에 대해 다른 사람에게 얘기할 때 어떤 일이 일어나는지를 떠올려보라. 놀랍게도 다른 사람이나 자기 자신에게 설명하려고 애쓰는 과정에서 그 내용이 이해되는 경우가 많다. 무언가를 이해한다고 해서 설명할 수 있는 게 아니다. 그렇기에 선생님들도 어떤 주제를 가르쳐보고서야 비로소 그 내용을 제대로 이해했다고 종종 얘기한다.

알게 되어 반가워요!

이제 저에게 유기화학을 배우는 것은 새로운 캐릭터를 알게 되는 과정과 다름없어요. 각각의 화학 원소들은 자기만의 독특한 개성이 있어요. 그 개성을 더 많이 이해할수록 그들의 상황을 더 잘 파악하고 반응의 결과를 더 잘 예측하게 돼죠.

—캐슬린 놀타 박사(미시간대 화학과 조교수이자 뛰어난 강사에게 주어지는 골든애플상 수상자)

한번 해보자!

머릿속에서 상상하기

학습중인 대상이 사는 세계로 들어간다고 상상해보자. 세포나 전자, 심지어는 수학 개념의 관점에서 세상을 바라보자. 새로운 친구들과 머릿속에서 연극을 해보면서 그 친구들이 어떻게 느끼고 반응할지 상상해보자.

전이:
배운 내용을 새로운 맥락에 적용하기

전이란 학습중인 대상을 하나의 맥락에서 다른 맥락으로 옮겨 적용하는 능력이다. 예를 들어, 외국어를 일단 하나 익혔다면 두번째 외국어는 훨씬 더 쉽게 익힐 수 있다. 첫번째 외국어를 배우는 동안 일반적인 외국어 학습 기술과 잠재적으로 비슷한 새로운 단어나 문법 구조를 습득해 이것이 두번째 외국어를 배울 때 **전이되었기** 때문이다.[13]

수학을 배워서 회계나 공학, 경제학 같은 특정 분야에만 적용하겠다는 것은 외국어를 제대로 공부하지 않겠다고 결심하는 일과도 같다. 이는 모국어라는 한 가지 언어만 고집하면서 외국어는 몇 가지 추가적인 단어만 배우는 셈이다. 많은 수학자들이 특정 분야에만 국한시켜 수학을 공부하다보면 더욱 유연하고 창의적인 방식으로 응용하기가 힘들어진다고 이야기한다.

수학자들의 말에 따르면, 특정한 응용법을 염두에 두지 않고 추상적이고 핵심적인 정보 덩어리에 초점을 맞춰 수학을 공부한다면 다양한 사례에 맞게 쉽게 전이시킬 수 있는 기술이 습득된다. 바꿔 말하면 이는 일반적인 외국어 학습법을 배운 것과 마찬가지다. 예컨대 물리학 전공자일지라도 수학에 관한 추상적인 지식을 가졌다면 이러한 지식의 일부를 생물학, 재무학, 심지어는 심리학에 적용하는 방법을 빠르게 파악할 수 있다.

수학자들이 응용법까지는 파고들지 않으려 하면서도 추상적인 방식으로 수학을 가르치려 하는 건 그래서이다. 수학자들은 여러분이 어떤 개념의 핵심을 파악하기를 바란다. 그래야 그 개념을 다양한 주제에 보다 쉽게 전이시킬 수 있기 때문이다.[14] 이는 '나는 달린다'라는 말을 알바니아어나 리투아니아어, 아이슬란드어로 어떻게 말하는지 배우는 게 아니라 **활용 가능한 동사**라는 카테고리가 존재한다는 더 일반적인 개념을 배우는 것과 마찬가지다.

여기서 난점은 수학 개념을 구체적인 문제에 직접 적용할 때 보다 쉽게 이해된다는 것이다. 물론 그렇게 할 경우 해당 수학 개념을 나중에 새로운 영역에 전이시키기가 더 힘들겠지만 말이다. 따라서 당연하게도 구체적인 수학 학습법과 추상적인 수학 학습법 사이에 끊임없이 갈등이 존재한다. 수학자들은 추상적인 학습법이 중심이 되게끔 한 발 물러선 채 우위를 점하려 한다. 반면 공학이나 경영학을 비롯한 여러 분야의 전문가들은 학생들의 흥미를 돋우고 '대체 이런 걸 배워서 어디에 쓰죠?' 하는 불평을 잠재우기 좋게 자기네 특정 분야에 초점을 맞춘 수학에 자연스럽게 끌린다. 또한 구체적으로 적용된 수학은 수학 교과서에 등장하는 '실제' 용어로 서술된 문제들이 그저 얄팍하게 위장된 연습 문제일 뿐이라는 주장을 입증해준다. 결국 구체적인 접근법과 추상적인 접근법은 각기 장단점이 있다.

전이는 자신의 전공 분야를 계속 공부할수록 공부가 더 쉬워지게 하기 때문에 유용하다. 피츠버그대 제이슨 드챈트 교수는 이렇게 말한다. "저는 학생들에게 간호학을 계속 배우다보면 공부량이 줄어들 것이라고 항상 얘기해줍니다. 하지만 학생들은 좀체 믿지를 않죠. 사실 학생들은 학기를 거치면서 더 많은 내용을 배우고 있습니다. 그 지식들을 더욱 잘 통합하게 되는 거죠."

휴대전화 메시지나 이메일 혹은 다른 변동 사항을 확인하느라 주의 집중이 계속해서 끊기는 상황은, 그러니까 미루기 습관은 전이를 가로막기 때문에 무엇보다도 문제다. 공부를 하다가 지속적으로 방해받는 이런 학생들은 깊이 있게 학습하지 못할뿐더러 학습한 내용을 다른 주제에 쉽게 전이시키지도 못한다.[15] 휴대전화 메시지를 확인하면서도 공부를 하고 있다고 생각하겠지만, 사실은 한 개념이 한 영역에서 다른 영역으로 전이되는 데 꼭 필요한 신경 연결고리를 단단하게 덩어리 지을 정도로 여러분의 두뇌는 충분히 오래 집중하지 못하는 것이다.

개념을 다른 곳에 전이시키자!

예전에 오대호에서 낚시를 배웠었는데 작년에 그 기술을 플로리다키스 산호 군도에서 활용했습니다. 두 곳은 물고기 종류도 전혀 달랐고 쓰는 미끼도 달랐습니다. 한 번도 사용하지 않았던 기술을 써야 했지만 낚시는 아주 잘 되었습니다. 옆에서 보던 사람들은 제게 미친 짓이라고 했지만 그런 방식으로 실제로 물고기를 잡을 수 있다는 걸 보여주니 재미있었죠.

—패트릭 스코긴(역사학과 4학년생)

요약

- 방정식은 개념을 추상화하고 단순화하는 방식일 뿐이다. 즉, 시에서 깊은 의미를 발견하는 과정과 비슷한 과정이 방정식에 담겨 있다.
- '마음의 눈'은 학습중인 내용을 개인화하고 머릿속에서 공연처럼 상연하도록 돕기 때문에 중요하다.
- 전이란 어떤 맥락에서 배운 내용을 다른 맥락에 적용하는 능력이다.
- 수학의 핵심 개념에 대해 정보 덩어리를 만들어 이해해야 한다. 그러면 그 개념을 새롭고 다른 방식으로 쉽게 전이시킬 수 있다.
- 뭔가를 공부할 때 멀티태스킹을 하면 깊이 있게 학습하지 못한다. 멀티태스킹을 하면 배운 내용을 다른 것에 전이시키지 못하게 방해받는다.

잠깐 멈춰 복습하기

책을 덮고 다른 곳으로 눈길을 돌려보자. 이번 장의 핵심 내용은 무엇이었는가? 그 내용을 기호나 상징과 함께 마음의 눈에 그려볼 수 있는가?

배운 내용 다지기

1. 방정식 시를 한 편 써보자. 보통의 수학 방정식 아래 깔린 의미를 몇 줄로 풀어내보자.
2. 학습중인 몇몇 개념을 머릿속에서 시각화해서 연극을 한다고 가정한 뒤 그 내용을 한 문단으로 써보자. 연극에 등장하는 인물들이 실제로 어떻게 느끼고 서로 어떻게 반응할 것 같은가?
3. 예전에 배웠던 수학 개념을 하나 골라 해당 개념을 적용할 수 있는 구체적인 사례를 찾아보자. 그런 다음 한 발 물러서서 그렇게 적용된 사례에 깔린 개념의 추상적인 정보 덩어리를 살펴보자. 그 개념을 완전히 다르게 활용할 수도 있을까?

15장

르네상스 학습법

스스로 학습하는 것의 가치

우리는 찰스 다윈 같은 사람을 타고난 천재라고 여긴다. 진화론을 주장해 인류사에서 가장 영향력 있는 인물의 반열에 오른 사람이니 말이다. 하지만 놀랍게도 카할처럼 다윈도 학창시절에는 형편없었다. 다윈은 의대를 그만두고 박물학자로서 배에 타서 전 세계를 도는 항해길에 나서 아버지를 경악케 했다. 다윈은 직접 수집한 자료를 새로운 시작에서 볼 줄 알았다.

꾸준함은 종종 지능보다 중요하다.[1] 혼자 힘으로 학습하겠다는 목표를 갖고 학습 내용에 다가가다보면 여러분만의 독특한 방식으로 주제에 통달하게 된다. 선생님이나 교과서가 얼마나 좋든 상관없이 다른 책이나 비디오에 눈을 돌려야만, 선생님 한 사람이나 교과서 한 권에서 배운 것은 해당 과목의 완전하고 3차원적인 현실의 일부일 뿐이라는 걸 알게 된다. 즉 그 과목은 여러분이 선택할 만한 다른 매혹적인 주제들과 계속해서 연결된다.

수술법을 선구적으로 혁신해 그 공로로 대통령 자유 훈장을 받은 신경외과 의사 벤 카슨은 낙제를 해서 의대에서 떠날 것을 권고받던 학생이었다. 카슨은 학교 강의보다는 책을 통해 배울 때 가장 효과적으로 배울 수 있다고 생각했다. 그리고 직관에 거스르는 방식이지만, 강의 출석을 그만두고서 그 시간에 책을 더 집중적으로 공부했다. 그 결과 학점은 급상승했고, 그뒤로는 우리가 아는 바대로다. (이런 방법이 모두에게 적용되는 건 아니다. 강의에 더이상 나가지 않기 위해 이 이야기를 이용한다면 재난이 일어날 것이다.)

수학과 과학, 공학 분야를 살펴보면, 다른 방법이 없거나 어떤 이유에서건 기존 학습 기회를 박탈당해 자기만의 공부법을 고안해야 했던 사람들이 많다. 연구 결과에 따르면, 누가 이야기하는 것을 그저 듣기만 할 때보다 주제에 대해 적극적으로 참여할 때 학습 효율이 더 높았다.[2] 학생들에게 그 주제와 직접 씨름할 줄 아는 능력이, 때로는 다른 친구들의 의견을 들을 줄 아는 능력이 있느냐가 관건이다.

성인이 되어서야 의사가 되겠다고 결심을 한 산티아고 라몬 이 카할은 그러려면 대학 미적분학을 배워야 한다는 사실에 겁먹었다. 학창시절에는 수학에 전혀 관심이 없었기 때문에 아주 기본적인 지식도 부족했기 때문이었다. 카할은 기초를 쌓기 위해 머리를 긁적이며 옛 교과서를 뒤져야 했다. 하지만 개인적인 목표가 있었기 때문에 카할은 훨씬 더 깊이 있게 배울 수 있었다.

"선생이 초심자에게 과거의 훌륭한 업적이 갖는 숭고한 면을 보여주며 경탄하게 만들거나 깜짝 놀라게 하는 대신 각 과학적 발견의 기원에 대해서, 발전과정에서의 실수와 오류에 대해서 알려준다면 얼마나 좋은 자극이 되겠는가. 인간적인 관점에서 발견 대상을 정확히 설명해주는 이런 과정은 무척 중요하다."[3]

—산티아고 라몬 이 카할

1987년에 아프리카에서 태어난 발명가이자 작가 윌리엄 캄쾀바는 학교에 다닐 만한 형편이 안 됐다. 그래서 그는 마을 도서관에서 독학을 했다. 그러다 우연히 『에너지를 활용하기』라는 책을 접하게 됐다. 캄쾀바는 단순히 이 책을 읽는 데서 그치지 않았다. 그는 겨우 열다섯 살의 나이에 이 책을 안내서로 삼아 적극적으로 학습해서 자기만의 풍차를 만들었다. 이웃 사람들은 캄쾀바를 제정신이 아니라는 뜻인 '미살라'라고 불렀지만 그의 발명품 덕분에 마을에 전기가 공급됐고 물이 흘렀으며 아프리카에 풀뿌리 기술 혁신이 일어날 수 있었다.[4]

미국의 신경과학자이자 약리학자 캔디스 퍼트는 존스홉킨스대에서 약리학 박사 학위를 받는 등 훌륭한 교육적 배경을 갖췄다. 하지만 퍼트의 통찰력과 그에 뒤이은 성공은 흔치 않은 원천에서 비롯했다. 의과대학에 입학하기 직전, 퍼트는 승마를 하다가 사고로 등을 다쳤고 그해 여름 내내 진통제에 의존해 보냈다.[5] 직접 통증을 겪고 진통제를 맞으면서 퍼트는 이를 연구해보게 됐다. 지도 교수의 만류에도 퍼트는 연구를 계속해 아편제수용체와 관련된 최초의 핵심적인 발견을 해냈다. 이로써 중독 현상을 이해하는 연구에 한 발 더 내디딜 수 있었다.

대학교만이 유일한 배움의 장은 아니다. 빌 게이츠, 래리 엘리슨, 마이클 델, 마크 저커버그, 제임스 캐머런, 스티브 잡스, 스티브 워즈니악처럼 오늘날 가장 영향력 있고 유명한 사람들 중에 대학을 중퇴한 사람이 많다. 우리는 전통적인 학습법과 비전통적인 학습법의 가장 좋은 측면을 결합하면서 이를 독학과 연결해 매혹적인 혁신을 이룬 사람들에 대해 더 알아볼 것이다.

자기 공부에 대해 스스로 책임을 지는 태도는 무척 중요하다. 선생님이 답을 제시하는 교사 중심적 학습법은 의도치 않게 가끔 학생들을 무력하게 만든다.[6] 놀랍게도 교사 평가 시스템 역시 무력감을 안겨준다. 교사 평가 시스템은 여러분의 실패 이유를 교사의 동기 부여 능력 부족이나 강의 능력 부족으로 돌리게 하기 때문이다.[7] 반면 학생들끼리 서로 배우게 하고 주체적으로 학습 동기를 유발하게 이끄는 학생 주도 학습법은 아주 강력한 효과를 보인다.

훌륭한 선생님의 가치

여러분은 아주 특별한 멘토나 선생님을 만날 수도 있다. 그런 행운이 온다면 얼른 기회를 잡자. **무작정 정보를 받아들이는 단계는** 건너뛰고, 먼저 다가가서 질문하도록 스스로를 훈련시켜라. 여러분이 아는 사실을 선생님에게 과시하기 위한 질문이 아니라 제대로 된 진짜 질문을 던져야 한다. 이 작업을 많이 할수록 질문하는 게 더 수월해질 테고, 그러면 그동안 예상하지 못했던 방식으로 더 큰 도움을 받게 될 것이다. 교사의 풍부한 경험에서 나온 단순한 문장 하나가 미래를 바꿀 수도 있다. 그리고 여러분을 이끌어주는 사람들에게는 꼭 감사를 전해야 한다. 그들의 도움이 얼마나 가치가 있었는지 알려주어야 한다.

하지만 '질척이는 학생' 증후군은 조심하자. 특히 친절한 선생님들의 경우, 실제로 궁금한 질문에 대한 답을 찾는 학생보다는 선생님의 관심을 끌어 자아를 충족하려는 욕구에 가득찬 학생들이 그 주변에 보여는다. 선의에 넘치는 선생님들도 아무리 관심을 줘봐야 만족할 줄 모르는 학생들을 대하다보면 지쳐버린다.

또한 여러분의 해답만이 옳다고 **확신**해서는 안 되고, 틀린 게 확실한 답인데도 여러분의 논리를 이해시키겠다고 선생님을 고문해서도 안 된다. 아주 가끔은 결과적으로 여러분이 옳을 수도 있다. 하지만 수많은 교사들, 특히 여러분보다 수학과 과학을 많이 배운 선생님들에게 배배 꼬이고 오류가 있는 사고방식을 따르라고 강요하는 일은 불협화음으로 구성된 음악을 들으라는 것처럼 달갑지 않고 고통스러운 일일 뿐이다. 그러니 다시 한번 생각해보고 선생님의 제안에 귀를 기울이는 것이 최선이다. 마침내 문제를 이해해 정답을 얻으면 앞으로 되돌아가 이전의 오류를 바로잡고 싶어질 수도 있다. (이전의 접근법이 얼마나 잘못되었는지 말로 표현하기가 힘들 정도라는 걸 단번에 깨달을 것이다.) 실력이 좋은 선생님이나 멘토는 보통 몹시 바쁘기 때문에 그들의 시간을 현명하게 이용해야 한다.

정말 훌륭한 선생님들은 어떤 주제를 단순하면서도 심오하게 만든다. 또한 학생들이 서로에게 배울 수 있게끔 메커니즘을 구축하며 학생들이 혼자서 공부하도록 격려한다. 예컨대 에버그린밸리칼리지의 명성 있는 물리학 교수 셀소 바탈랴는 학생들이 학습법을 배우도록 독서 모임을 만들어 인기를 끌었다. 이 외에도 많은 교수들이 강의실에서 '능동적'이고 '협력적'인 교수법을 활용해 학생들이 학습 주제에 적극적으로 참여하고 서로에게 배우게 기회를 제공한다.[8]

여러 해 동안 연구하면서 한 가지 사실에 꽤 놀랐다. 그동안 만났던 훌륭한 선생님들 가운데 몇몇은 어린 시절에 너무 수줍음이 많아서 사람들 앞에 서면 혀가 굳었다고 했다. 게다가 교수나 선생님을 꿈꿀 정도로 그렇게 똑똑하지도 않았다고 얘기했다. 하지만 놀랍게도 단점이라고 여겼던 그 특성 덕분에 그들은 보다 사려 깊고 주의 집중력이 뛰어나며 창의적인 선생님이나 교수가 될 수 있었다. 내향적인 성격 덕분에 그들은 보다 사려 깊고 배려심 많은 사람이 되었다. 그리고 과거의 실패에서 얻은 겸손함 덕에 인내심을 갖게 됐으며 자기가 모든 것을 다 안다는 자만심에 빠지지 않은 듯했다.

스스로 학습해야 하는 또다른 이유: 특이한 시험 문제들

이제 고등학교와 대학교의 전통적인 학습방식으로 돌아가보자. 이 세계에 대해 약간의 내부 지식을 갖춰둬도 도움이 될 것이다. 수학이나 과학 선생님들의 비밀 가운데 하나를 들자면, 그들은 수업 시간에 읽어오라고 했던 내용이 아닌 부분에서 쪽지 시험이나 시험 문제를 종종 낸다. 매 학기 새로운 시험 문제를 내기가 어렵기 때문에 이런 일이 일어난다. 종종 용어나 접근방식 측면에서 조금씩 다른 시험 문제가 출제되는데 아무리 교과서나 선생님의 강의 내용에 익숙하더라도 시험을 볼 때 그런 상황에 내던져질 수 있다. 그러면 결국 수학과 과학 분야에 재능이 없다고 믿게 되는데, 사실 여러분에게 진정으로 필요한 것은 학기 내내 공부한 내용과 조금 다른 관점에서 주제를 바라보는 경험일 뿐이다.

지적인 저격수를 조심하라

산티아고 라몬 이 카할은 과학을 수행하는 방식뿐 아니라 사람들이 서로 상호작용하는 방식에 대해서도 깊이 이해했다. 카할은 동료 학자들에게 "당신이 무엇을 성취하고 어떤 노력을 기울이든 간에 이를 깎아내리고 비판하는 사람은 언제나 존재한다"라고 이야기했다. 카할 같은 노벨상 수상자뿐 아니라 누구나 이런 일을 겪는다. 여러분이 어떤 분야에서 뛰어난 실력을 보이면 주변 사람들은 위협을 느낀다. 여러분이 더 뛰어난 성과를 거둘수록 더 많은 사람이 여러분을 공격하거나 여러분의 노력을 낮잡아볼 것이다.

반대로 시험을 망칠 경우에도 여러분이 그 과목에 소질이 없다는 식으로 더욱 날을 세워 가시 돋친 말로 공격해올 것이다. 하지만 실패는 그리 끔찍한 일이 아니다. 무엇을 잘못했는지 분석하고 앞으로 더 잘하도록 고치면 된다. 실패는 성공보다도 더 좋은 가르침을 주는 선생님이다. 그 덕에 기존의 접근법을 되돌아볼 수 있기 때문이다.

몇몇 '느림보' 학생들은 수학과 과학 공부를 힘들어한다. 다른 학생들이 당연하게 여기는 개념을 이해하지 못하기 때문이다. 이런 학생들은 불행히도 자기가 그렇게 똑똑하지 않다고 생각하지만, 사실은 느긋하게 사고하기 때문에 다른 사람은 미처 깨닫지 못한 헷갈리는 미묘한 세부 사항을 볼 수도 있다. 이들은 시속 100킬로미터로 휙 지나가는 자동차 운전자가 아니라, 숲속에서 소나무 냄새를 맡고 작은 동물들이 지나는 통로를 발견하기도 하는 도보 여행자와 비슷하다. 슬프게도 이런 도보 여행자 학생들이 믿을 수 없을 정도로 단순한 질문을 던지면 일부 선생님들은 위협을 느낀다. 그래서 그 질문이 얼마나 통찰력 있는지 제대로 파악하지도 않고는 질문한 학생을 무뚝뚝하게 바라보면서 "그냥 다른 애들처럼 잔말 말고 배운 대로 해"라고 무시해버린다. 그러면 질문한 학생은 바보가 된 것만 같고 더욱 혼란스러워질 뿐이다. (하지만 선생님들도 가끔 여러분이 어떤 주제를 숙고하고 있는 건지, 아니면 단순한 문제도 이해하지 못하겠다며 말썽을 피우는 건지 헷갈려 한다. 내가 고등학교 시절에 선생님들에게 반항했던 것처럼 말이다.)

어떤 경우든 '빤해 보이는 무언가'를 이해하지 못해 어려움을 겪는다면 좌절하지 마라. 같은 반 친구에게 묻거나 인터넷에서 도움을 받아라. 같은 과목을 가르치는 선생님 중에서 좀더 평판이 좋은 선생님을 찾아가봐도 좋다. 이런 선생님들은 여러분의 처지를 이해해주기도 하고, 여러분이 선생님을 지나치게 이용하려고 하지만 않으면 기꺼이 여러분을 도와준다. 이런 상황은 일시적일 뿐이며 생각보다는 그렇게 심각한 상황은 아니라는 걸 잊지 말자.

사회생활을 시작하면(이미 직장인인 게 아니라면), 상당수의 사람들이 여러분을 돕기보다는 자기가 잘나 보이게끔 자기 아이디어를 선전하는 일에 훨씬 관심이 많다는 사실을 알게 된다. 이런 상황에서는 건설적인 설명이나 비판에 귀를 열어두는 것과 건설적으로 보이지만 사실은 악의적인 논평이나 비판에 귀를 막는 것 사이에서 아슬아슬하게 줄타기를 해야 한다. 누가 뭐라고 비판하든 간에 스스로 옳다고 확신한다면("하지만 내가 맞다고!") 이는 여러분이 옳다는 단서일 것이다. 아니면 (사실 여러분의 감정이 섞여 있을 테니 이쪽일 가능성이 더 높겠지만) 다시 돌아가서 보다 객관적인 관점에서 주제를 재검토해야 할 수도 있다.

사람들은 종종 공감력이 누구에게나 이롭다고 말하지만, 사실은 그렇지 않다.[9] 배우고자 하는 주제에 집중할 뿐 아니라 사람들이 여러분을 과소평가하려 할 때 그들의 말을 듣지 않으려면 가끔은 냉정해져야 한다. 사람들은 서로 협력하려고도 하나 그만큼 경쟁적이기 때문에 남을 깎아내리는 일은 무척이나 흔하게 벌어진다. 아직 젊다면 이런 냉정함을 갖추기가 어려울 수도 있다. 우리는 자기 일에 자연스럽게 흥분하게 된다. 게다가 자신이 모든 사람을 설득할 수 있으며 거의 모두가 우리에게 당연히 선의를 가졌다고 믿곤 한다.

카할과 마찬가지로, 다른 이들이 여러분에게 할 수 없을 거라고 말한 바로 그 이유들 덕분에 성공을 향해갈 수 있다는 사실에 자부심을 가져라. **자기 자신을 자랑스럽게 여기자. 특히 여러분을 남과 '다르게' 만들어주는 자질을 자랑스럽게 여기고 이를 성공을 거두기 위한 비밀의 부적처럼 이용하자.** 타고난 고집을 이용해서 여러분이 무언가를 못할 거라는, 언제나 존재하는 편견에 대항하자.

한번 해보자!

'나쁜 것'의 가치를 이해하기

나쁘게 보이는 특징을 하나 고른 다음, 창의적으로나 독립적으로 배우고 사고하는 데 이 특징이 어떤 쓸모가 있는지 생각해보자. 이 특징의 긍정적인 측면을 강화하면서 부정적인 측면을 약화시키는 방법이 있을까?

요약

- 독학은 가장 심오하고도 가장 효율적인 학습법이다.
    - 그렇게 하면 독자적으로 사고력을 키울 수 있다.
    - 가끔씩 선생님들이 시험에 출제하는 별난 문제들을 풀게 될 수도 있다.
- 학습과정에서 끈기가 지능보다 훨씬 더 중요하다.
- 존경하는 사람들에게 다가가는 연습을 때때로 해보자. 그러다보면 간단한 말로 미래를 바꿔줄 현명한 새 멘토를 만날 수 있다. 하지만 선생님과 멘토의 시간을 너무 뺏지는 말자.
- 학습 내용의 핵심을 빠르게 파악하지 못해도 좌절하기는 이르다. 놀랍게도 '느림보' 학생들은 진도가 빠른 학생들이 놓치는 근본적으로 중요한 문제와 씨름하는 경우가 많다. 그러다가 마침내 문제를 이해하면 더욱 심화된 단계까지 도달하게 된다.
- 사람들은 협력적이기도 하지만 그만큼 경쟁적이다. 여러분의 노

력이나 성취를 깎아내리거나 비판하려는 사람이 언제나 존재하기 마련이다. 이런 문제에 냉정하게 대처하는 법을 배우자.

잠깐 멈춰 복습하기

책을 덮고 다른 곳으로 눈길을 돌려보자. 이번 장의 핵심 내용은 무엇이었는가? 어떤 내용이 가장 중요한가? 혹은 비슷하게 중요한 다른 내용들이 여러 개 있는가?

배운 내용 다지기

1. 공식적인 학과과정의 도움 없이 혼자서 학습할 때의 장점과 단점은 무엇인가?
2. 위키피디아에서 '독학자 명단List of autodidacts'을 검색해보자. 많은 독학자들 중에서 가장 본받고 싶은 사람은 누구인가? 왜인가?
3. (유명인사가 아닌) 지인 가운데 존경하지만 한 번도 대화해보지 못했던 사람을 한 명 골라보자. 그 사람에게 첫인사를 건네고 여러분을 소개할 계획을 세워서 이를 행동에 옮겨보자.

뉴욕타임스의 과학 기자
니컬러스 웨이드의 독립심

니컬러스 웨이드는 뉴욕타임스의 과학 분야 기사를 담당하고 있다. 언제나 독립적으로 사고했던 웨이드는 할아버지에게 그런 독립심을 물려받았다. 웨이드의 할아버지는 타이타닉호 침몰 사건의 몇 안 되는 남성 생존자였다. 대부분의 남자들이 소문을 듣고는 배의 좌현으로 이동했지만 웨이드의 할아버지는 자기 직관을 믿고 일부러 반대 방향인 우현으로 가서 살아남았다.

니컬러스는 과학자와 수학자를 다룬 책 중에 무척 흥미롭게 읽은 책 몇 권을 소개하며 통찰력을 전해준다.

"로버트 카니겔이 쓴 『수학이 나를 불렀다』에는 인도의 천재 수학자 스리니바사 라마누잔의 일생이 담겨 있습니다. 가난뱅이였다가 지성인이 된 라마누잔과 그의 친구인 영국 수학자 G. H. 하디의 놀라운 이야기가 여기 실려 있죠. 저는 그중에서 이 에피소드를 가장 좋아해요.

한번은 하디가 런던에서 택시를 타고 가다가 1729라는 숫자를 발견했대요. 그는 그 숫자에 대해 계속 생각했는지 라마누잔이 침대에 누워 있는 방에 들어오기가 무섭게 인사도 하지 않고 그 숫자에 대한 실망감을 불쑥 말했다더군요. 하디는 그 숫자가 '평범하고 지루하다'며 그것이 나쁜 징조가 아니었으면 좋겠다고 했어요.

그러자 라마누잔은 '그렇지 않아, 하디'라고 하면서 이랬대요. '사실은 무척 흥미로운 숫자야. 두 가지 서로 다른 방법으로 두 수의 세제곱의 합을 표현할 수 있는 가장 작은 수거든.'

완전히 다른 문화에서 살아남아 번창하는 법을 배우는 모습을 보여주는 아름다운 모험담 나폴리언 섀그넌의 『고결한 야만인』도 추천해요. 섀그넌은 원래 엔지니어였는데 그의 과학적인 연구 덕에 문화의 발전과정에 대한 이해를 넓힐 수 있었습니다.

E. T. 벨의 『고독한 천재들』은 매혹적인 사람들의 사고방식에 관심이 있는 사람이라면 흥미로워할 만한 인상적인 내용의 고전입니다. 그중에서 에바리스트 갈루아의 이야기가 인상적이었어요.

똑똑하지만 불운했던 수학자 갈루아는 자기가 죽으리라는 사실을 알았대요. 그래서 죽기 전날 밤, 죽음에 삼켜지기 전 급하게 유언장을 써두고 희미해지는 머릿속에서 반짝 빛나던 몇 가지 위대한 생각들을 열정적으로 써내려갔다고 합니다. 갈루아는 종이 여백에 '시간이 없다, 시간이 없다'라는 글을 휘갈기고는 연구의 개요를 미친듯이 적어갔대요.

사실 이 이야기에는 벨 교수의 과장이 약간 섞여 있을 겁니다. 하지만 갈루아가 죽기 전날 밤 인생을 건 작업을 마지막으로 가다듬었다는 건 논란의 여지 없이 사실이죠. 이 훌륭한 책은 남녀노소 상관없이 많은 사람들에게 영감을 주었습니다."

16장

자만하지 않기

:

팀워크의 힘

프레드에게는 문제가 하나 있었다. 그는 왼손을 움직일 수 없었다. 당연한 결과였다. 한 달 전, 노래를 부르며 샤워를 하다가 우뇌에 아주 치명적인 허혈성 뇌졸중이 일어났기 때문이었다. 우뇌는 몸의 왼쪽을 통제하기 때문에, 프레드의 왼손은 죽은 셈이었다.

하지만 프레드의 진짜 문제는 조금 더 심각했다. 왼손을 움직이지 못하는데도 프레드는 할 수 있다고 주장했고 정말로 그렇게 믿었다. 가끔은 너무 피곤해서 손가락 하나 들어올릴 힘도 없어서 왼손이 안 움직이는 거라고 변명했다. 아니면 아까 왼손이 움직였었다고 고집을 부렸다. 그저 사람들이 못 봤을 뿐이라고 주장했다. 심지어는 오른손으로 왼손을 몰래 움직여놓고는 왼손이 스스로 움직였다고 큰소리치기도 했다.

다행히도 몇 달이 지나자 프레드의 왼손은 조금씩 기능을 되찾았다. 프레드는 뇌졸중을 일으키고 몇 주 동안 자기가 왼손을 움직일 수 있다고 스스로를 어떻게 속였는지에 대해 의사에게 유쾌하게 설명했나. 이제 본업인 회계사로 돌아가게 돼 기쁘다고도 했다.

하지만 프레드는 예전과는 달랐다. 그는 원래 사려 깊고 배려심 많은 사람이었는데 새로운 프레드는 독선적이고 자기 말만 옳다고 믿었다.

다른 변화도 있었다. 프레드는 원래 농담을 꽤 잘했는데 이제는 다른 사람의 농담에서 결정적인 부분을 듣고도 제대로 이해를 못한 채 고개만 끄덕였다. 그뿐만 아니라 투자력도 증발해버렸고, 세심했던 성격은 순진한 낙관론과 자만심으로 바뀌었다.

설상가상으로 프레드의 감정은 점차 메말라갔다. 프레드는 허락을 받지도 않고 아내의 차를 팔려고 했다가 아내가 화를 내자 깜짝 놀랐다. 게다가 가족처럼 오래 키운 사랑하는 개가 죽었는데도 아무렇지도 않다는 듯 아내와 아이들이 우는 모습을 영화 속 한 장면을 보듯이 팝콘을 먹으며 지켜보기만 했다.

프레드의 지능은 멀쩡해 보였기에 왜 이렇게 변했는지 더욱 이해가 안 됐다. 숫자를 잘 다루던 실력도 어디 가지 않았다. 그는 여전히 회사의 손익계산서를 재빨리 작성했고 복잡한 대수학 문제를 척척 풀었다. 하지만 한 가지 흥미로운 이상 증세가 있었다. 계산을 실수해서 핫도그 가판대에서 10억 달러 정도 손실을 입었다는 식의 말도 안 되는 결론이 나도 전혀 알아채지 못했다. 큰 그림에서 문제를 바

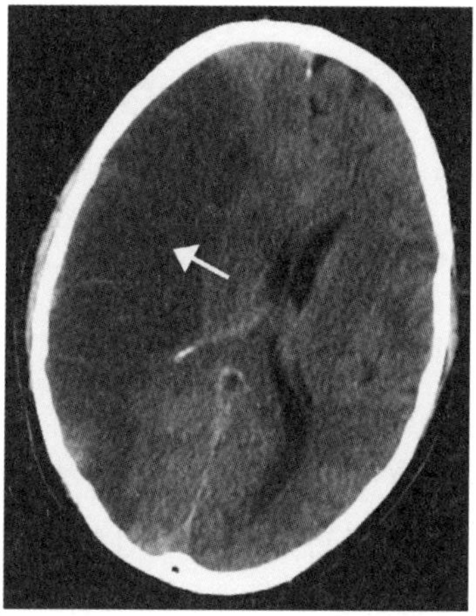

이 대뇌 CT 스캔 이미지를 보면 화살표로 표시된 다른 곳보다
어두운 부분이 우반구 허혈성 뇌졸중 때문에 손상된 부위다.

라보면서 '잠깐, 이건 말이 안 되는데' 하고 인식하는 능력이 사라진 것이다.

프레드는 '우뇌의 광범위한 영역에 걸친 지각장애'의 전형적인 희생자였다.[1] 뇌졸중 때문에 프레드의 우뇌 속 광범위한 영역이 정상적으로 기능하지 못하게 됐다. 그의 뇌는 어느 정도 예전처럼 돌아갔지만 부분적으로만 기능했다.

'좌뇌 대 우뇌'라는 피상적이면서도 잘못된 구도에 빠지지 않도록 조심해야겠지만, 원치 않는 걸 없애겠다며 중요한 부분까지 놓쳐서는 안 된다. 다시 말하면 우뇌와 좌뇌의 차이를 보여주는 가치 있는 연구 결과를 일부러 무시할 필요는 없다.[2] 프레드의 사례는 우리 두뇌의 여러 영역에 걸쳐 있는 인지 능력을 온전히 사용하지 않을 때 어떤 위험이 따르는지를 상기시킨다. 능력의 일부를 사용하지 않는다고 해서 프레드처럼 엄청난 일을 겪지는 않을 것이다. 하지만 능력을 약간이라도 제대로 쓰지 않으면 일이나 공부를 할 때 꽤 부정적인 결과로 이어질 수 있다.

자만하지 않기

한 발 물러서서 일이나 공부를 큰 그림의 관점에서 바라보는 데 우뇌가 도움을 준다는 사실을 입증하는 연구 결과는 굉장히 많다.[3] 우뇌에 손상을 입으면 많은 경우 소위 말하는 '아하!' 통찰이 불가능해진다. 프레드가 다른 사람의 농담을 알아듣지 못했던 것도 그래서다. 밝혀진 바에 따르면, 일을 제대로 된 경로에 올려놓고 '현상황을 직시'하는 데 우뇌가 필수적이다.[4]

어떤 의미로 볼 때, **숙제나 시험 문제를 빠른 속도로 해치우고 검토를 하지 않는 것은 두뇌의 일부를 활용하지 않겠다고 거부하는 일과 같다**. 다시 말해 잠깐 정신을 쉬게 한 다음 여러분이 푼 문제를 더 큰 그림에서 보면서 이치에 닿는지 다시 확인하지 않는 셈이다.[5] 선구적인 신경과학자 V. S. 라마찬드란은 우뇌가 현상태에 의문을 제기하고 전반적인 모순을 찾아내는 일종의 '악마의 대변자'라면 "좌뇌는 언제나 사물이 존재했던 원래 방식을 완강히 고수하려고 최선을 다한다"라고 봤다.[6] 이는 '좌뇌는 세계를 해석하며 그 해석을 유지하도록 상당히 노력한다'고 했던 심리학자 마이클 가자니가의 선구적인

업적과도 일맥상통한다.[7]

집중모드에서 공부할 때는 계산이나 예측을 하면서 사소한 실수를 하기가 쉽다. 그리고 일찌감치 궤도를 벗어났다면 나머지 작업을 제대로 한대도 소용이 없다. 여러분의 답은 여전히 틀린 것이다. 가끔은 지구의 원주가 76센티미터밖에 안 된다는 계산 결과를 얻는 식의 터무니없는 실수도 한다. 이런 말도 안 되는 결과를 얻어도 여러분은 이를 대수롭지 않게 여긴다. 좌뇌가 보다 중심이 된 집중모드는 결과를 고수하려는 욕구를 가졌기 때문이다.

이것이 좌뇌 중심적인 집중적인 분석모드의 문제점이다. 이 모드는 분석적이고 낙관적이기는 하지만, 상당히 많은 연구 결과에 따르면 융통성 없는 독단주의나 자기중심성으로 이어질 가능성이 높다.

만약 감사하게도 숙제나 시험 결과가 괜찮다고 전적으로 확신한다면, 이런 감정이 좌뇌에서 부분적으로 발생한 지나친 자만 때문이 아닌지 주의해야 한다. 한 발 물러서서 다시 확인하면 좌뇌와 우뇌 사이의 상호작용이 보다 활발해지고, 그에 따라 각 두뇌의 독특한 관점과 능력을 모두 활용할 수 있다.

수학과 그렇게 친하지 않다고 느끼는 사람들은 종종 '방정식 빙고'라는 덫에 빠진다. 이들은 선생님이나 교과서를 통해 배운 패턴을 찾아 그 패턴에 자기 방정식을 끼워맞추려고 필사적으로 애쓴다. 반면 좋은 학습자들은 자기의 풀이법이 말이 되는지를 확인한다. 그들은 그 방정식이 어디서 왔는지, 어떤 의미가 있는지를 스스로 확인해본다.

“첫번째 원칙은 자기 자신을 속이지 않는 것이다. 가장 속기 쉬운 사람은 여러분 자신이다.”[8]

—리처드 파인먼(물리학자, 과학인 척 가장하는 카고 컬트 과학을 피하는 방법에 대해 조언하며)

다른 사람과의 브레인스토밍의 장점

닐스 보어는 제2차세계대전 당시 미국 정부가 독일 나치 정권보다 원자폭탄을 더 빨리 만들기 위해 진행한 맨해튼 프로젝트에 무척 깊이 관여해 있었다. 보어는 역사상 손에 꼽힐 만큼 훌륭한 물리학자였지만 그랬기에 물리학에 대해 지성적으로 숙고하기가 힘들어졌다.

양자 이론을 직관적으로 파악한 천재 물리학자로 존경받았기에 사람들은 보어의 사고를 도저히 범접할 수 없는 수준이라고 받아들였다. 따라서 보어는 다른 사람들과 더이상 브레인스토밍을 할 수가 없었다. 보어가 아무리 터무니없는 아이디어를 제안해도 맨해튼 프로젝트에 투입된 다른 물리학자들은 성스러운 말씀을 들을 때처럼 ‘오오’ ‘아아’ 하는 감탄사만 연발했다.

보어는 이 문제를 흥미로운 방식으로 해결했다.

나중에 밝혀졌지만, 리처드 파인먼은 주변 사람에게 겁먹고 위축되지 않았다. 누구와 일하든 물리학 연구만 계속할 뿐이었다. 그런 만큼 파인먼은 보어에게 딱이었다. 당시 파인먼은 로스앨러모스에 모여든 수백 명의 저명한 물리학자 가운데 젊은 애송이에 불과했다.

1925년, 앨버트 아인슈타인과 함께 느긋하게 누워 시간을 보내는 닐스 보어.

하지만 보어는 다른 물리학자들과 회의하기 전에 파인먼과 개인적으로 브레인스토밍을 진행했다. 왜 그랬을까? 보어에게 위축되지 않으면서도 보어의 아이디어 가운데 어떤 것은 말도 안 된다고 말해주는 건 파인먼뿐이었기 때문이었다.[9]

보어도 알고 있었지만, 그 분야를 아는 사람들끼리 브레인스토밍을 하고 함께 일을 하면 큰 도움이 된다. 가끔은 두뇌 속 양쪽 모드와 좌우 대뇌 반구를 총동원해 여러분의 능력을 최대한 사용해도 작업을 꼼꼼히 살피기에 불충분한 경우가 있다. 사람들은 각자 맹점을 가졌기 때문이다. 여러분의 순진하게 낙관적인 집중모드는 오류가 생겨도 그대로 건너뛰어버린다. 특히 그 오류를 직접 저질렀다면 더 그렇다.[10] 게다가 가끔 모든 것을 지적으로 해결할 수 있다고 맹목적으로 믿지만, 사실은 그렇지 않다. (그렇기에 잘한다고 생각했던 과목의 시험을 망치면 충격에 빠지는 것이다.)

하지만 친구들과 함께 공부하면 자신의 생각이 잘못된 방향으로 빠지지 않았는지 쉽게 알아채 수정할 수 있다. 친구나 팀 동료는 계속해서 질문을 던지는, 여러분의 두뇌 외부에 위치한 커다란 분산모드 기관과도 같다. 여러분이 놓친 것이나 아예 못 보는 부분을 보게 해준다. 게다가 앞에서도 살폈지만, 친구들에게 내용을 설명하면 그 내용을 더 잘 이해할 수도 있다.

다른 사람들과 함께 일하거나 공부하는 게 문제를 풀 때만 중요한 건 아니다. 커리어를 쌓을 때도 중요하다. 예컨대 열정적이고 뛰어난 교수의 강의를 들어보라거나 새로운 채용 공고를 확인해보라는 팀 동료의 작은 조언 때문에 인생이 대단히 크게 바뀔 수도 있다. 사회학 분야에서 빈번히 인용된 「약한 연결고리의 힘」이라는 논문에서 마크 그래노베터는 (좋은 친구의 수가 아니라) 지인의 수를 통해 직업 시장에서 성공을 거두고 최신 사상을 접하게 되는 능력을 예측할 수 있다고 설명했다.[11] 가까운 친구와는 대개 아는 사람의 범주가 동일하다. 반면 같은 강의를 듣는 학생처럼 지인의 경우에는 아는 사람의 범위가 겹치지 않는다. 그렇기에 이들을 통해 '두뇌 외부'에 존재하는 개인 간 분산모드에 접근할 가능성이 무척 커진다.

함께 공부하는 사람들끼리는 적어도 이따금은 공격적으로 비판적인 날을 세울 수 있어야 한다. 팀으로 일할 때의 창의력에 대한 연구에 따르면, 서로의 의견을 비판하지 않고 동의만 하는 팀은 비판을 수용하며 가끔은 참여 조건으로 비판을 권장하는 팀보다 생산성이 떨어진다.[12] 만약 여러분이나 여러분의 학습 동료가 뭔가에 대해 잘못 이해하는 듯하다면, 서로 마음 상할까봐 걱정하지 말고 기탄없이 이를 이야기하고 어디가 잘못되었는지 논의해야 한다. 물론 쓸데없이 다른 사람을 공격하고 싶지 않을 수도 있지만, 비판 없이 '안전한 환경'만을 추구하기 위해 힘쓰다보면 생산적이면서 창의적으로 사고하는 힘이 사실상 사라진다. 당면한 문제보다는 다른 사람의 기분을 더 신경쓰게 되기 때문이다. 파인먼과 마찬가지로, 비판은 주든지 받든지 간에 여러분에 대한 게 아니라는 사실을 기억해야 한다. 비판은 여러분이 이해하고자 하는 대상에 대한 것이다. 이와 마찬가지로 사람들은 종종 경쟁의 바람직한 면을 깨닫지 못한다. 경쟁은 사람들의 능력을 최고로 끌어올리는 협력의 한 형태다.

브레인스토밍을 하는 상대들이나 친구들, 팀 동료들은 각자 다른 방식으로 도움을 준다. 친구 앞에서는 바보처럼 보여도 개의치 않을 것이다. 하지만 너무 멍청해 보이거나 너무 자주 그러면 싫을 것이다. 다른 사람들과 함께 공부하는 것은 관중 앞에서 무언가 연습하는 것과 비슷하다. 연구 결과에 따르면, 이렇게 사람들 앞에서 연습을 하면 스스로 사고할 수 있게 되고 시험을 보거나 발표를 할 때처럼 스트레스를 받는 상황에서도 보다 잘 대응할 수 있다.[13] 친구와 함께 공부하면 신뢰할 만한 정보의 원천에 오류가 있을 때도 좋다. 선생님이나 책이 아무리 훌륭할지라도 가끔은 어쩔 수 없이 실수가 생긴다. 이런 경우 친구들은 그로 인한 혼란을 해결해줄 수 있고, 여러분은 잘못된 무언가를 파악하느라 틀린 내용을 몇 시간이고 들여다보면서 시간 낭비를 하지 않아도 된다.

마지막으로 당부하지만 한 가지 주의 사항을 지켜야 한다. 공부 모임은 수학과 과학, 기술, 공학 분야를 공부할 때 무척 효율적이다. 하지만 공부 시간이 친목 도모의 시간으로 전락하면 이런 장점은 사라진다. 잡담은 최소한으로만 하고 정해진 시간에 맞춰 공부 모임을 끝마쳐야 한다.[14] 만약 공부 모임이 5분에서 15분 이상 늦어진다거나 구성원들이 자료를 안 읽어온다거나 이야기가 자꾸 산으로 간다면, 다른 모임을 찾자.

내성적인 사람들을 위한 팀워크

저는 내성적인 성격이라 다른 사람들과 일하는 상황을 좋아하지 않습니다. 하지만 대학 시절(1980년대쯤) 공학 수업을 들으며 헤매다가 동료들의 도움이 필요하다고 결론을 내렸죠. 다른 사람들과 어울리는 걸 그때도 좋아하지는 않았지만요. 그때만 해도 온라인 채팅이 없었기 때문에, 동료들과 각자의 기숙사 방문에 쪽지를 붙여두는 식으로 소통했습니다. 같은 수업을 듣던 제프와 저는 이런 시스템을 활용했죠. 제가 먼저 숙제의 1번 문제 답이 초속 1.7미터라는 의미로 1) 1.7m/s라고 쪽지에 적어놓았습니다. 그런 다음에 샤워를 하고 돌아와보면 제프가 '아니야, 1) 11m/s'라는 쪽지를 붙여놓았죠. 그럼 제 숙제를 다시 보면서 계산에서 틀린 부분을 찾아내요. 이번에는 8.45m/s라는 답을 얻었어요. 그러면 제프의 방으로 내려가 각자의 답을 도출한 과정에 대해 열띤 토론을 했죠. 제프는 어깨에 기타를 둘러멘 채로 말이죠. 그런 다음 각자 시간을 갖고 숙제를 다시 했고, 저는 9.37m/s라고 결론을 내렸어요. 제프 역시 마찬가지였죠. 이렇게 해서 저희는 이게 백 퍼센트 정답이라 확신하며 숙제를 제출했습니다. 다시 말해 아무리 다른 사람과 어울리는 걸 싫어한다 해도, 접촉을 최소한으로 하면서 상호작용을 할 수 있어요.

—폴 블로어스('훌륭한 강의상'을 수상한 애리조나대 교수)

요약

- 여러분이 모든 것을 제대로 해냈다고 자신한다 해도 집중모드에서는 중대한 실수를 저지를 수 있다. 검토를 통해 더 넓은 관점에서 바라보고, 조금 다른 신경학적 과정을 활용하며 실수와 오류를 잡을 수 있다.
- 의견이 충돌해도 개의치 않는 사람들과 협업할 경우,
  - 사고과정에서 생긴 오류를 깨달을 수 있다.
  - 독자적으로 사고하고 스트레스를 많이 받는 환경에 잘 대응하게 된다.
  - 공부한 내용을 다른 사람에게 설명하면서 내용을 제대로 이해하게 되고 이미 알던 바를 단단히 다져서 배움을 개선시킨다.

- 커리어를 쌓으며 활용할 인맥을 쌓을 수 있고 좀더 나은 선택을 하도록 방향을 잡을 수 있다.
- 공부하는 과정에서 비판은, 주든 받든 간에 개인을 향한 게 아니다. 비판은 이해하고자 애쓰는 내용에 관해 이뤄져야 한다.
- 자기 자신을 속이기가 가장 쉽다.

잠깐 멈춰 복습하기

책을 잠깐 덮고 다른 곳으로 시선을 돌려보자. 이번 장의 핵심 내용은 무엇이었는가? 친구들 앞에서 그 내용을 상기해보자. 이렇게 하면 친구들도 상호작용의 중요성을 깨달을 것이다!

배운 내용 다지기

1. 처음에는 백 퍼센트 확신했지만 나중에 틀렸다는 사실을 알게 되었던 경험이 있다면 예로 들어보자. 그런 일을 겪은 후에는 다른 사람의 비판을 보다 잘 받아들이게 되었는가?
2. 어떻게 해야 학급 친구들과의 공부 모임을 더욱 효율적으로 꾸릴 수 있을까?
3. 공부 모임이 공부중인 주제가 아닌 다른 주제에 초점을 맞추는 것 같다면 어떻게 해야 할까?

미국물리학회 회원이자 『의학물리』의 공저자 물리학 교수 브래드 로스의 통찰

브래드 로스가 애완견 수키와 함께 미시간주의 가을을 즐기고 있다.

저는 계산하기 전에 미리 생각하라고 강의 시간에 강조합니다. 많은 학생들이 사용하는, '플러그를 꽂으면 답이 자동으로 튀어나오는 방식'을 정말 싫어합니다. 방정식이란 어떤 숫자를 입력하면 결과 값이 튀어나오는 단순한 장치가 아니라고 거듭 이야기하죠. 방정식은 우리를 둘러싼 물리세계가 작동하는 방식을 알려줍니다. 제 경우에는 어떤 물리학 공식을 이해하려면 그 배경에 깔린 이야기를 알아야 해요. 방정식을 질적으로 이해하는 게 양적으로 정확한 수치를 얻는 일보다 더 중요합니다.

다음은 몇 가지 추가적인 도움말입니다.

1. 문제를 푸는 것보다 이미 푼 문제를 확인하는 게 훨씬 시간이 덜 걸립니다. 20분이나 걸려서 문제를 풀어놓고는 2분 동안 검산하지 않아 답이 틀리면 정말 안타깝죠.
2. 측정 단위는 여러분의 친구입니다. 수식의 좌우 양변에서 단위가 일치하지 않으면, 이 방정식은 틀린 겁니다. 또 '초' 같은 단위를 '미터' 같은 단위와 서로 더할 수는 없죠. 이는 사과와 바위를 섞는 격이죠. 결코 제대로 된 결과가 나오지 않습니다. 결과를 검토하다가 단위가 일치하지 않는 부분을 발견하면 실수를 알아챌 수 있습니다. 전문 학술지에 제출할 논문을 점검해달라고 부탁받았을 때도 비슷한 단위 오류를 발견한 적이 있죠.
3. 방정식이 어떤 의미인지 고민해보세요. 그래야 계산해서 얻은 수학적 결과와 여러분의 직관이 일치될 수 있습니다. 만약 일치하지 않는다면 계산을

실수했거나 직관에 실수가 있거나 둘 중 하나일 겁니다. 어떤 경우든, 왜 양쪽이 일치하지 않는지 알아내야 합니다.

4. (다소 고급 단계에 해당하는 얘기이지만) 복잡한 수식의 경우, 하나 혹은 여러 개의 변수가 0이나 무한에 가까워진다고 놓으면 그 방정식이 어떤 의미인지 이해하는 데 도움이 되는지 확인할 수 있어요.

17장

시험 잘 치르기

앞서 이미 언급했지만, 다시 한번 굵은 글씨로 강조해야 할 사항이 있다. **시험은 그 자체가 엄청나게 강력한 학습 도구다**. 즉 내용을 상기하기 위한 예비 시험이든 시험을 준비하는 동안의 문제 풀이 과정이든 시험을 볼 때 쏟는 모든 노력이 근본적으로 중요하다. 같은 내용을 두고 한 시간 공부하는 것과 한 시간 시험을 보는 것을 비교해본다면 시험을 치르는 경우에 더 많이 기억하고 더 많이 배운다. 시험은 정신을 집중하는 놀라운 방법처럼 보인다.

사실상 이 책에서 다룬 모든 내용은 보다 쉽고 자연스럽게 시험을 치르도록 설계되었다. 시험이 어떤 내용을 학습하는 일반적인 과정의 연장선으로 보이게 구성했다. 그러니 이제 이번 장과 책 전체의 핵심적인 주제로 뛰어들어가보자. 여러분이 시험 준비를 잘하고 있는지 확인하기 위한 체크리스트다.

시험 준비를 위한 체크리스트

리처드 펠더 교수는 공학 교육자들 사이에서 전설로 통한다. 펠더 교수는 21세기의 그 어떤 교육자들보다도 전 세계 학생들이 수학과 과학을 더 잘할 수 있게 도와주었다.[1] 펠더 교수가 학생들을 도울 때 활용했던 가장 간단하면서도 효과적인 교수 기법은 시험 성적에 실망한 학생들에게 이런 메모를 건네는 방식이었다.[2]

"여러분 가운데 상당수는 지난번 시험 성적이 나빴음에도 사실 그보다는 훨씬 더 내용을 잘 이해하고 있다고 선생님에게 말하곤 합니다. 그러면서 다음 시험도 똑같은 일을 겪지 않으려면 어떻게 해야 하느냐고 묻습니다.

시험을 어떻게 준비했는지에 대해서 몇 가지 질문해보겠습니다. 가능한 솔직히 답해주세요. 이 질문 가운데 상당수에 '아니오'라고 답했다면 실망스러운 시험 성적을 받는대도 놀랍지가 않네요. 다음 시험을 치고도 여전히 '아니오'가 많다면 성적이 나쁠 수밖에 없습니다. 반면 대부분의 질문에 '예'라고 답했음에도 성적이 안 좋았다면 뭔가 다른 원인이 존재할 겁니다. 선생님이나 상담자를 찾아가 뭐가 문제인지 이야기를 나눠보세요.

이 질문들 가운데 몇 가지는 여러분이 친구들과 함께 숙제를 한다는 걸 전제로 합니다. 각자 일단 해답을 구해서 서로 비교한다거나 아예 처음부터 문제를 같이 푼다고 가정하는 거죠. 어느 쪽이든 괜찮습니다. 만약 온전히 혼자서 공부를 해왔는데 시험 성적이 만족스럽지 않다면, 다음 시험을 보기 전에는 숙제나 공부를 같이할 친구를 한두 명 구해볼 것을 강력하게 권합니다. (다만, 다른 학생이 문제 푸는 모습을 그저 지켜만 본다면 이 방법은 장점보다는 단점이 더 클 겁니다.)

다음 체크리스트를 점검해보면 '시험 준비를 어떻게 해야 할까요?'라는 질문에 대한 답이 보다 선명해질 겁니다.

다음 질문들의 대다수에 '예'라고 대답할 수 있도록 최선을 다합시다."

시험 준비 체크리스트

각 항목에 설명된 행동에 대해 ('가끔' 그런다든가 '결코 하지 않음'이 아니라) 주로 그렇게 할 때만 '예'라고 체크하라.

숙제

1. 지문을 이해하기 위해 진지하게 노력했는가? (관련 연습 문제나 사례를 훑어보기만 했다면 여기 해당하지 않는다.) 예( ) 아니오( )
2. 숙제를 해결할 때 친구들과 함께했거나 최소한 친구들과 답을 함께 맞춰보았는가? 예( ) 아니오( )
3. 친구들과 같이 숙제를 하기 전에 모든 문제에 대한 답을 대략이라도 생각해봤는가? 예( ) 아니오( )

시험 준비

'예'에 체크한 항목이 많을수록 시험 준비를 잘하고 있는 셈이다. 만약 '아니오'라고 답한 항목이 둘 이상이라면 다음 시험을 준비할 때는 공부법을 조금 바꿔볼 것을 진지하게 고려해보자.

4. 숙제를 하기 위해서 친구들과의 토론을 할 때 (아이디어를 내거나 질문을 던지는 식으로) 적극적으로 참여했는가? 예( ) 아니오( )
5. 벽에 부딪혔을 때 선생님이나 교수, 조교와 상의했는가? 예( ) 아니오( )
6. 문제와 답을 전부 이해하고서 숙제를 제출했는가? 예( ) 아니오( )
7. 숙제를 하다가 확실히 이해가 안 되는 문제와 답이 있을 경우, 이를 수업 시간에 질문했는가? 예( ) 아니오( )
8. 학습가이드가 있는 경우, 시험 전에 이를 꼼꼼히 읽어 거기 적힌 대로 할 수 있겠다고 확신했는가? 예( ) 아니오( )
9. 대수학이나 계산에 시간을 허비하지 않고 많은 해법을 빠르게 살펴봤는가?

예( ) 아니오( )

10. 친구들과 함께 학습가이드와 거기 담긴 문제들을 훑어보면서 서로 질문해 보았는가? 예( ) 아니오( )
11. 시험을 보기 전에 복습 강의가 진행됐다면, 아직 확실히 모르는 부분을 그 때 물어봤는가? 예( ) 아니오( )
12. 시험 전날 밤 충분히 잤는가? (이 질문에 '아니오'라고 대답한다면 1~11번까지의 대답은 의미가 없다. 예( ) 아니오( )

예( ) 아니오( ) 총 개수

'어려운 문제에서 쉬운 문제로' 넘어가기 기술

수학과 과학 과목의 시험을 준비하는 학생들은 대개 가장 쉬운 문제부터 풀라고 배운다. 학생들이 상대적으로 간단한 문제들을 해결하고 나면 자신감이 붙어서 좀더 어려운 문제에 뛰어들 수 있다고 생각하기 때문이다.

물론 이 방법이 효과적인 학생들도 있다. 어떤 방식이든 간에 누군가에게는 맞기 때문이다. 하지만 불행히도 대부분의 학생들에게 이 방법은 역효과를 낳는다. 어려운 문제를 풀려면 보통 시간이 많이 필요하기 때문에 시험을 볼 때 이 문제부터 풀고 싶어한다. 게다가 어려운 문제를 해결하려면 분산모드에서 나오는 창의력이 필요하기도 하다. 하지만 분산모드에 진입하려면 간절하게 풀고자 하는 그 문제에 집중해서는 안 된다!

그렇다면 어떻게 해야 할까? 쉬운 문제부터 풀어야 할까? 아니면 어려운 문제부터 풀까?

어려운 문제부터 시작하되 얼른 쉬운 문제로 넘어가야 한다. 무슨 얘기인지 설명해보겠다.

일단 시험지를 받으면 어떤 문제가 나왔는지를 빠르게 훑어보자. (어떤 경우에서든 이렇게 해야 한다.) 그러면서 어떤 문제가 가장 어려워 보이는지 예의주시하라.

그런 다음 **가장 어려워 보이는 문제부터 손을 대자. 하지만 난관에 봉착했다거나 뭔가 올바르지 않은 방향으로 흘러간다고 느껴지면 1~2분 내에 큰마음을 먹고 곧바로 손을 떼자.**

이 조언은 엄청나게 유용하다. '어렵게 시작하라'라는 것은 가장 어려운 문제부터 시작해서 점점 주의를 다른 데로 돌리라는 말이다. 이렇게 행동하면 분산모드를 개시하는 데 도움이 된다.

만약 처음 손댄 어려운 문제가 해결되지 않는다면, 쉬운 문제로 넘어가서 그 문제를 해결하거나 그 문제에 최선을 다하자. 그다음에는 어려워 보이는 다른 문제로 넘어가 조금씩 진전을 거둬라. 다시 한번 교착상태에 빠지는 것 같다면 더 쉬운 문제로 넘어가자.

"저는 학생들에게 좋은 걱정과 나쁜 걱정이 있다고 알려줍니다. 좋은 걱정은 동기 부여가 되고 집중을 돕지만 나쁜 걱정은 에너지 낭비일 뿐이죠."

—밥 브래드쇼(올론대 수학과 교수)

그러다가 더 어려운 문제를 다시 살펴보면, 기분좋게도 그 문제를 풀 실마리가 더 명확하게 보일 것이다. 그 자리에서 당장 끝까지 해결하지는 못해도 적어도 다른 문제로 주의를 돌리기 전보다는 진전을 거둘 것이다.

어떤 의미에서 보자면, 이런 식의 시험 접근법은 요령 있는 요리사들이 쓰는 방법과 비슷하다. 요리사들은 스테이크를 굽는 동안 요리에 곁들일 토마토를 재빨리 썰고 수프에 간을 하고 양파를 볶는다. '어려운 문제에서 쉬운 문제로' 넘어가기 기술은 두뇌의 서로 다른 영역이 서로 다른 생각을 동시에 진행하도록 해줘 두뇌를 보다 효율적으로 활용할 수 있다.[3]

'어려운 문제에서 쉬운 문제로' 기술을 활용하면서 시험을 보면 모든 문제를 적어도 조금씩은 풀어볼 수 있다. 이 기술은 잘못된 접근법 때문에 문제 풀이가 막히는 아인슈텔룽 효과도 막을 수 있다. 서로 다른 시점에 각기 다른 관점으로 문제를 바라볼 기회가 생기기 때문이다. 만약 선생님이나 교수님이 답안에 부분 점수를 줄 경우 이 방법이 특히 유용하다.

이러한 접근방식의 유일한 문제점은, 문제 풀이가 중간에 막혀서 1~2분이 지나면 마음을 단단히 먹고 거기서 손을 떼야 한다는 점이다. 대부분의 학생들에게는 쉬운 일이지만 그러려면 결심과 의지력이 필요한 학생들도 있다. 이제 여러분도 알겠지만 어떤 경우든 수학과 과학 분야에서 방향을 잘못 잡고서 고집을 부려봐야 힘들어질 뿐이다.

시험을 포기하고 교실 문을 나서면 그제야 문제의 답이 떠오르는 일을 학생들이 가끔 겪는 것도 그래서다. 포기하기로 결심을 하면 그 순간 주의 집중의 대상이 바뀌어 직전까지 문제를 풀고 답을 내는 데 필요했던 분산모드가 발동되는 것이다. 물론 너무 늦었지만 말이다.

시험 때 어떤 문제를 풀다가 다른 문제로 넘어가면 혼란스러울 것 같다고 걱정하는 사람들도 있다. 하지만 대부분의 경우 그런 문제를 겪지 않는다. 요리사들이 결국 다양한 재료를 저녁식사 메뉴로 합쳐 내듯이 말이다. 그래도 이 전략이 실제 시험에 효과적일지 걱정된다면, 일단 숙제를 할 때 이 기술을 적용해보자.

다만 어려운 문제를 먼저 해결하는 기술이 적절하게 적용되지 않는 경우가 몇 가지 있으니 이 부분만 주의하자. 만약 선생님이 아주 어려운 문제에 큰 점수를 배당하지 않았다면(가끔 이런 선생님들이 있다) 다른 문제에 더 집중하는 편이 낫다. 또 전산화된 자격시험의 경우 앞으로 되돌아가서 문제를 풀 수 없을 때가 있다. 그러니 이런 경우에는 어려운 문제를 만나면 깊게 두어 번 심호흡을 하고(들이마신 숨을 내뱉는 것도 잊지 말자) 열심히 풀 수밖에 없다. 만약 시험 준비를 충실히 못했다면 이런 전략도 쓸데없다. 풀 수 있는 문제만 해결하면서 점수를 따자.

시험 보기 전에 당황하지 않기

저는 학생들에게 두려움을 직시하라고 얘기합니다. 학생들은 원하는 직업을 구하는 데 필요한 성적을 못 받을까봐 두려워하죠. 이런 두려움을 어떻게 극복할까요? 간단합니다. 차선책을 생각하면 됩니다. 최악의 사태에 대비해 다른 계획이 있다면 실패에 대한 두려움이 놀랍게도 사라지게 됩니다.

시험날까지 열심히 공부한 다음, 마음을 편히 비우세요. 그리고 스스로에게 이렇게 말하세요. '좋아, 몇 문제나 맞히나보자. 잘 안 되어도 또다른 직업을 생각해뒀으니까.' 이런 마음가짐이면 스트레스를 덜 받고 시험 성적이 좋아져서 원하던 직업에 한 발 더 다가갈 수 있습니다.

—트레이시 매그랜(새들백칼리지 생명과학과 교수)

시험 볼 때 긴장되는 이유와 그 해결법

만약 시험을 볼 때 긴장이 된다면, 스트레스를 받으면 몸에서 코르티솔 같은 화학 물질이 분비된다는 사실을 유념하라. 그 때문에 손바닥이 축축해지고, 심장이 두근거리며, 뱃속이 꼬인 듯 불편해지는 것이다. 하지만 흥미롭게도 연구 결과에 따르면 상황을 어떻게 해석하느냐에 따라 이런 증상은 달라진다. 즉 스트레스를 왜 받는지에 대해 본인이 어떻게 생각하느냐에 따라 많은 것이 달라진다. '이 시험 때문에 무서워'라고 생각하는 대신에 '이 시험은 내가 최선을 다하게 만들어!'라고 마음가짐만 바꾸어도 성적을 꽤 올릴 수 있다.[4]

시험 때마다 지나치게 긴장을 한다면 잠깐 호흡에 집중해봐도 좋다. 배의 긴장을 풀고 그 위에 손을 올리고 천천히 숨을 깊게 들이마셔보

자. 가슴 전체가 드럼통처럼 부풀어오르면서 손도 배를 따라 위로 올라가야 한다.

이런 방식으로 심호흡을 하면 두뇌의 중요한 영역으로 산소를 보낼 수 있다. 이러한 행동을 하면 모든 것이 이상 없다는 신호가 두뇌에 전달돼 마음을 차분하게 만드는 데 효과적이다. 그렇지만 시험 당일에야 이런 호흡법을 시작해서는 안 된다. 최소한 시험 몇 주 전부터 시간 날 때마다 1~2분씩 호흡법을 연습하면 시험 때도 보다 쉽게 이 호흡법을 실시할 수 있다. (연습해야 내 것이 된다는 사실을 기억하자!) 특히 시험지를 제출하기 전, 마지막으로 긴장되는 순간에 이렇게 심호흡을 하면 좋다. (혹시 더 관심이 있다면 심호흡을 도와주는 여러 어플이 있다.)

또다른 기술로는 마음 챙김이 있다.[5] 이 기술을 이용하면 자연스럽게 떠오르는 생각('다음주에 큰 시험이 하나 있어')과 이 생각에 뒤따르는 감정적인 반응('그 시험을 망치면 그 프로그램에서 탈락할 텐데 그러면 어쩌지!')을 구별하게 된다. 줄줄이 사탕처럼 따라오는 이런 생각들은, 분산모드로 인한 투영처럼 보인다. 이런 사고와 감정을 보다 단순하게 재구성하는 연습을 몇 주만 진행해도 마음이 가벼워지고 차분해질 것이다. 자꾸 거슬린다면 이를 억누르기보다는 틀을 다시 짜는 게 훨씬 낫다. 몇 주 동안 마음 챙김을 연습한 학생들은 주의가 덜 흐트러져서 시험 성적이 더 좋아졌다.

가장 어려운 문제를 시험 막판까지 미루다가 해결하는 습관이 왜 문제인지를 이제 깨달았을 것이다. 시간이 줄어들면서 스트레스는 점점 증가하고, 가장 어려운 문제를 갑자기 마주치기 때문이다! 스트레스 수치가 치솟고, 보다 열심히 집중을 하면 이 집중모드가 문제 풀이를 도와줄 것이라고 생각할지 모른다. 하지만 앞에서 살폈듯이 집중모드는 분산모드가 제 일을 못하게 방해한다.

그럼 어떤 결과가 이어질까? '분석에 의한 마비'[6]가 올 뿐이다. '어려운 문제에서 쉬운 문제로' 기술로 이를 막을 수 있다.

시험 준비 과정의 여러 도움말

객관식 문제를 내면서 보니 가끔 학생들은 문제에서 뭘 묻는 건지 제대로 이해하지 않고 선택지를 읽고 문제 풀이에 뛰어들더군요. 그럴 때면 학생들에게 선택지를 가리고 관련 정보부터 떠올려보고 주관식 문제인 것처럼 답해보라고 조언하죠.

학생들이 예전에 풀었던 연습 문제보다 시험 문제가 훨씬 어렵다고 불평하면 저는 이렇게 묻습니다. '두 상황이 뭐가 달라진 거죠? 혼란을 일으킨 변수가 뭔가요? 연습 문제는 집에서 음악을 들으며 편하게 풀지 않았나요? 친구들과 문제를 같이 풀지도 않았죠? 시간 제한도 없었죠? 문제에 대한 도움말과 해답도 바로 찾을 수 있었죠? 이런 상황과 조건은, 시계가 째깍대는 가운데 다른 학생들이 가득한 교실에서 문제를 푸는 실제 시험과는 꽤 다릅니다. 시험 때문에 불안하다면 사람들이 많은 강의실에 들어가서(몰래 들어가서 뒷자리에 앉아도 눈치채지 못할 정도로 큰 강의실이 좋습니다) 연습 문제를 풀어보라고 조언합니다.

—수전 사이나 허버트(레이크헤드대 심리학과 교수)

시험 전 최종 점검

시험 전날에는 내용 전체를 빠르게 죽 훑어보면 좋다. 시험 당일에는 집중모드와 분산모드의 '근육'이 둘 다 필요할 테니, 전날 두뇌를 너무 혹사하지 말자. (마라톤 경기 전날 15킬로미터 넘게 뛰지 않듯이 말이다.) 큰 시험을 하루 앞뒀을 때는 열심히 공부를 하지 않는다며 죄책감을 느끼지 마라. 그동안 제대로 시험 준비를 했다면 무의식적으로 정신적 에너지를 보존하기 위해 한 발 후퇴하고 있다고 생각하는 게 당연하다.

시험을 보는 동안에는 지금껏 푼 문제의 답이 맞다고 스스로를 속일 수 있다는 사실을 기억해야 한다. 실제로는 틀렸는데도 말이다. 그러니 **시험을 보면서 틈이 날 때마다 눈을 깜빡여서 주의 집중의 대상을 옮겨 큰 그림의 관점에서** 답을 다시 **점검해야 한다. '이게 정말** 말이 **돼?'라고 스스로에게 묻자.** 보통 문제는 하나 이상의 방식으로 풀 수 있기 때문에, 다른 관점에서 답을 점검하는 것은 여러분이 내린 결과가 맞는지 확실히 할 수 있는 절호의 기회다.

내 생각이 맞는지 한 발 물러서서 확인할 방법이 없다면, 아무리 수학과 과학, 공학 분야에서 공부를 많이 한 실력 좋은 학생이라도 마이너스 기호를 놓친다거나 덧셈이 틀렸다거나 '원자를 하나 빼먹는' 단순한 실수를 저지른다는 사실을 유념하라. 최선을 다해 실수를 찾아내자. 과학 과목에서는 방정식 양변의 단위를 서로 일치시키는 것이 문제를 제대로 풀었다는 중요한 단서가 될 수 있다.

시험 문제를 푸는 순서도 중요하다. 보통은 시험지 앞에서부터 뒤로 문제를 순차적으로 푼다. 검산을 할 때는 뒤쪽에서부터 시작해 앞쪽으로 다시 확인해보면 가끔은 보다 신선한 관점에서 문제를 바라보게 돼 실수를 더 쉽게 찾아내기도 한다.

영원히 확실한 것은 없다. 가끔은 공부를 열심히 해도 시험의 신이 도와주지 않는다. 그래도 열심히 연습하고 문제 풀이 기법을 머릿속 도서관에 탄탄히 쌓아올렸다면, 현명한 방식으로 시험을 봤다면, 행운의 신은 점차 여러분 편에 설 것이다.

요약

- 시험 전날에 잠을 충분히 안 잔다면 모든 노력이 헛수고가 된다.
- 시험을 보는 건 만만찮은 일이다. 전투기 조종사나 의사가 할 일 목록을 확인하듯, 시험 준비를 위한 여러분만의 체크리스트를 작성하면 좋은 성적을 거둘 수 있다.
- '어려운 문제에서 쉬운 문제로' 기술은 언뜻 반직관적으로 보이지만, 여러분의 두뇌가 보다 간단한 다른 문제에 집중하는 동안에도 어려운 문제를 숙고하게 해준다.
- 스트레스를 받으면 우리 몸에서 화학 물질이 분비된다. 이 화학 물질에 대한 몸의 반응을 어떻게 해석하느냐가 중요하다. 만약 '이 시험 때문에 무서워' 대신 '이 시험은 내가 최선을 다하게 만들어!'라고 생각을 전환한다면 성적을 높일 수 있을 것이다.

- 시험을 볼 때 긴장을 많이 하는 편이라면, 잠깐 호흡에 주의를 집중해보라. 손을 배 위에 얹고 긴장을 푼 다음 천천히 숨을 깊게 들이마셔라. 이때 팔이 바깥쪽으로 향하면서 가슴 전체가 드럼통처럼 부풀어오른다.
- 무언가 틀렸어도 우리의 답이 옳다는 식으로 여러분의 정신이 스스로를 속일 수 있다. 그러니 시간이 날 때마다 눈을 깜박여 주의를 돌리고, 여러분이 작성한 답을 큰 그림의 관점에서 다시 한번 검토해보자. 이렇게 자문해보자. '이게 정말 말이 되나?'

잠깐 멈춰 복습하기

책을 덮고 잠시 다른 곳으로 눈길을 돌려보자. 이번 장의 핵심 내용은 무엇이었는가? 시험을 치를 때 시도할 만한, 특히 중요한 새로운 도움말이 있다면 무엇인가?

배운 내용 다지기

1. 시험을 보기 전에 해야 할 몹시 중요한 준비 단계를 하나 꼽자면 무엇인가? (힌트: 이 단계를 밟지 않으면, 그동안 공부했던 게 아무 소용 없다.)
2. '어려운 문제에서 쉬운 문제로' 기술을 활용했을 때, 어려운 문제에서 손을 떼고 다음 문제로 넘어갈 시점을 어떻게 결정할지

설명해보자.

3. 심호흡을 하면 극도로 긴장한 마음을 가라앉힐 수 있다고 했다. 왜 가슴 위쪽의 호흡뿐만 아니라 배가 부풀어오르게 호흡하라고 강조했을까?
4. 왜 시험 문제의 답을 다시 점검하기 전에는 잠깐 주의를 다른 곳으로 돌리면 좋을까?

시험 볼 때 숨막힐 듯 긴장하지 않는 법: 심리학자 사이언 베일락의 조언

사이언 베일락은 시카고대 심리학과 교수로 중대하고 중압감이 심한 상황에서 어떻게 해야 긴장을 늦출 수 있는지에 대해 연구를 진행해 전 세계에서 손꼽히는 전문가다. 그의 선구적인 연구는 『부동의 심리학』에 담겨 있다.[7]

"부담스러운 상황에서 뭔가를 해내거나 학습을 하려면 상당히 스트레스를 받게 됩니다. 하지만 우리 몸에 대한 여러 연구에 따르면, 꽤 단순한 심리학적 개입만 해줘도 시험 볼 때 긴장감을 낮추고 강의실에서 보다 효율적으로 지식을 습득할 수 있다고 해요. 이런 개입은 학습법을 가르치는 게 아닙니다. 태도를 변화시키려는 것이죠.

저희 연구팀이 밝힌 바에 따르면, 시험 직전에 그 시험에 대한 생각과 감정을 글로 적기만 해도 성과에 대한 압박 때문에 발생하는 부정적인 영향을 줄일 수 있습니다. 글을 쓰면 머릿속에서 부정적인 생각이 방출돼 시험 때 순간적으로 그런 기분이 튀어나와 주의가 흐트러지는 일을 막는 듯해요.

학습 내용을 익히려고 약간의 스트레스를 받으며 모의 시험을 여러 번 진행해도 실전 시험에서의 보다 강력한 스트레스에 대비할 수 있습니다. 이 책에서 배웠겠지만 학습과정에서 자체적으로 모의 시험을 치면 지식을 더 효율적으로 습득할 수 있어요. 부담감이 큰 시험을 보면서도 보다 수월하게 길을 찾을 수도 있고요.

그뿐만 아니라 부정적인 혼잣말, 다시 말해 머릿속에 떠오르는 부정적인 생각은 성적에 악영향을 끼칠 수 있습니다. 그러니 시험 시간에는 항상 긍정적으로 말과 생각을 해야 합니다. 부정적인 생각이 튀어나오려 하면 중간에 꼬리를 자르세요.

무시무시한 용이 여러분을 기다리고 있다고 느껴져도 말이죠. 그리고 어떤 문제를, 아니면 여러 문제를 전혀 모르겠다고 해도 기운 내서 그다음 문제에 주의를 집중하세요.

마지막으로, 학생들이 시험 때 숨막힐 듯 긴장하는 건 지금 마주한 문제를 제대로 생각하지 않고 맹목적으로 문제 풀이에 뛰어들어서입니다. 문제를 풀기 전에, 또는 장애물에 부딪혔을 때 몇 초 동안 숨을 고르는 연습을 하면, 최선의 해답을 찾을 수 있습니다. 이렇게 하면 막다른 골목에 몰려 시간을 상당히 지체했다는 걸 갑자기 깨달아도 숨이 턱 막히지가 않죠.

어느 정도만 스트레스를 받는 법을 배울 수 있습니다. 이상하게 들릴 수 있지만 여러분은 아예 스트레스가 사라지는 상황을 바라지는 않을 겁니다. 스트레스를 적당히 받으면 가장 중요한 상황에서 최상의 결과를 얻을 수 있거든요.

행운을 빕니다!"

18장

여러분의 잠재력을 해방시키기

봉고를 연주하던 노벨 물리학상 수상자 리처드 파인먼은 태평한 사람이었다. 하지만 파인먼의 활기찬 성격이 몇 년간 도전을 받던 시기가 있었다. 그의 인생에서 최고의 시기이자 최악의 시기였다.

1940년대 초반, 파인먼의 사랑하는 아내 알린이 폐결핵으로 목숨이 위험해져 멀리 떨어진 병원에 입원했다. 하지만 파인먼은 일급비밀로 제2차세계대전에서 가장 중요했던 맨해튼 프로젝트를 진행중이라 뉴멕시코주 로스앨러모스에 갇혀서 아내를 보러 갈 수가 없었다. 그때만 해도 파인먼은 전혀 유명하지 않았기에 특별 대접을 받을 수도 없었다.

일을 마치고 초조하거나 지루해질 때면 파인먼은 이를 떨치기 위해서 다른 사람들의 가장 깊고 어두운 비밀을 훔쳐보는 데 힘을 쏟기 시작했다. 금고를 어떻게 여는지 연구한 것이다.

하지만 금고 열기의 장인이 되기란 쉽지 않았다. 파인먼은 직관을 활용해 자물쇠의 내부 구조를 익혔고, 일단 비밀번호의 첫번째 숫자를 알아내 연주회장의 피아니스트처럼 그다음 숫자 조합을 손가락으로 빠르게 넘기면서 남은 번호를 맞혔다.

그러던 어느 날, 파인먼은 최근 로스앨러모스에 전문 자물쇠 수리공이 들어왔다는 소식을 듣게 됐다. 금고 하나를 몇 초 만에 열 줄 아는 진짜 전문가였다.

전문가를 가까이에서 볼 수 있다니! 파인먼은 그와 친구만 된다면 금고 열기의 심오한 비밀을 파악할 것이라 생각했다.

이 책에서 우리는 공부법을 바라보는 새로운 방식들을 탐구했다. 가끔은 **무언가를 당장 알아야겠다는 욕구가 무언가를 배우지 못하도록 가로막는 범인이 된다**는 사실도 알게 되었다. 오른손을 지나치게 빠르게 뻗으면 왼손이 저절로 오른손을 부여잡고 저지하는 일과도 비슷하다.

훌륭한 예술가와 과학자, 공학자, 그리고 망누스 칼센 같은 체스 마스터 들은 일단 골똘하게 주의를 집중해 두뇌의 자연적인 리듬을 활용하고, 머릿속에서 문제를 잘 파악하고자 노력한다. 그런 다음 다른 곳으로 주의를 돌린다. 이렇게 집중모드와 분산모드를 번갈아가며 이동하면 생각의 구름이 두뇌의 새로운 영역으로 보다 쉽게 떠간다. 결국 작은 구름 한 조각이 정제되고 다시 부풀려져서 정답의 유용한 일부가 될 수 있다.

두뇌 개조는 여러분의 손에 달렸다. 그러려면 자기 두뇌의 강점과 약점을 잘 알고 이를 활용할 줄 아는 인내심을 가져야 한다.

전화벨 소리나 문자 알림음처럼 여러분을 방해하는 계기에 조금씩 반응하지 않음으로써 집중력을 개선할 수 있다. 짧은 시간 동안 주의를 집중하는 포모도로 기법은 습관적으로 반응하는 행동 속 선의의 좀비를 다르게 바꾸는 강력한 도구다. 일단 짧은 시간 동안 집중해서 일이나 공부를 한 뒤 정신적인 휴식을 취하는 일을 진정으로 즐기게 된다.

이렇게 몇 주, 몇 달에 걸쳐 꾸준히 노력하면 어떤 결과를 얻게 될까? 새로운 학습 기간 사이사이에 모르타르가 잘 발려서 단단한 신경세포 구조가 형성된다. 집중하는 시간 사이에 주기적으로 휴식기를 갖는 식으로 공부를 하면, 더욱 즐겁고 더욱 깊이 있게 공부할 수 있다. 휴식하는 동안에는 여러분이 무엇을 하는지에 대한 세부 맥락뿐 아니라 큰 그림을 통합하는 관점이 생긴다.

한 가지 유의해야 할 점이 있다. 우리의 행동이 얼마나 형편없이 잘못되었든 간에 우리 두뇌의 일부는 '아무 문제도 없어요, 감사합니다'라고 믿도록 짜여 있다는 사실이다. 우리는 이렇게 스스로를 속이므로 시험 답안지를 제출하기 전에 '이게 정말 말이 되는지' 재확인해야 한다. 한 발 뒤로 물러나 신선한 관점에서 바라보고, 내용을 보지 않고 떠올려보고, 친구들이 우리에게 질문하게 해야 유능함의 환상에서 벗어날 수 있다. 이런 환상과 실질적인 이해의 부족이 겹치면 수학과 과학을 공부하는 과정에서 걸려 넘어져 성공하지 못한다.

시험 공부 막판에 기계적인 암기를 하면 초급 단계의 학습자들은 수학과 과학을 이해한다고 환상을 갖게 된다. 하지만 고급 단계로 올라갈수록 기초가 부실한 지식과 이해는 허물어진다. 어떻게 학습하는지에 대해 깊게 이해할수록, 암기는 항상 나쁜 것이라는 단순한 생각에서 벗어날 수 있다. 우리는 이제 잘 이해된 정보 덩어리를 깊이 있게 연습하고 충분히 내면화하는 과정이 수학과 과학을 통달하는 데 필수라는 사실을 안다. 운동 선수들이 시합 전 막판에 벼락치기하듯 훈련을 해서는 근육을 제대로 발달시킬 수 없듯이, 수학과 과학을 공부하는 학생들 또한 자꾸 공부를 미루다보면 단단한 정보 덩어리를 만들 수 없다는 사실도 안다.

여러분이 몇 살이든, 교양을 얼마나 쌓았든, 우리 두뇌의 일부는 아이와 같다. 즉 우리가 가끔 좌절하는 건 한숨 돌리라는 신호다. 하지만 항상 존재하는 우리 내면의 어린아이가 창의력을 활용할 수 있는 잠재력도 제공해준다. 이 창의력 덕분에 처음에는 끔찍하게 어려워 보였던 수학이나 과학 개념을 시각화하고, 기억하고, 그 개념과 친근해지고, 진정으로 이해하게 된다.

이와 비슷하게 끈기가 이따금 우리를 돕지 않는다는 걸 배웠다. 한 가지 문제에 끈질기게 집중하다보면 문제 풀이법을 보는 능력이 가로막히기도 한다. 하지만 어떤 분야에서 성공하려면 큰 그림을 보면서 장기적으로 끈질기게 노력도 해야 한다. 이러한 종류의 장기적인 끈기 덕분에 우리는 필연적인 비관론자 혹은 우리의 목표나 꿈을 일시적으로 너무 멀어 보이게 만드는 삶의 불행한 우여곡절을 피할 수 있다.

이 책에서는 학습의 역설적인 속성을 중심 주제로 다뤘다. 주의 집중력은 문제 풀이에 꼭 필요하지만, 동시에 문제 풀이를 방해하기도 한다. 끈기는 핵심적인 요소이지만, 동시에 불필요하게 머리를 지끈거리게 한다. 암기는 전문지식을 얻는 데 꼭 필요하지만, 동시에 숲 대신 나무에 집중하게 만든다. 비유는 새로운 개념을 습득하는 데 필요하지만, 자칫 이 때문에 잘못된 개념을 고집할 수도 있다.

여럿이서 공부하든 혼자서 공부하든, 어려운 것부터 시작하든 쉬운 것부터 시작하든, 구체적으로 배우든 추상적으로 배우든, 성공하든 실패하든, 결국 이러한 학습의 역설들을 통합함으로써 우리가 하는 모든 일에 가치와 의미가 더해진다.

세계적으로 손꼽히는 사상가들이 오랫동안 활용했던 마법 같은 비결을 들자면, 단순화다. 전문 용어를 어린아이들도 이해하게 표현하는 것이다. 이는 리처드 파인먼의 방식과도 일맥상통한다. 파인먼은 무척 난해한 이론을 다루는 수학자들에게 자신의 이론을 단순한 용어로 표현해보라고 했다.

그들은 할 수 있었다. 여러분도 그렇게 할 수 있다. 파인먼과 카할처럼 여러분도 배움이 가진 힘을 활용해서 꿈을 펼칠 수 있다.

• • •

파인먼은 금고 열기 기술을 계속 갈고닦으면서 자물쇠 수리공과 친구가 되었다. 그리고 자물쇠 수리공과 대화를 오래 주고받으면서 점차 예의상 하는 말은 건너뛰게 됐고 이 분야를 더 깊게 파고들어 자물쇠 수리공의 전문 기술 뒤에 놓인 숨은 의미를 이해하려 했다.

그러던 어느 늦은 밤, 마침내 가장 귀중하고 신비한 지식이 드러났다.

자물쇠 수리공은 제조업체의 기본 설정에 접근할 수 있었다.

자물쇠 수리공은 기본 설정을 알았기에, 금고 소유자가 제조업체에서 배송받은 이후로 설정을 전혀 바꾸지 않았다면 금고를 열 수 있었다. 사람들은 금고를 여는 마법 같은 기술이 있다고 믿었지만 사실은 금고가 처음에 제조업체에서 어떤 상태로 도착했는지만 알면 됐다.

파인먼과 마찬가지로, 여러분은 보다 단순하고 쉽게, 그리고 덜 좌절하면서 학습해가는 놀라운 통찰을 얻을 수 있다. 두뇌의 초기 설정을 이해한다면, 다시 말해 뇌가 어떻게 학습을 하고 생각을 하는지 그 자연스러운 방식을 이해하고 그 지식을 활용한다면 여러분 또한 전문가가 될 수 있다.

이 책 첫머리에서 수학과 과학 실력이 나쁜 사람들뿐 아니라 이미 실력이 좋은 사람들에게도 유용할, 수학과 과학 분야에 집중하게 도와줄 단순한 비법을 알려주겠다고 말했다. 이 책을 죽 읽으면서 이런 비법을 하나하나 모두 살펴봤을 것이다. 여러분도 지금쯤이면 알겠지만, 내용을 단순화한 핵심을 덩어리 지어 이해하는 일이 가장 중요하다. 그래서 마지막으로 이 책의 핵심 개념에 대한 정보 덩어리를 '공부를 잘하기 위한 열 가지 학습법'과 '공부를 망치는 열 가지 학습법'으로 요약하려 한다.

기억하라, 행운의 여신은 노력하는 사람을 좋아한다. 무언가를 배우는 최선의 방법에 대한 통찰력은 분명 도움이 될 것이다.

공부를 잘하기 위한 열 가지 학습법

1. **내용을 안 보고 떠올려보자**: 책을 한 페이지 읽은 다음 눈을 떼고 핵심 내용을 머릿속에 떠올려보라. 강조 표시는 아주 조금만 하라. 그리고 내용을 떠올리며 머릿속에 없는 내용에는 절대 강조 표시를 하지 마라. 강의를 들으러 가면서나 처음 그 내용을 배웠던 장소와 다른 곳에서 내용을 상기해보라. 공부한 내용을 상기하는 것, 즉 여러분 내면에서 개념을 생성하는 일은 훌륭한 학습을 측정하는 핵심 지표다.

2. **자체 시험을 진행하라**: 모든 것에 대해서 언제나 이렇게 해보자. 플래시카드를 활용하라.

3. **문제와 답을 덩어리 지어라**: 덩어리 짓기란 문제 풀이를 이해하고 연습해서 순간적으로 떠오르게 하는 방법이다. 어떤 문제를 풀었다면 이를 나중에 반복하라. 문제 풀이의 모든 단계가 자연스럽게 떠오를 때까지 연습하자. 그 문제를 노래로 생각해 마음속에서 계속 반복해 정보를 매끄러운 정보 덩어리로 결합시켜서 원할 때 언제든 끄집어내자.

4. **간헐적으로 반복하라**: 운동 선수처럼 무슨 과목이든 매일 조금씩 분산해서 공부하자. 여러분의 두뇌는 근육과 같다. 하나의 주제는 한 번에 제한된 양만 연습할 수 있다.

5. **다양한 문제 풀이 기법을 번갈아가며 연습해라**: 한 학습 세션에서 한 가

지 문제 풀이 기법만 너무 오래 연습하지 말자. 어느 정도 시간이 지나면 바로 앞 문제에서 적용했던 방식을 모방만 할 뿐이다. 대신 다양한 유형의 문제를 섞어서 풀자. 이렇게 하면 어떤 기법을 언제 어떻게 활용할지 배울 수 있다. (교과서는 보통 이렇게 구성되지 않는다. 그래서 직접 문제를 섞어야 한다.) 그리고 숙제나 시험이 끝나면 항상 무엇을 실수했는지 되짚어보고 그 이유를 확실히 파악한 뒤 문제를 다시 풀자. 암기용 플래시카드의 한쪽 면에는 문제를, 반대쪽에는 답을 적는 공부법이 무엇보다 효율적이다. (타이핑을 해서는 안 된다. 손으로 적어야 두뇌에 보다 강한 신경 연결고리가 형성된다.) 플래시카드를 사진으로 찍어서 스마트폰 어플에 입력할 수 있다. 다양한 유형의 문제를 무작위로 섞어 시험을 보듯 점검하자. 교과서를 무작위로 펼쳐서 문제 하나를 골라 막힘없이 풀 수 있는지 확인해봐도 좋다.

6. **휴식을 취하라:** 수학이나 과학 개념이나 문제를 처음 접하면 곧장 이해하거나 해결하기 어려운 경우가 흔하다. 그렇기에 매일 조금씩 공부하는 편이 한 번에 많은 양을 공부하는 편보다 낫다. 수학이나 과학 문제를 풀다가 막히면, 일단 쉬면서 두뇌의 또다른 영역이 배경에서 활동하게 해주자.

7. **쉬운 설명과 단순한 비유를 활용하자:** 어떤 개념이 이해되지 않아 끙끙댈 때 이렇게 생각해보자. '이 개념을 열 살짜리에게도 이해시키려면 어떻게 해야 할까?' 전기의 흐름을 물의 흐름에 빗대는 것처럼 비유를 활용해도 좋다. 그리고 개념에 대한 설명을 머릿속에서 생각만 하지 말고 소리 내 말하거나 글로 써보자. 말을 하거나 글을 쓰기 위해 필요한 추가적인 노력이, 지금 학습중인 내용을 더욱 깊숙이 부호화하도록(신경 기억 구조로 변환하도록) 해줄 것이다.

8. **집중하라:** 일이나 공부를 방해하는 휴대전화와 컴퓨터의 온갖 알림음과 알람을 끄고, 25분짜리 타이머를 설정하라. 이 25분 동안 최대한 부지런하게 집중적으로 할 일을 해보자. 그러다가 타이머가 울리면 스스로에게 작고 재미있는 보상을 주자. 이런 25분 세션을 하루에 몇 번만 반복해도 일이나 공부 진도를 꽤 나갈 수 있다. 컴퓨터나 휴대전화에 시선을 뺏기

지 않고 자연스럽게 공부할 수 있는 시간과 장소를 정하자.

9. **어려운 일부터 해치우자**: 정신이 맑은 오전에 가장 힘들고 어려운 작업부터 하자.

10. **'상상을 통한 비교법'을 활용하라**: 공부를 통해 실현할 미래의 모습을 상상해 과거의 모습과 비교해보자. 일이나 공부를 하는 장소에 여러분의 꿈이 뭔지 알려주는 사진이나 글귀를 붙이자. 동기 부여가 안 될 때는 그 사진이나 글귀를 바라보자. 그러면 여러분과 여러분이 사랑하는 사람들 모두에게 도움이 될 것이다.

공부를 망치는 열 가지 학습법

다음 열 가지는 피하는 게 좋다. 여러분이 뭔가를 배우고 있다고 착각하게 만들고 시간을 낭비할 뿐이다!

1. **수동적으로 재독하기**: 가만히 제자리에 앉아서 눈으로만 책을 읽기. 책을 보지 않고 핵심 개념을 떠올리면서 그 내용이 머릿속에 들어갔는지를 증명할 수 없는 한, 재독은 시간 낭비다.

2. **과도하게 강조 표시하기**: 책에 형광펜 등으로 강조 표시를 하면 그 내용을 머릿속에 저장하고 있다고 스스로를 속이기 쉽다. 하지만 실제로는 손만 움직이는 것이다. 페이지 여기저기에 살짝 강조 표시는 해도 괜찮다. 그러면 가끔은 어디가 중요한 부분인지 찾을 수 있다. 하지만 암기 수단으로 강조 표시를 활용하려면, 표시한 부분을 실제로 머릿속에도 집어넣어야 한다.

3. **문제의 답을 훑어보고 풀이법을 안다고 착각하기**: 이는 학생들이 공부할 때 저지르는 최악의 실수다. 답안을 보지 않고도 하나하나 단계를 거치며 문제를 직접 풀 줄 알아야 한다.

4. **시험 공부를 막판까지 미루기**: 육상 경기에 출전할 때 벼락치기로 연습할 수 있을까? 여러분의 두뇌도 근육과 같다. 한 번에 한 과목만, 어느 정도까지만 단련할 수 있다.

5. **이미 풀이법을 아는 문제 유형만 반복해서 풀기**: 비슷한 문제만 거듭해서 푼다면 결코 제대로 된 시험 대비라고 볼 수 없다. 이는 큰 농구 시합을 준비한다면서 드리블 연습만 하는 일과 마찬가지다.

6. **공부 모임에 나가 친구들과 잡담하기**: 여러분이 푼 문제를 친구와 맞춰보고 내용을 서로 물어보면 공부를 더욱 재미있게 할 수도 있고 사고의 오류를 찾아내 깊이 있는 학습이 가능해진다. 하지만 공부가 끝나기 전에 잡담하며 놀기만 한다면 시간 낭비다. 그럴 때는 다른 공부 모임을 찾는 게 낫다.

7. **문제를 풀기 전에 교과서 본문을 읽지 않기**: 수영하는 법을 배우기도 전에 수영장에 뛰어드는 사람이 있는가? 교과서는 수영 선생님과 같아서 여러분을 정답으로 안내해준다. 교과서를 읽지 않는다면 허둥대기만 하다가 시간을 허비할 것이다. 교과서를 읽기 전에는 무슨 내용인지를 대략 훑어보자.

8. **헷갈리는 부분을 선생님이나 친구들에게 물어 확인하지 않기**: 선생님들은 안내가 필요한 길 잃은 학생들에게 익숙하다. 그런 학생들을 돕는 게 선생님들의 일이다. 선생님들은 오히려 질문하러 오지 않는 학생들을 걱정한다. 그런 사람이 되지는 말자.

9. **계속 주의 집중을 빼앗기면서도 깊이 있게 공부한다고 착각하기**: 문자메시지나 대화에 조금씩 주의를 빼앗길 때마다 두뇌의 힘은 조금씩 빠진다. 그렇게 방해받는 상황은 미처 자라지도 않은 배움의 작은 신경 뿌리를 조금씩 뽑아내는 일과 같다.

10. **잠을 충분히 자지 않기**: 잠을 잘 때 우리 두뇌는 문제 풀이 기술을 한데 합친다. 또한 잠들기 전에 어떤 내용을 머릿속에 집어넣었든 간에 우리

두뇌는 이를 반복 연습한다. 피로가 풀리지 않는 상태가 계속되면 뇌에 독소가 쌓이기 때문에 빠르게 잘 생각하는 데 필요한 신경 세포의 연결 고리가 파괴된다. 만약 시험 전에 충분히 푹 자지 않으면 지금까지의 모든 노력이 물거품이 된다.

잠깐 멈춰 복습하기

책을 덮고 다른 곳으로 눈길을 돌려보자. 이번 장의 핵심 내용은 무엇이었는가? 학습한 내용을 재구성하기 위해 그러한 개념들을 어떻게 활용할지도 생각해보자.

나가며

8학년 때 수학 및 과학을 담당했던 선생님은 내 인생에 큰 영향을 미쳤다. 그분은 반에서 성적이 뒷자리이던 나를 끌어내어 동기를 부여해주려 했다. 그럼에도 고등학교 때는 기하학 과목에서 D학점을 받으며 제대로 보답을 하지 못했다. 두 번이나 말이다. 나는 혼자서 이해할 능력도 없었고, 필요할 때 나를 잘 이끌어줄 훌륭한 선생님을 만나는 행운도 누리지 못했다. 대학교에 진학해서야 요령을 깨달았지만 쉽지 않은 여정이었다. 내가 헤맬 때 이 책이 있었더라면 좋았을 텐데.

15년 전으로 시간을 되돌려보자. 내 딸은 수학 숙제를 너무 싫어했다. 마치 단테가 지옥을 묘사하면서도 차마 넣지 못했을 고문이라도 되는 것처럼 괴로워하며 수학 숙제를 했다. 딸아이는 계속해서 몇 번이고 난관에 부딪혔다. 그러다가 결국 울음을 그치고 주변을 서성이다가 답을 알아냈다. 하지만 딸이 한 발 물러서서 마음을 다지려면 뭔가 극적인 사건이 필요했다. 나는 딸아이에게 이 책을 권해줬다. 책을 다 읽자마자 그 아이는 이렇게 내뱉었다. "학교에 다닐 때 이 책을 읽었더라면 좋았을 텐데!"

그동안 과학자들은 효율적인 공부법에 대해 무척 많은 조언을 해줬다. 하지만 불행히도 평범한 학생들이 쉽게 파악해 활용할 만한 형태는 아니었다. 모든 과학자가 일반인들을 위해 전문적인 내용을 요령 있게 풀어 쓸 줄 아는 것도 아니고, 모든 작가가 과학을 잘 이해하는 것도 아니기 때문이다. 하지만 바바라 오클리는 바늘에 실을 꿰듯 멋지게 이 일을 해냈다. 그녀는 생생한 사례를 들어 전략을 제시해줌으로써 유용하고도 신뢰할 만한 아이디어를 알려주었다. 딸아이에게 이 책의 조언이 왜 좋았느냐고, 사실 몇 가지는 네가 중학생일 때 가르쳐줬던 내용이 아니냐고 물었다. 그러자 그 아이는 이렇게 답했다. "이 책에서는 왜 그렇게 하는지를 말이 되게 알려주잖아요." 부모로서의 자신감에 또 한번 금이 가는 순간이었다!

이제 여러분도 수학과 과학 분야뿐 아니라 더 많은 분야에 유용한, 단순하지만 강력한 전략을 알게 되었을 것이다. 여러분도 알아차렸겠지만, 이 전략들은 우리 마음이 어떻게 작동하는지에 대한 상당한 근거를 토대로 한다. 좀처럼 다루어지지 않지만 감정과 인지의 상호작용은 모든 학습과정에서 필수적이다. 학습 전략을 아는 게 공부의 전부는 아니라며 딸아이는 제 나름대로 지적을 했다. 하지만 이런 전략이 실제로 효과적이라는 사실은 믿어야 한다. 이 책에서 제시한 명확하고 설득력 있는 증거를 통해 여러분은 최선을 다하지 못하게 여러분을 가로막는 의심과 저항 없이 이 기법들을 자신 있게 시도해봐야겠다고 확신하게 되었을 것이다. 물론 공부는 개인적인 경험이다. 그러니 일단 이 전략을 효율적으로 사용해서 성적과 태도를 직접 평가해본 후에야 궁극적인 증거를 얻을 것이다.

대학 교수로서 나는 여러 해에 걸쳐 수천 명의 학생들에게 조언을 해주었다. 상당수의 학생들이 단지 '잘하지 못해서' '그냥 싫어서' 수학과 과학을 피한다. 이런 학생들에게 항상 내 딸에게 했던 조언과 똑같이 얘기해준다. "일단 잘하게 해보자. 그러고 나서도 여전히 그만두고 싶은지 생각해보자." 교육이란 결국 학생들이 어려운 일에 능숙해지도록 돕는 게 아닐까?

처음 운전을 배울 때 얼마나 어려웠는지 기억이 나는가? 여러분은 이제 거의 자동적으로 운전할 만큼 숙달이 되었을 것이다. 운전을 통해 성인으로서의 삶 내내 소중히 여길 독립심도 배웠을 것이다. 그와 마찬가지로 이 책에 소개된 새로운 전략을 받아들여 적용하면, 걱정과 회피에서 벗어나 능숙함과 자신감을 얻을 것이다.

이제 다 여러분의 손에 달렸다. 일단 잘해보자!

— 데이비드 B. 대니얼 박사(제임스매디슨대 심리학과 교수)

감사의 말

일단 이 책에서 사실이나 해석상의 오류가 있다면 전부 내 잘못이라는 점을 분명히 해두겠다. 더불어 이 책의 집필을 도와준 분 중에 실수로 이름을 빠뜨린 사람이 있다면 사과드린다.

남편 필립 오클리는 이 책을 집필하는 내내 변함없이 지지와 격려를 보내줬고 열의를 보여줬으며 엄청난 통찰력을 제공해줬다. 우리는 30년 전 남극 관측 기지에서 처음 만났다. 엄청나게 멋진 이 남자를 만나기 위해 말 그대로 지구 끝까지 가야 했던 셈이다. 그는 나의 소울메이트이자 영웅이다. (여러분이 궁금해할까봐 덧붙이자면, 가끔은 이해하기 힘든 남자이기도 하다.)

교수로서 시작할 수 있게 내게 많은 조언을 해준 멘토 리처드 펠더 박사에게도 감사한다. 그의 도움 덕분에 이 일을 해나가는 방식에 대해 많이 배울 수 있었다. 케빈 멘데스는 이 책에 멋진 삽화를 그려주었다. 그의 예술적 재능과 통찰력에 놀랄 뿐이다. 큰딸 로지 오클리는 이 책의 내용을 발전시키는 과정에서 줄곧 날카로운 통찰력을 보여주었고 믿기 힘들 정도로 나를 격려해주었다. 작은딸 레이철 오클리는 언제나 내 삶을 떠받드는 기둥이다.

좋은 친구인 에이미 앨콘은 편집자처럼 원고를 꿰뚫어봐주었다. 그녀가 글에서 개선할 부분을 찾아내준 덕분에 훨씬 명료하고 정확하며 위트도 갖춘 원고를 쓸 수 있었다. 오랜 친구인 미국 국립과학원의 구루프라사드 마드하반은 우리 둘의 공통된 친구 조시 브랜도프와 함께 내게 큰 그림을 보여주었다. 글쓰기 코치인 대프니 그레이그랜트 역시 이 작업을 발전시키는 데 굉장히 많은 지원을 해줬다.

누구와도 비할 수 없을 정도로 뛰어난 저작권 대리인인 리타 로젠크랜츠의 노력에도 감사를 전한다. 펭귄출판사의 세라 카더와 조애나 응의 식견과 편집력, 풍부한 출판 경험 덕분에 이 책은 훨씬 더 탄탄해졌다. 작가라면 누구나 조애나 응처럼 뛰어난 능력을 가진 편집자와 작업하는 행운이 있기를 바란다. 멋진 교정 교열 실력을 보여준 에이미 J. 슈나이더에게도 감사한다.

폴 그루치코에게도 특별히 감사를 전한다. 그가 나에게 "어떻게 변할 수 있었죠"라고 질문해줬기에 이 책을 쓸 수 있었다. 도서관 상호대출 담당자인 단테 랜스도 직무 범위를 넘어선 부분까지도 열심히 나를 도와주었다. 특출난 능력을 갖춘 팻 클라크에게도 감사한다. 여러 동료 교수들 역시 이 작업을 많이 도와주었다. 특히 수학과의

애나 스파뉴올로, 라슬로 립타크, 로라 위크룬, 간호학과의 바브 펜프레이스와 켈리 베리샤지, 공학부의 크리스 코부스, 마이크 폴리스, 모하마드레자 시아다트, 로렌초 스미스, 물리학과의 브래드 로스에게 감사한다. 시디어댑코의 교육 담당자 애론 버드와 부회장인 닉 애플야드는 둘 다 큰 도움을 줬다. 원고에 대해 편집자의 눈으로 지적해준 토니 프로하스카에게도 감사한다.

본인의 전문 분야에 대해 지식을 공유해준 사이언 베일락, 마르코 벨리니, 로버트 M. 빌더, 마리아 엔젤레스 라몬 이 카할, 노먼 D. 쿡, 테런스 디컨, 하비에르 드펠리프, 레너드 데흐라프, 존 엠슬리, 노먼 포텐베리, 데이비드 C. 기어리, 캐리 멀리스, 낸시 코스그로브 멀리스, 로버트 J. 리처드, 더그 로러, 셰릴 소비, 닐 선더레산, 니콜러스 웨이드에게 고마움을 전한다.

수학, 물리학, 화학, 생물학, 과학, 공학, 경영학, 경제학, 재무학, 교육학, 심리학, 사회학, 간호학, 영문학 등 다양한 전공 분야에서 레이트마이프로페서에 이름을 올린 전 세계 정상급 대학 교수 여러분에게도 많은 도움을 얻었다. 미국식 특성화 고등학교인 마그넷 스쿨에 재직중인 선생님들에게도 감사한다. 특히 이 책의 일부 혹은 전체를 읽고 유용한 피드백과 통찰을 제공해준 롤라 진 아가르보람, 샤힘 아브라함스, 존 Q. 애덤스, 주디 애델스턴, 에이프릴 랙시나 아케오, 라벨 F. 애머먼, 론다 암셀, J. 스콧 암스트롱, 찰스 뱀포스, 데이비드 E. 배럿, 존 바텔트, 셀소 바탈라, 조이스 밀러 빈, 존 벨, 폴 버거, 시드니 버그먼, 로베르타 L. 빌비, 폴 블로어스, 아비 A. 부머레이트,

대니얼 보일런, 밥 브래드쇼, 데이비드 S. 브라이트, 켄 브라운 주니어, 마크 E. 번, 리사 K. 데이비즈, 토머스 데이, 앤드루 드베네딕티스, 제이슨 드챈트, 록산 드라엣, 데브라 개스너 드래건, 켈리 더피, 엘리슨 던우디, 랠프 M. 페더 주니어, A. 베니 필리파스, 존 프라이, 코스타 제로시스, 리처드 A. 자퀸토, 마이클 골드, 프랭클린 F. 고로스프 4세, 브루스 거닉, 캐서린 한트슈, 마이크 해링턴, 배럿 헤슬타인, 수전 사이나 허버트, 린다 헨더슨, 메리 M. 젠슨, 존 존스, 아널드 콘도, 패트리샤 크라코비아크, 아누스카 라킨, 케네스 R. 레오폴드, 포크슈언 룽, 마크 레비, 카르스텐 루크, 케네스 매켄지, 트레이시 매그랜, 배리 마굴리스, 로버트 메이스, 넬슨 메일론, 멜리사 맥널티, 엘리자베스 맥파틀런, 헤타마리아 밀러, 안젤로 B. 민가렐리, 노마 민터, 셰레스 미첼, 디나 미요시, 제럴딘 무어, 찰스 멀린스, 리처드 무스그레이브, 리처드 나델, 포러스트 뉴먼, 캐슬린 놀타, 피에르필리프 위밋, 델겔 파발란, 수전 메리 페이지, 제프 패런트, 베라 파브리, 래리 페레스, 윌리엄 피에트로, 데브라 풀, 마크 포터, 제프리 프렌티스, 아델라이다 케사다, 로버트 라이어든, 린다 로저스, 재나 로살레스, 마이크 로즌솔, 조지프 F. 산타크로체, 오랄도 '버디' 소시도, 도널드 샤프, D. A. 스미스 박사, 로버트 스나이더, 로저 솔라노, 프랜시스 R. 슈필하겐, 힐러리 스프룰, 윌리엄 스프룰, 스콧 폴 스티븐스, 아켈로 스톤, 제임스 스트라우드, 파비안 하디프리오노 탄, 시릴 통, B. 리 터틀, 빈 우르바노프스키, 린 바스케스, 찰스 와이드먼, 프랑크 베르너, 데이브 휘틀시, 네이더 자마니, 빌 제틀러, 밍 장에게 감사한다.

통찰력이 담긴 이야기를 들려주거나 관련 기사를 알려주거나 다양한 제안을 해준 내털리 베텐스, 리애논 베일리, 린지 바버, 샬린 브리슨, 랜들 브로드웰, 메리 차, 카일 체임버스, 재커리 차터, 조엘 콜, 브래들리 쿠퍼, 크리스토퍼 쿠퍼, 오쿠리 카어트, 조지프 코인, 마이클 컬버, 앤드루 대븐포트, 캐털린드 데이비드슨, 브랜던 데이비스, 알렉산더 드부셰, 해나 드빌비스, 브레나 도노번, 셸비 드래핀스키, 트레버 드로즈, 대니얼 에볼라, 캐서린 포크, 애런 가로팔로, 마이클 가샤지, 이매뉴얼 조니, 커샌드라 고든, 유스라 하산, 에릭 헤르먼, 토마스 헤어초크, 제시카 힐, 딜런 이즈코프스키, 웨스턴 여수룬, 에밀리 존스, 크리스토퍼 카라스, 앨리슨 키친, 브라이언 클롭, 윌리엄 콜러, 셀시 쿠바키, 니컬러스 랭글리 로저스, 쉐징 리, 크리스토퍼 로에베, 조너선 맥코믹, 제이크 맥너마라, 폴라 미어스커트, 마테우스 미에고, 케빈 모에스너, 해리 무어라디언, 나디아 노우이메히디, 마이크 오럴, 마이클 패리조, 레비 파킨슨, 레이철 폴라첵, 미셸 래드클리프, 서니 리시, 제니퍼 로즈, 브라이언 슈롤, 폴 슈발베, 앤서니 슈토, 잭 쇼, 데이비드 스미스, 킴벌리 서머빌, 데이비 스프라울, P J. 스프라울, 다리오 스트라지미리, 조너선 스트롱, 조너선 술렉, 라비 타디, 아론 티차우트, 그레고리 테리, 앰버 트롬베타, 라지브 바르마, 빙수 왕, 팡페이 왕, 제시카 워홀락, 숀 바젤, 맬컴 화이트하우스, 마이클 휘트니, 데이비드 윌슨, 어맨다 울프, 아냐 영, 후이 장, 코리 징크에게도 고마움을 전한다.

주

1장_문을 열고 들어서다

1 실패를 딛고 성공을 거둔 이야기의 중요성을 보여준 심리학 교수 티머시 윌슨의 『되돌리기*Redirect*』(2011)를 교육자들에게 권하고 싶다. 학생들이 내면의 서사방식을 스스로 변화시키도록 하는 게 이 책의 주요 목표 가운데 하나다. 마음가짐의 변화와 성장의 중요성에 대해서는 캐럴 드웩이 선구적이다(Dweck 2006).

2 Sklar 외 2012; 미셸 루트번스타인, 로버트 루트번스타인, 『생각의 탄생』, 박종성 옮김, 에코의서재, 2007, 1장.

2장_성급하게 굴지 말자: 왜 너무 열심히 노력하는 게 가끔은 문제가 될까

1 두뇌 속 기본모드에 대한 논의는 Andrews-Hanna 2012; Raichle과 Snyder 2007; Takeuchi 외 2011을 참고하라. 휴식상태에 대한 보다 일반적인 논의는 Moussa 외 2012를 참고하라. 브루스 맨건은 의식의 주변부에 대한 윌리엄 제임스의 기술에 대해 "의식의 '교체'는 잠깐 그러나 자주 주변에 머무르다가 빈번히 표면화되고 인식의 핵을 지배한다"(Cook 2002, p. 237; Mangan 1993)라고 지적했다.

2 Immordino-Yang 외 2012.

3 창의성 연구의 대가 에드워드 드 보노가 사용한 '수직사고'와 '수평사고'라는 용어는 내가 말한 '집중모드'와 '분산모드'와 거의 비슷하다. (에드워드 드 보노, 『드 보노의 수평적 사고』, 이은정 옮김, 한언, 2005.)

눈치 빠른 독자라면 집중모드가 활성화되면 분산모드가 배경에서 작동하는 것처럼 보인다고 언급했던 게 떠오를 것이다. 하지만 연구 결과에 따르면 집중모드가 활성화된 상황에서 (휴식상태의 여러 네트워크 가운데 하나일 뿐인) 기본모드의 네트워크는 조용히 있는 것처럼 보인다. 그렇다면 뭐가 맞는 말일까? 교육자이자 학습자로서의 내 감각에 따르면, 집중적인 작업이 진행되는 동안 비집중적인 활동은 배경에서 계속될 수 있다. 단, 주의 집중의 대상이 관심사에서 멀어질 때 그렇다. 그렇다면 어떤 의미에서 '분산모드'라는 내 용어는 단순히 '기본모드 네트워크'라기보다는 '학습에 초점을 맞춘, 집중이 이루어지지 않은 상태'라고 볼 수 있다.

4 이후 주의 집중력에 관한 문어 비유를 통해 살피겠지만, 두뇌의 보다 멀리 떨어진 몇몇 접속점들과도 이는 긴밀하게 연결된다.

5 분산모드는 전전두엽 영역과도 연계될 수 있다. 하지만 전반적으로 보다 많은 연결고리를 가지며 무관해 보이는 연결고리를 덜 걸러낸다.

6 심리학자 노먼 쿡은 "인간 심리학의 중심 원리 가운데 첫번째 요소는 (1) 우뇌와 좌뇌 사이 정보의 흐름 (2) 언어적 의사소통에 '지배적으로' 사용되는 좌뇌와 주변부 반응기 메커니즘 사이 정보의 흐름이다"(Cook 1989, p. 15)라고 주장했다. 하지만 수많은 좌우 대뇌 반구의 차이가 비논리적 추정과 터무니없는 결론으로 이어진다는 사실도 주목해야 한다(Efron 1990).

7 학생참여전국조사(2012)에 따르면 공과대학 학생들은 대부분의 시간을 공부를 하며 보냈다. 공학을 전공하는 4학년생들은 일주일에 평균 18시간을 수업 준비로 보낼 정도였다. 반면 교육학을 전공하는 4학년생은 일주일에 15시간을, 사회과학이나 경영학을 전공하는 4학년생은 14시간을 공부했다. 공과대학 명예교수인 데이비드 E. 골드버그는 「왜 과학 전공생들은 전공을 바꿀까(정말 어려우니까)」라는 뉴욕타임스 기사에서 미적분학, 물리학, 화학은 공부량이 산더미 같기 때문에 학생들이 '수학-과학이라는 죽음의 행진'에 휩쓸린다고 지적했다(Drew 2011).

8 수학적 사고에 대한 진화적인 설명은 Geary 2005, 6장을 참고하라. 물론 추상적인 용어 가운데 상당수는 수학과 무관하다. 하지만 놀랄 만큼 많은 추상적인 개념이 감정과 연관된다. 우리는 이런 용어를 '볼' 수는 없지만 '느낄' 수는 있다. 적어도 이 개념의 중요한 측면은 말이다.

테런스 디컨은 『상징적인 종*The Symbolic Species*』에서 수학의 부호화/해독 문제의 내재적인 복잡성에 대해 주목한다.
"여러분이 반복적인 뺄셈(즉 나눗셈) 같은 새로운 수학적 개념을 처음으로 접했다고 상상해보자. 대부분 이런 추상적인 개념을 아이들에게 가르칠 때는 숫자와 연산을 나루는 규칙을 알려주고서 다른 숫자들을 넣어 이 규칙들을 몇 번이고 되풀이해 그것이 특정한 물리적인 관계와 얼마나 유사한지 '볼 수 있게' 만든다. 우리는 종종 처음에는 단순 암기식으로(나는 이를 색인식 학습이라고 부른다) 이런 조작법을 익히고, 거의 무의식적으로 이 작업을 수행할 때쯤 되면 물리세계의 절차들과 이것이 어떻게 대응되는지 알 수 있으리라 여긴다. 어떤 점에서 보면, 만약 모든 게 문제없이 전개된다면 아이들은 여러 개별적인 상징에서 상징으로의 조작과 공식에서 공식으로의 조작 '이면에' 놓인 일반적이고 추상적인 공통성을 '알게' 될 것이다. 그에 따라 아이들은 이러한 결합 가능성과 조작의 추상적 대응성에 대한 고차원의 연상기호에 따라 암기를 통해 이미 알고 있는 바를 재구성한다. 이런 추상화 단계는 대부분의 어린이들에게 제법 어려운 과정이다. 하지만 이런 고차원적인 추상화라는 동일하지만 상위 수준의 변환과정이 미적분학을 이해하는 데 필요하다고 가정해보자. 미분은 효과적으로 이뤄지는 반복적인 나눗셈이고, 적분은 효과적으로 이뤄지는 반복되는 곱셈이며, 각각은 극미한 값을 통해 무한대로 수행된다(이는 미적분이 직접적인 수행에 의해서가 아니라 추론을 통해서만 알려진 수렴급수에 달려 있기 때문에 가능하다). 무한히 수행될 때 어떤 연산이 수반된다는 사실을 반영하는 이런 능력은, 말로 표현하기가 불가능해 보이는 제논의 역설을 해결한다. 하지만 이러한 어려움에 더해 지금 우리가 사용중인 라이프니츠식 표기법에 따르면, 이런 무한한 재귀성은 하나의 부호(dx/dt나 적분 기호) 같은 걸로 바꿀 수 있다. 무한대로 식을 작성하기란 불가능하기 때문이다. 이에 미적분학의 조작법은 물리세계의 지시 대상과 대응하는 상징성이 더욱 떨어진다.
따라서 미적분학으로 표현된 연산은 사실상 이중으로 부호화되어 있다. 물리적인 대상의 조작에 적합하게 우리의 정신적 능력을 진화시켜왔기에 이는 어렵게 느껴진다. 하지만 수학은 단순한 표현이 아니라 '부호화'의 한 형태이고, 그것이 제시하는 결합상의 난점 때문에 부호 해독은 본질적으로 쉽지 않다. 그렇기에 통신을 할 때 복구하기 힘들게 암호화해 내용을 전달하는 것이다. 즉 이것이 우리의 진화된 역량과는 무관한, 수학의 내재적인 본성이다. 그렇기에 암호화된 메시지를 해독하기란 어렵다.

나는 우리 모두가 수학 방정식은 암호화된 메시지라는 사실을 안다는 점에 놀랐다. 암호를 해독하고 그것이 표현하는 바를 알려면 핵심 열쇠를 알아야 한다. 그럼에도 우리는 여전히 왜 고등수학을 학생들에게 가르치기가 어려운 걸까 하며, 교육제도나 무능한 교사들을 탓한다. 이를 진화 탓으로 돌리는 일도 마찬가지로 잘못되었다."(저자와의 개인적인 소통, 2013년 7월 11일.)

9 Bilali 외 2008.

10 Geary 2011. 〈그들만의 세상A Private Universe〉이라는 획기적인 다큐멘터리를 시청해봐도 좋다. 이 다큐멘터리가 제작된 후 과학을 이해하는 과정에 대한 여러 오해를 연구하게 됐다. http://www.learner.org/series/a-private-universe/1-a-private-universe

11 숀펠드(1992)에 따르면 "낯선 문제를 푸는 대학생과 고등학생의 모습이 담긴 백 개 이상의 영상을 분석한 결과, 약 60퍼센트의 학생들이 '문제를 읽고, 빠르게 결정한 다음, 어떤 어려움에 처해도 그 답을 밀고나갔다'"고 한다. 이는 집중모드로 일어날 수 있는 최악의 상황이다.

12 벤 골드에이커, 『배드 사이언스』, 강미경 옮김, 공존, 2011.

13 Gerardi 외 2013.

14 좌우 대뇌 반구의 차이가 중요해 보일 수도 있지만, 다시 한번 말하자면 이 주제에 대해서는 신중해야 한다. 노먼 쿡은 "1970년대의 여러 논의들, 즉 좌우 대뇌 반구의 차이가 무의식이나 창의성, 초심리학적 현상을 비롯한 인간 심리학의 모든 수수께끼를 일거에 설명할 수 있다는 식의 논의는 분명 사실을 훨씬 넘어섰다. 하지만 이에 대한 필연적인 반발 역시 과장되었다"(Cook 2002, p. 9)라고 정리하였다.

15 Demaree 외 2005; Gainotti 2012.

16 McGilchrist 2010; Mihov 외 2010.

17 Nielsen 외 2013.

18 Immordino-Yang 외 2012.

19 드 보노(1970)는 이 문제에 대해 여러 제안을 제공해준다. 『드 보노의 수평적 사고』라는 책에는 여기 실린 문제에 대한 영감뿐 아니라 읽을 만한 가치가 있는 통찰력 넘치는 문제들이 풍부하게 담겨 있다.

20 여기서는 집중모드와 분산모드 사이의 정보 교환에 대해서 이야기했지만 좌우 대뇌 반구 사이에서도 이와 비슷한 정보 교환이 이뤄지는 듯하다. 우리는 병아리를 관찰해서 사람의 양쪽 대뇌 반구 사이로 정보가 어떤 식으로 왔다갔다하는지 어느 정도 이해할 수 있었다. 병아리는 쓴맛이 나는 곡식을 쪼지 않는 법을 배우기 위해 수 시간을 두고 양쪽 대뇌 반구 사이를 넘나들며 기억 흔적을 처리하는 복잡한 처리를 해야 한다(Güntürkün 2003).
이에 앤키 바우마는 "편측성의 패턴을 관찰한 결과, 특정 작업에 필요한 모든 처리 단계에 어떤 특정 대뇌 반구가 항상 뛰어난 것은 아니었다. 어떤 단계에서는 우뇌가 우세했지만 다른 단계에서는 좌뇌가 우세한 듯했다. 그리고 어떤 대뇌 반구가 특정 작업에서 우위에 있는지는 특정 처리 단계의 상대적 난이도가 결정하는 듯하다"(Bouma 1990, p. 86)라고 설명했다.

21 아래 그림처럼 동전을 움직이면 된다. 아래쪽을 향하는 새 삼각형이 보이는가?

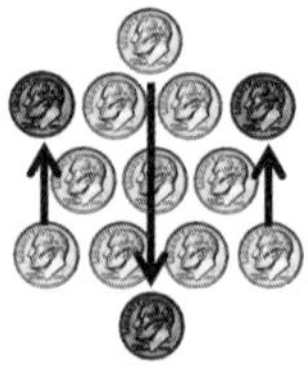

3장_배움은 창조다: 토머스 에디슨의 프라이팬에서 얻은 교훈

1 마르셀 킨스본과 메릴 히스콕이 개발한 대뇌 거리 모형(1983)에 따르면, 동시에 이뤄지는 작업은 대뇌의 서로 가까운 곳에서 처리될수록 서로를 더 많이 방해한다. 뇌의 같은 반구에서 이뤄지는, 특히 뇌의 같은 영역에서 동시에 일어나는 두 작업은 서로 엉망진창이 될 수 있다

(Bouma 1990, p. 122). 처리과정이 한곳에서 집중적으로 일어나지 않기에 여러 작업을 동시에 처리하는 분산모드가 더 뛰어날 수도 있다.

2 Rocke 2010, p. 316, Gruber 1981에서 재인용.

3 Ibid., pp. 3~4.

4 Kaufman 외 2010, 탈억제 가설에 대해서는 특히 pp. 222~224를 참고하라; Takeuchi 외 2012.

5 이 전설의 출처를 추적하면서 토머스 에디슨 국립역사공원의 문서 보관 담당자 레너드 드그라프와 연락을 주고받았다. 그는 "에디슨과 볼 베어링에 대해 들은 적은 있지만 이를 입증할 만한 문서는 본 적이 없습니다. 이야기의 출처도 잘 모르겠고요. 아마 현실에 어느 정도는 기반하면서 결국 에디슨 신화로 발전한 여러 일화들 가운데 하나 같네요"라고 대답했다.

6 Dalí 1948, p. 36.

7 Gabora와 Ranjan 2013, p. 19.

8 Christopher Lee Niebauer와 Garvey 2004. 니바우어는 대상에 대한 사고와 메타 수준의 사고를 구별한다. 이 문장 속 역설적인 자기모순의 오류인 세번째 오류는 '세번째 오류가 없다'는 것 그 자체다.

9 Kapur와 Bielczyc 2012. 문제 풀이 과정에서 겪는 실패의 중요성에 대한 훌륭한 논평이 담겨 있다.

10 에디슨이 실제로 말했거나 글로 남긴 내용이 다음 웹사이트(http://quoteinvestigator.com/2012/07/31/edison-lot-results/)에 여러 버전으로 소개되어 있다.

11 Andrews-Hanna 2012; Raichle과 Snyder 2007.

12 더그 로러와 해럴드 패실러는 이렇게 말한다(2010, p. 406). "학습의 일시적 역학에 대한 최근의 분석에 따르면, 일반적인 교육 환경보다 학습 기간을 훨씬 오랜 시간에 걸쳐 분산시키면 학습의 지속 효과가 크다." 이 사실이 집중모드와 휴식모드 사이의 전환과 어떻게 연관되는지는 향후 연구가 필요한 중요한 주제다. Imordino-Yang 외 2012를 참조하라. 다시 말하면 본문에서 말한 내용은 학습하는 동안 벌어지는 일에 대한 합당한 추론이지만, 앞으로 더 많은 연구로 뒷받침될 필요가 있다.

13 로이 F. 바우마이스터, 존 티어니, 『의지력의 재발견』, 이덕임 옮김, 에

코리브로, 2012.

14 여기서 제시한 활동들은 창의력의 최고조 상태인 '아하!' 통찰력을 어디서 얻는지에 대한 정보에 기초해서, 무엇이 분산모드를 촉진할 수 있는지에 대한 '최선의 추측'일 뿐임을 분명히 밝히고 싶다.

15 Bilali 외 2008.

16 Nakano 외 2012.

17 Kounios와 Beeman 2009, p. 212.

18 Dijksterhuis 외 2006.

19 단기 기억은 적극적으로 리허설하지 않은 활성화된 정보다. 그리고 작업 기억은 주의 집중과 적극적 처리를 할 때 초점을 맞추는 단기 기억 정보의 하위 집합이다(Baddeley 외 2009).

20 Cowan 2001.

21 만약 이 모든 것의 기초가 되는 신경지리학에 관심이 있는 사람이라면, 장기 기억과 작업 기억이 둘 다 전두엽과 두정엽에서 서로 겹치는 부위를 사용하지 않을까 싶을 것이다. 하지만 내측두엽은 장기 기억에만 사용되며 작업 기억은 여기 들어가지 않는다. Guida 외 2012, p. 225~226와 Dudai 2004를 참고하라.

22 Baddeley 외 2009, pp. 71~73; Carpenter 외 2012. '간헐적 반복'은 분산된 연습으로도 불린다. Dunlosky 외 2013, 9절에는 분산된 연습에 대한 훌륭한 논평이 제공된다. 하지만 안타깝게도 로러와 패실러가 2007년에 지적했듯이, 많은 교육자들이, 특히 수학 교육자들이 과잉 학습을 하면 학습 내용을 오래 기억한다고 믿는다. 따라서 비슷한 유형의 문제를 학생들에게 많이 풀게 하는데, 그래 봤자 학생들은 궁극적으로 장기적인 이득을 거의 얻지 못한다.

23 Xie 외 2013.

24 Stickgold와 Ellenbogen 2008.

25 Ji와 Wilson 2006; Oudiette 외 2011.

26 Ellenbogen 외 2007. 분산모드는 멍해지거나 쉽게 주의가 분산되는, 낮은 수준의 잠재된 억제작용과도 연관될지도 모른다(Carson 외 2003). 그러니 책을 읽다가도 딴생각이 드는 사람도 창의력을 가졌을 희망이 있다!

27 Erlacher와 Schredl 2010.

28 Wamsley 외 2010.

4장_기억 덩어리, 그리고 유능함에 대한 환상 피하기: '방정식과 소통하는 자'가 되기 위한 핵심

1 알렉산드르 로마노비치 루리야, 『모든 것을 기억하는 남자』, 박중서 옮김, 갈라파고스, 2007.

2 사이언 베일락, 『부동의 심리학』, 박선령 옮김, 21세기북스, 2011, 193~195쪽.

3 아이들은 집중모드에서 무언가를 배우지만, 집중하지 않을 때에도 실행 통제력이 거의 없는 분산모드를 활용해 학습한다(Thompson-Schill 외 2009). 즉 아이들은 새로운 언어를 배울 때 어른들만큼 집중모드를 사용하지 않아도 되는 듯하다. 어린아이들이 새로운 언어를 비교적 쉽게 습득하는 것도 그래서일지 모른다. 하지만 유년기를 지나 새로운 언어를 습득하는 데 집중적인 학습이 어느 정도는 필요해 보인다.

4 Guida 외 2012, 8절 참고. 최근 신 진, 파투엘 테쿠아페틀라, 루이 코스타는 연속적인 개별 요소가 (정보 덩어리 이루기의 핵심인) 행동 순서로 바뀌는 데 기저핵 뉴런들이 어떤 방식으로 중요한 역할을 하는지 밝혔다(Jin 외 2014). 루이 코스타는 정보 덩어리 이루기의 메커니즘 연구에 대해 200만 유로의 보조금을 받았는데 앞으로 어떤 연구를 얻을지 지켜볼 만하다.

5 Brent와 Felder 2012; Sweller 외 2011, 8장.

6 알레산드로 기다와 동료들은 정보 덩어리의 형성이 기본적으로 전전두엽 영역에 위치한 작업 기억에 의존하는 것처럼 보이며, 주의 집중력이 정보 덩어리를 묶는 데 도움을 주는 듯하다고 지적(2012, p. 235)했다. 그리고 전문 지식을 키우는 과정에서 이 정보 덩어리들은 두정엽과 관련된 장기 기억에 머문다. 이것과 몹시 상이한 기억력의 한 측면을 보면 신경이 진동 리듬으로 포함되는데, 이는 뇌의 여러 영역에서 지각과 맥락 정보를 결합하게 해준다(Nyhus와 Curran 2010). 어린이가 산수 문제를 풀 때 나타나는 인출 유창성 발달에 대한 영상 연구 자료는 Cho 외 2012를 참고하라.

7 Baddeley 외 2009, 6장 ; Cree와 McRae 2003.

8 Baddeley 외 2009, pp. 101~104.

9 여기서 말하는 '큰 그림'은 인지의 틀로 생각할 수 있다. Guida 외 2012, 특히 3.1절을 참조하라. 수학과 과학을 공부할 때 발생하는 인지의 틀은 당연히 규칙이 명료한 체스의 개요보다 더 비정형적이다. 기다에 따르면, 정보 덩어리는 몹시 빠르게 구축되지만, 기능 재구성을 수반하는 틀이 만들어지려면 최소 5주 이상이 걸린다(Guida 외 2012). Cooper와 Souler 1987; Mastascusa 외 2011, p. 23~43의 도식에 대한 논의도 참고하라. Bransford 외 2000, 2장은 전문지식의 발전과 관련된 이런 개념을 이해하게 돕는다. 사전지식이 있으면 새로운 유관지식을 배우는 데 유용할 수도 있지만, 도식에서 변화를 일으키기가 더 어려워질 수도 있어 방해물로 작용하기도 한다. 이는 물리학의 기본 개념에 관한 학생들의 잘못된 믿음에서, 그러니까 변화에 저항하는 것으로 악명 높은 믿음에서 특히 두드러진다(Hake 1998, Halloun과 Hesetenes 1985). 폴 핀트리치와 동료(1993, p. 170)들은 "학습자들의 머릿속에는 하나의 역설이 존재한다. 학습자가 현재 가진 개념은 개념적 변화에 저항하는 추동력을 주지만, 동시에 잠재적으로 상충될 수 있는 새로운 정보들을 해석하고 이해하는 데 사용할 만한 틀을 제공하기도 한다"라고 지적했다.

10 Geary 외 2008, 4-6부터 4-7까지; Karpicke 2012; Karpicke 외 2009; Karpicke와 Grimaldi 2012; Kornell 외 2009; Roediger와 Karpicke 2006. McDaniel과 Callender 2008; Roediger와 Butler 2011의 논평도 참고하라.

11 Karpicke 외 2009, p. 471. 무능한 사람들이 자기 능력을 실제보다 더 대단하다고 오해하는 더닝크루거 효과에 대해서도 살펴보라. Dunning 외 2003; Kruger와 Dunning 1999; Ehrlinger 외 2008; Bursonet 외 2006.

12 Baddeley 외 2009, p. 111.

13 Dunlosky 외 2013, 4절.

14 Longcamp 외 2008.

15 Dunlosky 외 2013, 7절.

16 전문가들이 작업 기억을 확장하기 위해 장기 기억을 어떻게 활용하는지 궁금하다면 Guida 외 2012를 참고하라. Geary 외 2008, 4-5를 보면 다음과 같이 주장한다. "작업 기억의 능력은 한계가 있지만, 연습해서 자동성을 얻을 수 있다면 이런 제한을 극복할 수 있다."

17 정답은 'Madame Curie(퀴리 부인)'이다. 메이런 크라우스가 만든 문제다. http://www.fun-with-words.com/anag_names.html.

18 제프리 카피크와 동료들(2009)은 답을 보지 않을 때와 답을 볼 경우로 학습에서의 유능함의 환상과 애너그램 문제의 어려움을 비교한다.

19 헨리 로디거와 메리 피크는 이렇게 지적한다(2012, p. 243). "교육대학 교수들과 학교 교사들은 마땅히 칭찬할 만한 목표인 창의력이 학생들에게 부족하다고 종종 걱정한다. 우리는 기본 학습과 개념, 사실의 기억이 향상되는 기법을 지지하는데 어떤 사람들은 이러한 접근법이 창의력을 종합하기보다는 '기계적 암기'나 '순수 암기법'을 강조할 뿐이라고 비판한다. 교육은 아이들이 경이로움과 발견, 창의력에 대한 감각을 기르게 해줘야 한다. 맞는 말이다. 하지만 튼튼한 지식 기반이 특정 영역에서 창의력을 발휘하려면 이게 꼭 필요하다고 주장한다. 자유롭게 활용 가능한 포괄적인 사실과 개념 집합을 제대로 이해하지 못하면 학생들은 어떤 과목에서도 창의적인 발견을 해낼 수 없다. 개념과 사실을 배우는 과정과 창의적인 사고가 반드시 갈등관계일 이유는 없다. 둘은 공생한다."

20 Geary 2005, 6장; 스티븐 존슨, 『탁월한 아이디어는 어디서 오는가』, 서영조 옮김, 한국경제신문사, 2012.

21 스티븐 존슨, 위의 책, 147쪽.

22 Simonton 2004, p. 112.

23 이는 과학자들이 공유하는 정서를 내 방식대로 표현해본 것이다. 산티아고 라몬 이 카할은 뒤클로를 예로 들어 "우연은 그것을 원하는 사람보다는 그것을 받을 만한 사람에게 미소 짓는다"라고 말했다. 그러면서 "복권과 마찬가지로, 과학에서도 행운은 가장 돈을 많이 거는 사람에게 있다. 다시 말해, 행운은 자신의 정원에서 쉬지 않고 밭을 가는 사람을 선호한다"라고 이야기했다(라몬 이 카할, 『과학자를 꿈꾸는 젊은이에게』, 김성준 옮김, 지식의풍경, 2002, 129쪽). 또 루이 파스퇴르는 "우리가 무언가를 관찰할 때 준비된 자만이 기회를 포착할 수 있다"고 말한 바

있다. 이와 비슷한 표현으로는 라틴어 속담 '행운은 대담한 자를 좋아한다'와 영국 공군 특수부대 좌우명 '위험을 감당해야 이긴다'가 있다.

24 Kounions와 Beeman 2009[1897]; 라몬 이 카할, 위의 책, 30쪽.

25 Rocke 2010.

26 Thurston, 1990, p. 846~847.

27 전문지식의 발전과정에 대해서는 칼 앤더슨 에릭슨의 기초 연구를 참고하라(Ericsson 2009). 재능 개발과 관련된 통찰력 있고 대중적인 접근방식은 대니얼 코일의 『탤런트코드』(윤미나 옮김, 웅진지식하우스, 2009)와 Greene 2012; Leonard 1991을 참고하라.

28 Karpicke와 Blunt 2011a; Karpicke와 Blunt 2011b. 추가 정보는 Guida 외 2012, p. 239를 참고하라.

29 흥미롭게도 암기의 부호화 단계에서는 좌뇌의 전전두엽 영역이 활성화되는 듯하지만, 정보 인출 단계에서는 우뇌가 활성화된다. 다양한 영상기술을 사용하는 여러 연구팀이 이 같은 연구 결과를 보고했다(Cook 2002, p. 37). 암기된 내용을 인출하고 상기하는 과정이 분산모드에서 개념 지도를 만드는 것처럼 연결고리를 형성할 수 있을까? Geary 외 2008, 4-6에서 4-7도 참고하라.

30 물론 주의해야 할 점이 있다. 예컨대 학생이 개념도에 무엇이 들어가야 할지 결정하기 위해 내용을 상기해야 한다면 어떨까? 또한 의심의 여지없이 분야의 차이도 존재한다. 생물학적 세포에서 일어나는 의사소통 같은 몇몇 주제에 대해서는 본질적인 핵심 개념을 이해하려면 '개념도' 방법을 사용하는 게 보다 적절하다.

31 Brown 외 1989.

32 스티븐 존슨, 『탁월한 아이디어는 어디서 오는가』, 124쪽.

33 Baddeley 외 2009, 8장.

34 카네기멜론대에서 '인간과 컴퓨터 간 상호작용과 심리학'을 가르치는 켄 쾨딩거 교수는 이렇게 지적했다. "내용에 대한 기억을 최대화하려면 짧은 간격으로 정보에 노출했다가 점차 정보와 이를 접하는 기간 사이의 시간을 늘려야 한다. 예컨대 추상적인 개념과 구체적인 사실의 대조 같은 다른 유형의 정보는 다른 시간대에 노출해줘야 한다." (Paul 2012에서 인용.)

35 Dunlosky 외 2013, sec. 10; Roediger와 Pyc 2012; Taylor와 Rohrer 2010.

36 Rohrer와 Pashler 2007.

37 '집중적으로 연습시키기'는 학생들에게 유능함에 대한 환상을 심어주는 듯하다. 학생들은 빨리 배우는 듯 보여도 연구 결과에 따르면 그만큼 빨리 잊는다. 로디거와 피크(2012, p. 244)는 다음과 같이 지적한다. "이러한 결과로 어째서 교사들과 학생들이 장기적으로 비효율적인 전략을 사용하는지를 알 수 있다. 우리는 학습법에 너무 집중해 쉽고 빠르게 배우는 전략을 채택하고 싶어한다. 많은 양을 한번에 학습하고 그만두는 방식이 이런 전략이다. 하지만 정보를 장기적으로 더 잘 기억하려면 간헐적 반복과 인터리빙 방식을 활용해야 한다. 물론 이런 학습과정은 꽤 고되어 보인다. 인터리빙 방식은 초반에는 힘들지만 장기 기억을 증진시키기 때문에 더 바람직하다."

38 Rohrer 외 2013.

39 더그 로러와 해럴드 패실러(2010, p. 406)의 관찰 결과에 따르면 "여러 유형의 문제를 끼워넣어 연습하면(수학이나 과학 교과서가 이런 식으로 구성되는 경우는 드물다) 성적을 상당히 향상시킬 수 있다"고 한다.

40 저자와 개인적으로 연락한 내용(2013년 8월 20일). Carey 2012도 참고하라.

41 Longcamp 외 2008.

42 예컨대 다음 웹사이트를 참고하라. http://usefulshortcuts.com/alt-codes.

5장_미루기 예방하는 법: 습관('좀비들')을 목록으로 정리해 도움을 받기

1 존 엠슬리, 『세상을 바꾼 독약 한 방울』, 김명남 옮김, 사이언스북스, 2010, 173~174쪽.

2 Chu와 Choi 2005; Graham 2005; Partnoy 2012.

3 피어스 스틸(2007, p. 65)에 따르면 "대학생 중 80퍼센트에서 95퍼센트가 할 일을 미룬다. 그리고 약 75퍼센트는 스스로 미루는 습관이 있다고 생각하며, 거의 50퍼센트의 학생들이 꾸준히 문제가 있을 정도로 일을 미룬다고 생각한다. 일상의 삼분의 일 이상을 수면, 놀기, 텔레비전

시청 등을 하느라 할 일을 미룬다는 학생들이 많았다. 더구나 미루는 학생들의 비율은 점차 증가하는 추세다. 미루기 습관이 대학생들만의 문제도 아니다. 일반인 집단에도 널리 퍼져서 성인 중 약 15퍼센트에서 20퍼센트가 만성적으로 할 일을 미룬다".

4 Ainslie과 Haslam 1992; Steel 2007.

5 Lyons와 Beilock 2012.

6 Emmett 2000.

7 보다 확장된 논의는 Weick 1984를 인용하는 찰스 두히그의 『습관의 힘』(강주헌 옮김, 갤리온, 2012)을 참고하라.

8 로버트 보이스(1996, p. 155)는 이런 미루기 습관이 의식의 영역을 좁히는 것과 관련된다고 추측한다. pp. 118-119도 참고하라.

9 Boice 1996, p. 176.

10 Tice와 Baumeister 1997.

11 Boice 1996, p. 131.

6장_어디에나 좀비가 있다: 미루기 습관을 보다 깊이 파고들어 이해하기

1 McClain 2011; Wan 외 2011.

2 찰스 두히그, 『습관의 힘』, 388쪽.

3 피어스 스틸, 『결심의 재발견』, 구계원 옮김, 민음사, 2013, 248쪽(Oaten과 Cheng 2006과 Oaten과 Cheng 2007 인용).

4 로이 F. 바우마이스터, 존 티어니, 『의지력의 재발견』, 57~70쪽.

5 피어스 스틸의 『결심의 재발견』을 참고하라. Robert Eisenberger, 1992를 비롯한 다른 연구자들의 원문을 인용하고 있다.

6 『결심의 재발견』, 173~176쪽, 가브리엘레 오팅겐의 연구 결과를 언급하고 있다.

7 사이언 베일락, 『부동의 심리학』, 53~54쪽.

8 Ericsson 외 2007.

9 Boice 1996, pp. 18~22.

10 Paul 2013.

1 한 가지 중요한 사실은, 전문가들에 관한 논문 중 상당수가 전문지식을 얻고자 수년간 훈련한 개인들을 다룬다는 점이다. 하지만 전문가와 전문지식의 수준은 다양하다. 예컨대 FBI와 IBM이라는 약자를 안다면, 이를 여섯 글자로 따로 기억하는 것보다 두 개의 덩어리로 묶어서 이해하기가 쉽다. 하지만 이런 덩어리 짓기 방식은 여러분을 전문가로 가정한다. FBI와 IBM의 의미뿐 아니라 로마자 알파벳도 안다고 전제로 한다. 반면 བོད་སྐད་ 와 같은 티베트어 문자를 순서대로 외워야 한다면 훨씬 더 어려울 것이다.

학교에서 수학과 과학을 배울 때도 어느 정도의 전문지식을 지닌다.하지만 한 학기 동안 배울 내용은 초보자가 체스의 거장이 될 때까지 경험하는 방대한 전문지식의 도약과는 전혀 다르다. 어떤 과목을 수강한대도 초보자가 거장이 되기까지의 극적인 변화와 맞먹는 신경학적 변화가 한 학기 동안에는 생기지 않는다. 하지만 정보 처리법에 대한 신경학적 차이는 몇 주 만에도 나타난다(Guida 외 2012). 보다 구체적으로 말하면, 기다와 동료들은 전문가들이 장기 기억에 중요한 측두엽 영역을 우선적으로 사용한다는 사실에 주목했다(2012, p. 239). 즉 학생들이 장기 기억에 신경 구조를 못 쌓으면 전문 지식을 습득하기가 더욱 어려워진다. 물론 창의적인 응용 없이 암기에만 치중해도 문제다. 다시 말하지만 어떤 교수법이든 오용될 수 있다. 어쨌든 (능력은 물론이고) 변화가 인생을 즐겁게 한다!

2 그동안 어떤 주제를 공부하는 동안 다른 기법을 끼워넣는 방식에 대해 이야기했다. 그렇다면 전혀 다른 과목을 서로 끼워넣으면 어떨까? 불행히도 아직은 참고할 만한 연구 논문이 없다(Roediger와 Pyc 2012, p. 244). 그러니 공부하는 내용을 다양화하는 방식으로 상식과 연습만 제안할 뿐이다. 이 주제에 대해서는 앞으로 어떤 연구가 이뤄질지 지켜볼 만하다.

3 Kalbfleisch 2004.

4 기다와 동료들(2012, pp. 236-237)은 이렇게 말한다. "작업 기억에서 장기 기억으로 이동하는 덩어리들은 연습을 많이 하고 전문지식이 많아질수록 커진다. 게다가 이 덩어리는 장기 기억에 위치한 지식이 점차 서

로 연계되면서 더욱 풍성해진다. 게다가 몇몇 장기 기억 덩어리는 지식과 연결되기도 한다. 그러다가 결국 어떤 개인이 전문가가 되었을 때 정보 덩어리 사이에 이런 연결이 존재하면 보다 높은 수준의 계층적 덩어리가 생성 가능하다. 예컨대 체스 경기에서 인지 틀은 계획, 이동, 전략, 전술 개념뿐 아니라 다른 인지 틀과도 연결된다. 두뇌의 기능적인 재편성은 장기 기억 덩어리와 지식 구조가 존재하고 그것이 전문성 영역에서 효과적일 때, 전문 지식을 획득하는 과정에서 감지된다."

5 Duke 외 2009.

6 Pachman 외 2013은 의도적 연습이 언제 가장 효과적인지에 대해 훌륭한 논평을 보여준다.

7 Roediger와 Karpicke 2006, p. 199.

8 Wan 외 2011. 이 연구는 매우 복잡한 전략 게임인 장기를 둘 때 최선의 그 다음 수가 뭔지를 재빨리(2초 안에) 직관적으로 알아내는 신경회로에 대해 밝히고자 했다. 프로 선수들이 최선의 다음 수를 알아내는 핵심에는, 빠르고 암묵적이며 무의식적인 습관과 연계된 뇌의 영역(쐐기앞 소엽과 미상핵의 회로)이 있는 것처럼 보였다. McClain 2011을 참고하라.

9 Charness 외 2005.

10 Karpicke 외 2009; McDaniel과 Callender 2008.

11 Fischer와 Bidell 2006, pp. 363~370.

12 Roediger와 Karpicke 2006를 참고하라. 윌리엄 제임스의 『심리학 원리』를 인용한다.

13 사이먼 베일락, 『부동의 심리학』, 81~86쪽.

14 Karpicke와 Blunt, 2011b; Mastascusa 외 2011, 6장; Pyc와 Rawson 2010; Roediger와 Karpicke 2006; Rohrer와 Pashler 2010. 존 던로스키와 동료들은 다양한 학습 기법에 대한 심층 검토(2013)를 통해, 그 효율성과 광범위한 적용 가능성, 사용 편의성 때문에 연습 시험이 가장 유용하다고 평가했다. Pennebaker 외 2013도 참고하라.

15 Keresztes 외 2013. 시험이 광범위한 뇌 영역의 연결망에서 활성화 패턴을 안정화함으로써 장기 학습을 촉진한다는 증거를 제공한다.

16 Pashler 외 2005.

17 Dunlosky 외 2013; Karpicke와 Roediger 2008; Roediger와 Karpicke 2006.

8장_도구와 도움말, 요령 들

1 데이비드 앨런, 『쏟아지는 일 완벽하게 해내는 법』, 김경섭, 김선준 옮김, 김영사, 2016, 157쪽.
2 피어스 스틸, 『결심의 재발견』, 238쪽.
3 사이언 베일락, 『부동의 심리학』, 233~237쪽. ; Chiesa와 Serretti 2009; Lutz 외 2008.
4 더 흥미가 있다면, 고등교육명상협회의 웹사이트(http://www.acmhe.org/)에서 자료 목록을 살펴보라.
5 Boice 1996, p. 59.
6 티모시 패리스, 『포 아워 바디』, 강주헌 옮김, 갤리온, 2012. 470쪽.
7 같은 책, 473쪽.
8 닐 피오레, 『내 시간 우선 생활습관』, 김진희 옮김, 청림출판, 2018, 63쪽.
9 Scullin와 McDaniel 2010.
10 칼 뉴포트, 『대학성적 올에이 지침서』, 김정아 옮김, 롱테일북스, 2013. ; Newport 2006.
11 닐 피오레, 앞의 책, 118쪽.
12 Baddeley 외 2009, pp. 378~379.

9장_미루기 좀비 관리법 최종 정리

1 프란스 요한슨, 『클릭 모먼트』, 신예경 옮김, 알키, 2013, 7장.
2 Boice 1996, p. 120; 닐 피오레, 『내 시간 우선 생활습관』, 6장.
3 Ibid., p. 125.
4 Amabile 외 2002; Baer와 Oldham 2006; Boice 1996, p. 66.
5 Rohrer 외(여러 언론 매체에서).
6 Chi 외 1981.
7 게리 네스너, 『이기는 사람은 악마도 설득한다』, 류초롱 옮김, 라이프맵, 2012.
8 칼 뉴포트의 『대학성적 올에이 지침서』의 특히 1장('1번 규칙')을 참고

하라.

9 Nakano 외 2012.

10 찰스 두히그, 『습관의 힘』, 199쪽.

11 칼 뉴포트, 앞의 책.

12 이와 비슷한 여러 아이디어는 Edelman 2012를 참고하라.

10장_기억력을 향상시키는 법

1 엘리너 맥과이어와 동료들(2003)은 세계기억력선수권대회 같은 곳에서 뛰어난 기억력으로 유명세를 떨친 사람들을 연구했다. 이들은 "구조적, 기능적 뇌 영상뿐 아니라 신경정신학적 측정법까지 동원해 연구한 결과, 뛰어난 기억력은 특출난 지능이나 뇌 구조의 차이에 의한 것이 아니다"라고 밝혔다. "그보다는 암기력이 좋은 사람들은 공간적인 학습 전략을 활용해 기억, 특히 공간 기억에 있어서 중요한 해마 같은 뇌의 영역을 동원한다"고 했다.
토니 부잔은 암기법의 중요성을 알리기 위해 많은 노력을 해왔다. 부잔의 『완벽한 기억력을 활용하라*Use Your Perfect Memory*』(1991)를 보면 몇 가지 인기 있는 암기법에 대한 설명이 자세히 실려 있다.

2 엘리너 맥과이어와 동료들(2003)은 암기법이 종종 지나치게 복잡해서 활용할 수 없을 것 같지만, 기억의 궁전 기법 같은 몇 가지 기법을 이용하면 실제로 무척 자연스럽게 중요한 정보를 기억할 수 있다고 지적한다.

3 Cai 외 2013; 조슈아 포어, 『아인슈타인과 문워킹을』, 류현 옮김, 이순, 2011. 데니스 카이와 동료들의 연구는 한쪽 대뇌 반구(흔히 좌뇌)가 언어에 전문화되어 있으면 다른 쪽 반구는 시각 공간 능력에 비슷하게 전문화되어 있다는 사실을 보여준다. 바꿔 말하면, 한쪽 뇌가 한 가지 기능에 전문화되면 다른 쪽 뇌는 다른 기능에 특화되는 듯하다.

4 Ross와 Lawrence 1968.

5 Baddeley 외 2009, pp. 363~365.

6 http://www.ted.com/talks/joshua_foer_feats_of_memory_anyone_can_do.html.

7 http://www.skillstoolbox.com/career-and-education-skills/learning-skills/memory-skills/mnemonics/applications-of-

mnemonic-systems/how-to-memorize-formulas/.
8 공간 추론의 중요성에 대해서는 Kell 외 2013을 참고하라.

11장_더 많은 기억법들

1 19세기 말 물리학에 나타난 은유에 대한 정보는 Cat 2001과 Lützen 2005을 보면 된다. 화학에 대한 은유를 비롯해 과학 전반에 대한 보다 광범위한 은유는 Rocke 2010, 특히 11장을 참고하라. Gentner와 Jezorski 1993도 참고하라. 심상화와 시각화는 책 한 권으로는 다 못 다룰 정도다. 학술지 『정신과 심상 저널*Journal of Mental Imagery*』을 참고하라.
2 수학 모형을 연구하는 선구적인 학자인 이매뉴얼 더먼은 이렇게 말한다. "이론은 자기만의 방식으로 세계를 묘사하고 다루며, 독립적이어야 한다. 반면 모형은 의존적이다. 모형은 그것이 관심을 갖는 대상을 비슷한 다른 대상에 빗대는 은유다. 이때 유사성은 항상 부분적이기에, 모형은 사물을 단순화하고 세계의 차원을 줄일 수밖에 없다. 즉, 이론은 어떤 대상이 무엇인지 말해주는 반면 모형은 어떤 대상이 무엇과 닮았는지 말해줄 뿐이다."(Derman 2011, p. 6.)
3 Solomon 1994.
4 Rocke 2010, p. xvi.
5 Ibid., p. 287, 『목마른 화학협회보고서*Berichte der Durstigen Chemischen Gesellschaft*』(1886), p. 3536 인용. 이 학술지는 가짜 학술지로 『독일화학협회 보고서*Berichte der deutschen Chemischen Gesellschaft*』 구독자들에게 발송되었다. 하지만 가짜였기에 오늘날에는 이 호를 거의 찾을 수 없다.
6 Rawson과 Dunlosky 2011.
7 Dunlosky 외 2013; Roediger와 Pyc 2012. 학생들의 플래시카드 사용에 대한 논평에 대해 캐스린 비스먼과 동료들(2012, p. 568)은 "학생들은 더 높은 수준(연습량)으로 연습하는 것의 이점은 이해했지만 더 긴 시차를 두고 연습하는 것의 이점은 행동에 옮기거나 이해하지 못했다"라고 했다.
8 Morris 외 2005.

9 Baddeley 외 2009, pp. 207~209.

10 이 책에서 내가 학습을 위한 SQ3R의 모든 구성요소[때로는 SQ4R, 즉 Survey(조사), Question(질문), Read(읽기), Recite(암송), Review(검토), wRite(쓰기)에 대해]를 논의했다고 생각할지도 모른다. 그렇기에 왜 이 방식을 더 깊게 파고들지 않았느냐고 물을 수도 있다. SQ3R은 심리학자 프랜시스 플레전트 로빈슨이 일반적인 학습 도구로 개발한 것으로 문제 풀이가 수학이나 과학 공부의 핵심이긴 하나 SQ3R은 이와 관련이 없다. 이에 대해 눈치챈 사람이 또 있다. 물리학 교수 로널드 애런과 아들인 로빈 애런은 『물리학 성적을 향상시켜라*Improve Your Physics Grade*』에서 이렇게 말한다. "어느 심리학자는 SQ3R 방법으로 공부하라고 한다. 그리고 효과적인 필기법으로 LISAN 방식을 권한다. 하지만 물리학에서 이런 접근법이 정말 효과적이라고 믿는가? 차라리 산타클로스나 부활절 토끼가 실재한다고 믿는 게 낫다."

11 흥미롭게도, 이 분야에 대해 연구가 거의 이뤄지지 않았다. 그나마 진행된 약간의 연구에서도 손으로 필기를 하면 타이핑을 할 때보다 정보를 완전히 소화하는 데 효과적이라고 단순히 단정하는 것 같다. Rivard와 Straw 2000; Smoker 외 2009; Velay와 Longcamp 2012를 참고하라.

12 Cassilhas 외 2012; Nagamatsu 외 2013; Van Praag 외 1999.

13 Guida 외 2012, p. 230; Leutner 외 2009.

14 Levin 외 1992에 따르면 기억술을 활용하는 학생들은 맥락을 이용하거나 자유로운 학습법을 적용하는 학생들보다 성적이 좋다.

15 Guida 외 2012는 기억술을 훈련하면 정보 덩어리와 지식 구조를 보다 빠르게 습득할 수 있기 때문에 장기 기억의 일부를 작업 기억으로 활용할 수 있어서 학생들이 보다 빨리 전문지식을 얻을 수 있다고 지적한다.

16 Baddeley 외 2009, pp. 376~377, Helga와 Tony Noice의 연구(2007) 인용.

12장_스스로의 재능을 알아보는 법

1 Jin 외 2014.

2 프랭크 파트노이, 『속도의 배신』, 강수희 옮김, 추수밭, 2013, 94쪽. 파트노이는 이렇게 지적한다. "무의식적으로 하는 일을 정확하게 이해하

는 경우 때때로 자연스러운 자발성을 죽일 수도 있다. 즉 자의식이 지나치게 강하면, 본능이 필요할 때 방해될 수 있다. 하지만 반대로 전혀 자의식이 없다면, 본능을 결코 향상할 수 없다. 짧은 시간 동안 도전하면서 우리는 자신의 결정에 어떤 요소가 들어가는지 인식한다. 하지만 부자연스럽고 비효과적인 부분은 너무 의식하지 말아야 한다."(『속도의 배신』, 132쪽.)

3 『속도의 배신』, 99쪽, 게리 클레인, 『의사결정의 가이드 맵』, 은하랑 옮김, 제우미디어, 2005 인용.

4 『의사결정의 가이드맵』, p. 150, Klein과 Klein 1981 인용. 하지만 Klein과 Klein 1981의 샘플 수는 적은 편이다.

5 모루아 페센티와 동료들(2001, p. 103)은 이렇게 주장한다. "비전문가들이 더 많은 계산과정을 진행한다고 계산 전문지식을 얻는 것은 아니다. 그보다 전문가와 비전문가는 계산을 할 때 서로 다른 뇌 영역을 사용한다고 볼 수 있다. 연구 결과, 전문가들의 경우 단기적으로 노력을 쏟아야 하는 저장 전략과, 매우 효율적으로 삽화적 기억 부호화 및 회상 절차 사이를 오갈 수 있었다. 이 과정에는 우뇌의 전전두엽과 내측 측두엽이 관여했다."

일찍이 1899년에, 뛰어난 심리학자 윌리엄 제임스 역시 고전적인 저작인 『선생님이 꼭 알아야 할 심리학 지식*Talks to Teachers on Psychology*』에서 이렇게 서술한 바 있다. "여러분은 이제 왜 '벼락치기'가 형편없는 공부법인지 알 겁니다. 벼락치기 학습은 시련을 마주하기 전에 학생들에게 집중적으로 응용을 시켜 지식을 머릿속에 욱여넣죠. 하지만 이렇게 배운 지식은 서로 거의 연관성을 형성할 수 없습니다. 한편 여러 날에 걸쳐 학습하고 서로 다른 맥락에서 읽고, 암송하고, 반복해서 떠올리고, 다른 사물과 연계해 검토하는 과정을 거쳤다면 정신의 구조에 잘 흡수됩니다. 그렇기에 학생들이 꾸준히 학습하도록 교사 여러분이 습관을 들여줘야 합니다."(William 2008, 〔1899〕, p. 73.)

6 고전적인 한 연구(1973)를 보면, 윌리엄 체이스와 허버트 사이먼은 체스 전문가들이 연습을 통해 획득한 패턴으로 탁월하고 빠르게 인식해야 다음 수를 직관적으로 떠올린다는 사실을 발견했다. 한편 페르난드 고베트와 동료들(2001, p. 236)은 "정보 덩어리는 강하게 연관된 요소들

의 집합이지만 다른 정보 덩어리의 내부 요소와는 연관성이 약하다"라고 정의했다.

7 Amidzic 외 2001; Elo 1978; Simon 1974. 삼십만 개의 정보 덩어리는 Gobet과 Simon 2000를 인용한다.

8 Gobet 2005. 고베트는 한 분야의 전문 지식이 다른 분야로 전이되지 않는다는 사실에 주목한다. 확실히 그 말은 옳다. 스페인어를 배웠다고 해서 독일에서 사우어크라우트를 주문할 수는 없을 것이다. 하지만 메타 기술은 중요하다. 여러분이 언어를 습득하는 방법 자체를 익혔다면, 다른 제2외국어를 더 쉽게 배울 수 있다.
다시 말해, 체스 같은 분야에서 전문 기술을 배우는 일은 꽤 가치 있다. 체스를 배우면 수학과 과학을 공부할 때 필요한 것과 비슷한 신경 구조를 얻을 수 있다. 그게 '게임의 규칙을 내면화해 익히는 데 필요한 정도'로 단순한 신경 구조라 해도, 여전히 귀중한 통찰이다.

9 사이언 베일락, 『부동의 심리학』, 99~100쪽.; White와 Shah 2006.

10 실제로 이것과 비슷한 사실을 어느 정도 뒷받침하는 연구 논문들이 있다. Simonton 2009을 참고하라.

11 Carson 외 2003; Ellenbogen 외 2007; White와 Shah 2011.

12 메림 빌랄리치와 동료들(2007)은 지능 지수가 108에서 116 사이인 일부 선수가 추가 연습을 해서 엘리트 선수 그룹에 들어갔다고 지적한다. 이 엘리트 그룹의 평균 지능 지수는 130이었다. Duckworth와 Seligman 2005을 참조하라.
노벨상 수상자인 리처드 파인먼은 누구든지 시험이 말해주는 지능보다 훨씬 대단한 성취를 거둘 수 있다며 자기의 지능 지수가 125로 비교적 낮다는 사실을 즐겨 말했다. 파인먼은 분명 똑똑했지만, 어린 시절부터 수학적, 물리적 지식과 직관을 개발하기 위해 강박적으로 연습했던 사람이었다(Gleick 1992).

13 Klingberg 2008.

14 Silverman 2012.

15 Felder 1988. "무능하다고 오보정하는 것은 자신을 잘못 판단해서 그렇지만, 매우 유능하다고 오보정하는 것은 다른 사람을 잘못 판단해서"라고 지적했던 데이비드 더닝과 저스틴 크루거의 연구(1999)도 참고하라.

1 DeFelipe 2002.
2 Ramón y Cajal 1937, 309.
3 라몬 이 카할, 『과학자를 꿈꾸는 젊은이에게』, 16~18쪽; Ramón y Cajal 1937, p. 278.
4 Ramón y Cajal 1937, 154.
5 Fields 2008; Giedd 2004; Spear 2013.
6 라몬 이 카할, 『과학자를 꿈꾸는 젊은이에게』.
7 Bengtsson 외 2005; Spear 2013.
8 대포를 만드는 카할의 모습을 보면 그는 분명 계획을 세울 줄 알았다. 하지만 자신의 행동이 몰고 올 결과와 계획을 연관 짓는 큰 그림은 그리지 못했다. 예컨대 그는 이웃집 대문을 폭파하겠다는 신나는 계획에 휘말려 그러면 자기가 큰 곤경에 처할 것이라는 뻔한 예측을 할 수 없었다. Shannon 외 2011을 보면, 십대 비행 청소년들의 배외측 전운동 피질이 기본모드 연결망("즉흥적이고, 구속되지 않으며, 자기주변 인식과 관련된 뇌 영역들의 집합", p. 11241)과 기능적으로 연결된다는 흥미로운 발견이 담겨 있다. 십대 문제아들이 나이가 들어 성숙해지고 행동이 개선되면 배외측 전운동 피질은 예전과 달리 주의 연결망과 통제 연결망을 연결하게 되는 듯하다.
9 Bengtsson 외 2005; Spear 2013; Thomas와 Baker 2013. 키부 토머스와 동료들은 이렇게 지적한다(p. 226). "동물 연구에서 얻은 증거에 따르면, 축삭돌기와 수상돌기로 이뤄진 대규모 조직은 무척 안정적이며, 성인의 뇌에서 경험에 의존하는 구조적 가소성은 국지적으로 발생할 뿐이며 일시적이다." 바꿔 말하면, 우리는 뇌를 약간 변화시킬 수는 있어도, 배선 공사를 전면적으로 다시 진행할 수는 없다. 사실 이는 지극히 상식적이다. Doidge 2007는 뇌 가소성에 대해 훌륭하게 설명한 책이다. Shaw와 McEachern 2001은 이 주제에 대한 최고의 기술적인 접근법을 제공한다. 이런 의미에서 카할의 작업은 현재 뇌 가소성에 대한 근본적인 토대로 인정받는다(DeFelipe 2006).
10 Ramón y Cajal 1937, p. 58.
11 Ibid., pp. 58, 131. 핵심 개념, 즉 어떤 문제의 요지를 파악하는 능력이

토씨 하나 틀리지 않고 암기하는 능력보다 더 중요한 듯하다. 이런 정확한 암기력은 '요지'에 대한 기억과는 다르게 부호화되는 듯하다. Geary 외 2008, 4~9를 참고하라.

12 DeFelipe 2002.

13 Ramón y Cajal 1937, p. 59.

14 미셸 루트번스타인, 로버트 루트번스타인, 『생각의 탄생』, 130~131쪽.

15 Bransford 외 2000, 3장 ; Mastascusa 외 2011, 9~10장.

16 Gentner와 Jeziorski 1993.

17 질 포코니에, 마크 터너, 『우리는 어떻게 생각하는가』, 김동환, 최영호 옮김, 지호, 2009.

18 Mastascusa 외 2011, p. 165.

14장_방정식이라는 시로 마음의 눈 키우기

1 실비아 플라스, 『벨 자』.

2 리처드 파인먼, 『남이야 뭐라 하건!』, 홍승우 옮김, 사이언스북스, 2004, 78쪽.

3 Feynman 1965, 2010.

4 이 절의 내용은 Prentis(2006)의 멋진 논문에 기초했다.

5 〈망델브로 집합Mandelbrot Set〉이라는 노래가사를 조너선 콜턴의 허가를 얻어 발췌했다. 전체 가사는 다음 웹사이트에 실려 있다. http://www.jonathancoulton.com/wiki/Mandelbrot_Set/Lyrics.

6 Prentis 1996.

7 Cannon 1949, p. xiii; Ramón y Cajal 1937, p. 363. 이와 비슷한 맥락에서, 신경과학 연구 초창기에 그려진 아름다운 삽화가 궁금하다면 하비에르 드펠리프의 훌륭한 저서 『영혼의 나비들*Butterflies of the Soul*』을 참고하라(DeFelipe 2010).

8 Mastascusa 외 2011, p. 165.

9 이블린 폭스 켈러, 『생명의 느낌』, 김재희 옮김, 양문, 2001, 124쪽.

10 정교한 의문 제기와 자체 설명에 대한 논의는 Dunlosky 외 2013를 참고하라.

11 http://www.youtube.com/watch?v=FrNqSLPaZLc.

12 http://www.reddit.com/r/explainlikeimfive.
13 12장 8번 주석을 참고하라.
14 Mastascusa 외 2011, 9~10장.
15 Foerde 외 2006; Paul 2013.

15장_르네상스 학습법

1 제프 콜빈, 『재능은 어떻게 단련되는가?』, 김정희 옮김, 부키, 2010. ; 대니얼 코일, 『탤런트코드』. ; 말콤 글래드웰, 『아웃라이어』, 노정태 옮김, 김영사, 2019.
2 Deslauriers 외 2011; Felder 외 1998; Hake 1998; Mitra 외 2005; President's Council of Advisors on Science and Technology, 2012.
3 라몬 이 카할, 『과학자를 꿈꾸는 젊은이에게』.
4 윌리엄 캄쾀바, 브라이언 밀러, 『바람을 길들인 풍차소년』, 김흥숙 옮김, 서해문집, 2009.
5 Pert 1997, p. 33.
6 McCord 1978. 이 내용을 비롯해 관련 연구에 대한 광범위한 논의는 Armstrong 2012를 참고하라. Manu Kapur와 Katerine Bielaczyc(2012)에 따르면 교사가 학생들에게 여유를 주면 반직관적이게도 학생들의 성적이 나아지기도 한다.
7 Oakley 외 2003.
8 Armstrong 2012와 이 논문의 참고문헌을 참조.
9 Oakley 2013.

16장_자만하지 않기: 팀워크의 힘

1 Schutz 2005. '프레드'는 '우뇌의 광범위한 영역에 걸친 인지장애'의 전형적인 증상들을 혼합해서 만든 가상 인물이다.
2 이언 맥길크리스트의 『주인과 심부름꾼』(김병화 옮김, 뮤진트리, 2011)은 좌뇌와 우뇌의 기능의 차이를 뒷받침하는 종합적인 설명을 제공하는 반면, Efron 1990은 구식이기는 하지만 좌우 대뇌 반구의 연구에 따르는 문제점에 대해 훌륭한 주의 사항을 남겼다. 이 연구에 참여했던 Nielsen 외 2013; 제프 앤더슨 박사는 다음과 같이 말한다. "뇌의 특

정 기능이 특정 영역에서 비롯한다는 것은 전적으로 사실이다. 예컨대 언어는 좌뇌에서, 주의 집중은 우뇌에서 비롯하곤 한다. 하지만 좌뇌나 우뇌 중 어느 한쪽이 더 발달하는 사람은 없다. 그보다는 연결고리가 얼마나 더 많이 연결되느냐에 따라 좌우되는 듯하다"(University of University Healthcare Office of Public Affairs 2013).

3 이언 맥길크리스트, 『주인과 심부름꾼』, 217~224쪽.

4 Houdé와 Tzourio-Mazoyer 2003. Houdé 2002, p. 341. 여기서는 다음과 같이 지적한다. "신경촬영법 결과, 신경학적으로 정상인 피험자를 통해 우측 복내측 전전두엽 영역이 논리적 의식을 형성하는 과정에 직접 관여한다는, 즉 이 영역이 우리의 마음을 추론의 매개체인 '논리성의 궤도'에 올려놓는다는 사실을 알 수 있다. 따라서 우측 복내측 전전두엽 피질이 대뇌 오류 교정 장치에서 감정적인 구성 요소일지도 모른다. 더 정확하게 말하면 이 영역은 논리적인 추론의 오류가 발생할 가능성이 있는 조건을 감지하는 자각 장치에 해당할 것이다."

5 스티븐 크리스트먼과 동료들 2008, p. 403. 이 글은 이렇게 지적한다. "좌뇌는 우리의 현재 믿음을 지지하는 반면, 우뇌는 그 믿음이 적절한지 평가하고 개선시킨다. 따라서 믿음에 대한 평가는 좌우 대뇌 반구 간 상호작용에 의존한다."

6 빌라야누르 차마찬드란, 샌드라 블레이크스리, 『라마찬드란 박사의 두뇌 실험실』, 신상규 옮김, 바다출판사, 2015, 258~9쪽.

7 Gazzaniga 2000; Gazzaniga 외 1996.

8 리처드 파인먼, 『파인만 씨, 농담도 잘하시네! 2』, 김희봉 옮김, 사이언스북스, 2000, 267쪽. 파인먼의 1974년 캘리포니아공과대학 졸업식 연설에서 인용했다.

9 리처드 파인먼, 『파인만 씨, 농담도 잘하시네! 1』, 182~184쪽.

10 앨런 배들리와 동료들(2009, pp. 148~149). "우리는 자존감에 대한 외부의 도전에서 자신을 방어하는 무기를 충분히 가졌다. 예컨대 우리는 칭찬을 기꺼이 받아들이지만 비판에는 회의적이며, 종종 그 비판을 비판자의 편견 탓으로 돌린다. 또 성공을 거뒀을 때는 그 공을 차지하려 하지만, 실패에 대한 책임은 회피한다. 이런 전략이 실패하면 우리는 실패를 선택적으로 망각하면서 성공과 칭찬만 기억하려 한다."

11 Granovetter 1983; Granovetter 1973.
12 Ellis 외 2003.
13 사이언 베일락, 『부동의 심리학』, 54쪽.
14 Arum과 Roksa 2010, p. 120.

17장_시험 잘 치르기

1 펠더 박사의 웹사이트(http://www4.ncsu.edu/unity/lockers/users/f/felder/public/)를 방문해보라. 여기에는 STEM(과학, 기술, 공학, 수학 융합교육) 학습법에 대한 유용한 정보가 엄청나게 모여 있다.
2 Felder 1999. 리처드 펠더 박사와 『화학공학교육』의 허가를 얻어 내용을 인용했다.
3 이렇듯 생각 기술을 음식에 비유하는 예는 McClain 2011과 맥클레인이 인용한 연구자들의 작업을 참고하라.
4 사이언 베일락, 『부동의 심리학』, 187~188쪽.
5 Mrazek 외 2013.
6 사이언 베일락, 『부동의 심리학』(89쪽)은 다음과 같이 지적한다. "스트레스를 받는 운동 선수들은 그 중압감을 없애는 방식으로 자기 성적을 관리하려고 애쓴다. 흔히 '지나친 분석에 의한 마비 현상'이라 불리는 초킹 현상은 전전두엽 피질이 과잉 반응할 때 발생한다."
7 사이언 베일락, 『부동의 심리학』; http://www.sianbeilock.com/.

참고문헌

Aaron, R, and RH Aaron. *Improve Your Physics Grade*. Wiley, 1984.

Ainslie, G, and N Haslam. "Self-control." In *Choice over Time*, edited by G Loewenstein and J Elster, 177~212. Russell Sage Foundation, 1992.

Allen, D. *Getting Things Done*. Penguin, 2001. 한국어판은 『쏟아지는 일 완벽하게 해내는 법』, 김경섭, 김선준 옮김, 김영사, 2016.

Amabile, TM, et al. "Creativity under the gun." *Harvard Business Review* 80, 8(2002): 52.

Amidzic, O, et al. "Pattern of focal-bursts in chess players." *Nature* 412(2001): 603~604.

Andrews-Hanna, JR. "The brain's default network and its adaptive role in internal mentation." *Neuroscientist* 18, 3(2012): 251~270.

Armstrong, JS. "Natural learning in higher education." In *Encyclopedia of the Sciences of Learning*, 2426~2433. Springer, 2012.

Arum, R, and J Roksa. *Academically Adrift*. University of Chicago Press, 2010.

Baddeley, A, et al. *Memory*. Psychology Press, 2009.

Baer, M, and GR Oldham. "The curvilinear relation between experienced creative time pressure and creativity: Moderating effects of openness to experience and support for creativity." *Journal of Applied Psychology* 91, 4(2006): 963~970.

Baumeister, RF, and J Tierney. *Willpower*. Penguin, 2011. 한국어판은 『의지력의 재발견』, 이덕임 옮김, 에코리브르, 2012.

Beilock, S. *Choke*, Free Press, 2010. 한국어판은 『부동의 심리학』, 박선령 옮김, 21세기북스, 2011.

Bengtsson, SL, et al. "Extensive piano practicing has regionally specific

effects on white matter development." *Nature Neuroscience* 8, 9(2005): 1148~1150.
Bilali, M, et al. "Does chess need intelligence?—A study with young chess players." *Intelligence* 35, 5(2007): 457~470.
_______. "Why good thoughts block better ones: The mechanism of the pernicious Einstellung (set) effect." *Cognition* 108, 3(2008): 652~661.
Boice, R. *Procrastination and Blocking*. Praeger, 1996.
Bouma, A. *Lateral Asymmetries and Hemispheric Specialization*. Swets&Zeitlinger, 1990.
Bransford, JD, et al. *How People Learn*. National Academies Press, 2000.
Brent, R, and RM Felder. "Learning by solving solved problems." *Chemical Engineering Education* 46, 1(2012): 29~30.
Brown, JS, et al. "Situated cognition and the culture of learning." *Educational Researcher* 18, 1(1989): 32~42.
Burson K, et al. "Skilled or unskilled, but still unaware of it: how perceptions of difficulty drive miscalibration in relative comparisons." *Journal of Personality and Social Psychology* 90, 1(2006): 60~77.
Buzan, T. *Use Your Perfect Memory*. Penguin, 1991.
Cai, Q, et al. "Complementary hemispheric specialization for language production and visuospatial attention." *PNAS* 110, 4(2013): E322~E330.
Cannon, DF. *Explorer of the Human Brain*. Schuman, 1949.
Carey, B. "Cognitive science meets pre-algebra." *New York Times*, September 2, 2012.
Carpenter, SK, et al. "Using spacing to enhance diverse forms of learning: Review of recent research and implications for instruction." *Educational Psychology Review* 24, 3(2012): 369~378.
Carson, SH, et al. "Decreased latent inhibition is associated with increased creative achievement in high-functioning individuals." *Journal of Personality and Social Psychology* 85, 3(2003): 499~506.
Cassilhas, RC, et al. "Spatial memory is improved by aerobic and resistance exercise through divergent molecular mechanisms." *Neuroscience* 202(2012): 309~17.
Cat, J. "On understanding: Maxwell on the methods of illustration and scientific metaphor." *Studies in History and Philosophy of Science Part B*

32, 3(2001): 395~441.

Charness, N, et al. "The role of deliberate practice in chess expertise." *Applied Cognitive Psychology* 19, 2(2005): 151~165.

Chase, WG, and HA Simon. "Perception in chess." *Cognitive Psychology* 4, 1(1973): 55~81.

Chi, MTH, et al. "Categorization and representation of physics problems by experts and novices." *Cognitive Science* 5, 2(1981): 121~152.

Chiesa, A, and A Serretti. "Mindfulness-based stress reduction for stress management in healthy people: A review and meta-analysis." *Journal of Alternative Complementary Medicine* 15, 5(2009): 593~600.

Cho, S, et al. "Hippocampal-prefrontal engagement and dynamic causal interactions in the maturation of children's fact retrieval." *Journal of Cognitive Neuroscience* 24, 9(2012): 1849~1866.

Christman, SD, et al. "Mixed-handed persons are more easily persuaded and are more gullible: Interhemispheric interaction and belief updating." *Laterality* 13, 5(2008): 403~426.

Chu, A, and JN Choi. "Rethinking procrastination: Positive effects of 'active' procrastination behavior on attitudes and performance." *Journal of Social Psychology* 145, 3(2005): 245~264.

Colvin, G. *Talent Is Overrated*. Portfolio, 2008. 한국어판은 『재능은 어떻게 단련되는가?』, 김정희 옮김, 부키, 2010.

Cook, ND. *Tone of Voice and Mind*. Benjamins, 2002.

______. "Toward a central dogma for psychology." *New Ideas in Psychology* 7, 1(1989): 1~18.

Cooper, G, and J Sweller. "Effects of schema acquisition and rule automation on mathematical problem-solving transfer." *Journal of Educational Psychology* 79, 4(1987): 347.

Cowan, N. "The magical number 4 in short-term memory: A reconsideration of mental storage capacity." *Behavioral and Brain Sciences* 24, 1(2001): 87~114.

Coyle, D. *The Talent Code*. Bantam, 2009. 한국어판은 『탤런트 코드』, 윤미나 옮김, 웅진지식하우스, 2009.

Cree, GS, and K McRae. "Analyzing the factors underlying the structure and computation of the meaning of chipmunk, cherry, chisel, cheese, and

cello (and many other such concrete nouns)." *Journal of Experimental Psychology: General* 132, 2(2003): 163~200.
Dalí, S. *Fifty Secrets of Magic Craftsmanship*. Dover, 1948(reprint 1992).
de Bono, E. *Lateral Thinking*. Harper Perennial, 1970. 한국어판은 『드 보노의 수평적 사고』, 이은정 옮김, 한언, 2005.
DeFelipe, J. "Brain plasticity and mental processes: Cajal again." *Nature Reviews Neuroscience* 7, 10(2006): 811~817.
______. *Cajal's Butterflies of the Soul: Science and Art*. Oxford University Press, 2010.
______. "Sesquicentenary of the birthday of Santiago Ramón y Cajal, the father of modern neuroscience." *Trends in Neurosciences* 25, 9(2002): 481~484.
Demaree, H, et al. "Brain lateralization of emotional processing: Historical roots and a future incorporating 'dominance.'" *Behavioral and Cognitive Neuroscience Reviews* 4, 1(2005): 3~20.
Derman, E. *Models. Behaving. Badly*. Free Press, 2011.
Deslauriers, L, et al. "Improved learning in a large-enrollment physics class." *Science* 332, 6031(2011): 862~864.
Dijksterhuis, A, et al. "On making the right choice: The deliberation-without-attention effect." *Science* 311, 5763(2006): 1005~1007.
Doidge, N. *The Brain That Changes Itself*. Penguin, 2007.
Drew, C. "Why science majors change their minds(it's just so darn hard)." *New York Times*, November 4, 2011.
Duckworth, AL, and ME Seligman. "Self-discipline outdoes IQ in predicting academic performance of adolescents." *Psychological Science* 16, 12(2005): 939~944.
Dudai, Y. "The neurobiology of consolidations, or, how stable is the engram?" *Annual Review of Psychology* 55(2004): 51~86.
Duhigg, C. *The Power of Habit*. Random House, 2012. 한국어판은 『습관의 힘』, 강주헌 옮김, 갤리온, 2012
Duke, RA, et al. "It's not how much; it's how: Characteristics of practice behavior and retention of performance skills." *Journal of Research in Music Education* 56, 4(2009): 310~321.
Dunlosky, J, et al. "Improving students' learning with effective learning

techniques: Promising directions from cognitive and educational psychology." *Psychological Science in the Public Interest* 14, 1(2013): 4~58.

Dunning, D, et al. "Why people fail to recognize their own incompetence." *Current Directions in Psychological Science* 12, 3(2003): 83~87.

Dweck, C. *Mindset*. Random House, 2006. 한국어판은 『마인드셋』, 김준수 옮김, 스몰빅라이프, 2017.

Edelman, S. *Change Your Thinking with CBT*. Ebury, 2012.

Efron, R. *The Decline and Fall of Hemispheric Specialization*. Erlbaum, 1990.

Ehrlinger, J, et al. "Why the unskilled are unaware: Further explorations of (absent) self-insight among the incompetent." *Organizational Behavior and Human Decision Processes* 105, 1(2008): 98~121.

Eisenberger, R. "Learned industriousness." *Psychological Review* 99, 2(1992): 248.

Ellenbogen, JM, et al. "Human relational memory requires time and sleep." *PNAS* 104, 18(2007): 7723~7728.

Ellis, AP, et al. "Team learning: Collectively connecting the dots." *Journal of Applied Psychology* 88, 5(2003): 821.

Elo, AE. *The Rating of Chessplayers, Past and Present*. Batsford, 1978.

Emmett, R. *The Procrastinator's Handbook*. Walker, 2000.

Emsley, J. *The Elements of Murder*. Oxford University Press, 2005. 한국어판은 『세상을 바꾼 독약 한 방울』, 김명남 옮김, 사이언스북스, 2010.

Ericsson, KA. *Development of Professional Expertise*. Cambridge University Press, 2009.

Ericsson, KA, et al. "The making of an expert." *Harvard Business Review* 85, 7/8(2007): 114.

Erlacher, D, and M Schredl. "Practicing a motor task in a lucid dream enhances subsequent performance: A pilot study." *The Sport Psychologist* 24, 2(2010): 157~167.

Fauconnier, G, and M Turner. *The Way We Think*. Basic Books, 2002. 한국어판은 『우리는 어떻게 생각하는가』, 김동환, 최영호 옮김, 지호, 2009.

Felder, RM. "Memo to students who have been disappointed with their test grades." *Chemical Engineering Education* 33, 2(1999): 136~137.

_______ "Impostors everywhere." *Chemical Engineering Education* 22,

4(1988): 168~169.

Felder, RM, et al. "A longitudinal study of engineering student performance and retention. V. Comparisons with traditionally-taught students." *Journal of Engineering Education* 87, 4(1998): 469~480.

Ferriss, T. *The 4-Hour Body*. Crown, 2010. 한국어판은 『포 아워 바디』, 강주헌 옮김, 갤리온, 2012.

Feynman, R. *The Feynman Lectures on Physics Vol. 2*. Addison Wesley, 1965.

_______. "*Surely You're Joking, Mr. Feynman.*" Norton, 1985. 한국어판은 『파인만 씨, 농담도 잘하시네!』, 김희봉 옮김, 사이언스북스, 2000.

_______. *What Do You Care What Other People Think?* Norton, 2001. 한국어판은 『남이야 뭐라 하건!』, 홍승우 옮김, 사이언스북스, 2004.

Fields, RD. "White matter in learning, cognition and psychiatric disorders." *Trends in Neurosciences* 31, 7(2008): 361~370.

Fiore, NA. *The Now Habit*. Penguin, 2007. 한국어판은 『내 시간 우선 생활습관』, 김진희 옮김, 청림출판, 2018.

Fischer, KW, and TR Bidell. "Dynamic development of action, thought, and emotion." In *Theoretical Models of Human Development: Handbook of Child Psychology*, edited by W Damon and RM Lerner. Wiley, 2006: 313~399.

Foer, J. *Moonwalking with Einstein*. Penguin, 2011. 한국어판은 『아인슈타인과 문워킹을』, 류현 옮김, 이순, 2011.

Foerde, K, et al. "Modulation of competing memory systems by distraction." *Proceedings of the National Academy of the Sciences* 103, 31 (2006): 11778~11783.

Gabora, L, and A Ranjan. "How insight emerges in a distributed, content-addressable memory." In *Neuroscience of Creativity*, edited by O Vartanian et al. MIT Press, 2013: 19~43.

Gainotti, G. "Unconscious processing of emotions and the right hemisphere." *Neuropsychologia* 50, 2(2012): 205~218.

Gazzaniga, MS. "Cerebral specialization and interhemispheric communication: Does the corpus callosum enable the human condition?" *Brain* 123, 7(2000): 1293~1326.

Gazzaniga, MS, et al. "Collaboration between the hemispheres of a callosotomy patient: Emerging right hemisphere speech and the left

hemisphere interpreter." *Brain* 119, 4(1996): 1255~1262.
Geary, DC. *The Origin of Mind*. American Psychological Association, 2005.
_______. "Primal brain in the modern classroom." *Scientific American Mind* 22, 4(2011): 44~49.
Geary, DC, et al. "Task Group Reports of the National Mathematics Advisory Panel; Chapter 4: Report of the Task Group on Learning Processes." 2008.
Gentner, D, and M Jeziorski. "The shift from metaphor to analogy in western science." In *Metaphor and Thought*, edited by A Ortony. 447~480, Cambridge University Press, 1993.
Gerardi, K, et al. "Numerical ability predicts mortgage default." *Proceedings of the National Academy of Sciences* 110, 28(2013): 11267~11271.
Giedd, JN. "Structural magnetic resonance imaging of the adolescent brain." *Annals of the New York Academy of Sciences* 1021, 1(2004): 77~85.
Gladwell, M. *Outliers*. Hachette, 2008. 한국어판은 『아웃라이어』, 노정태 옮김, 김영사, 2009.
Gleick, J. *Genius*. Pantheon Books, 1992. 한국어판은 『천재』, 황혁기 옮김, 승산, 2005.
Gobet, F. "Chunking models of expertise: Implications for education." *Applied Cognitive Psychology* 19, 2 (2005): 183~204.
Gobet, F, et al. "Chunking mechanisms in human learning." *Trends in Cognitive Sciences* 5, 6(2001): 236~243.
Gobet, F, and HA Simon. "Five seconds or sixty? Presentation time in expert memory." *Cognitive Science* 24, 4(2000): 651~682.
Goldacre, B. *Bad Science*. Faber&Faber, 2010. 한국어판은 『배드 사이언스』, 강미경 옮김, 공존, 2011.
Graham, P. "Good and bad procrastination." 2005. http://paulgraham.com/procrastination.html.
Granovetter, M. "The strength of weak ties: A network theory revisited." *Sociological Theory* 1, 1(1983): 201~233.
Granovetter, MS. "The strength of weak ties." *American Journal of Sociology* (1973): 1360~1380.
Greene, R. *Mastery*. Viking, 2012. 한국어판은 『마스터리의 법칙』, 이수경 옮김, 살림, 2013.

Gruber, HE. "On the relation between aha experiences and the construction of ideas." *History of Science Cambridge* 19, 1(1981): 41~59.
Guida, A, et al. "How chunks, long-term working memory and templates offer a cognitive explanation for neuroimaging data on expertise acquisition: A two-stage framework." *Brain and Cognition* 79, 3(2012): 221~244.
Güntürkün, O. "Hemispheric asymmetry in the visual system of birds." In *The Asymmetrical Brain*, edited by K Hugdahl and RJ Davidson, 3~36. MIT Press, 2003.
Hake, RR. "Interactive-engagement versus traditional methods: A six-thousand-student survey of mechanics test data for introductory physics courses." *American Journal of Physics* 66(1998): 64~74.
Halloun, IA, and D Hestenes. "The initial knowledge state of college physics students." *American Journal of Physics* 53, 11(1985): 1043~1055.
Houdé, O. "Consciousness and unconsciousness of logical reasoning errors in the human brain." *Behavioral and Brain Sciences* 25, 3(2002): 341~341.
Houdé, O, and N Tzourio-Mazoyer. "Neural foundations of logical and mathematical cognition." *Nature Reviews Neuroscience* 4, 6 (2003): 507~513.
Immordino-Yang, MH, et al. "Rest is not idleness: Implications of the brain's default mode for human development and education." *Perspectives on Psychological Science* 7, 4 (2012): 352~364.
James, W. *Principles of Psychology*. Holt, 1890.
_______. *Talks to Teachers on Psychology: And to Students on Some of Life's Ideals*. ARC Manor, 2008[1899]. 한국어판은 『선생님이 꼭 알아야 할 심리학 지식』, 정명진 옮김, 부글북스, 2016.
Ji, D, and MA Wilson. "Coordinated memory replay in the visual cortex and hippocampus during sleep." *Nature Neuroscience* 10, 1(2006): 100~107.
Jin, X. "Basal ganglia subcircuits distinctively encode the parsing and concatenation of action sequences." *Nature Neuroscience* 17(2014): 423~430.
Johansson, F. *The Click Moment*. Penguin, 2012. 한국어판은 『클릭 모먼트』, 신예경 옮김, 알키, 2013.
Johnson, S. *Where Good Ideas Come From*. Riverhead, 2010. 한국어판은 『탁월

한 아이디어는 어디서 오는가』, 서영조 옮김, 한국경제신문, 2012.
Kalbfleisch, ML. "Functional neural anatomy of talent." *The Anatomical Record Part B: The New Anatomist* 277, 1(2004): 21~36.
Kamkwamba, W, and B Mealer. *The Boy Who Harnessed the Wind*. Morrow, 2009. 한국어판은 『바람을 길들인 풍차소년』, 김흥숙 옮김, 서해문집, 2009.
Kapur, M, and K Bielczyc. "Designing for productive failure." *Journal of the Learning Sciences* 21, 1(2012): 45~83.
Karpicke, JD. "Retrieval-based learning: Active retrieval promotes meaningful learning." *Current Directions in Psychological Science* 21, 3 (2012): 157~163.
Karpicke, JD, and JR Blunt. "Response to comment on 'Retrieval practice produces more learning than elaborative studying with concept mapping.'" *Science* 334, 6055(2011a): 453~453.
_______. "Retrieval practice produces more learning than elaborative studying with concept mapping." *Science* 331, 6018(2011b): 772~775.
Karpicke, JD, et al. "Metacognitive strategies in student learning: Do students practice retrieval when they study on their own?" *Memory* 17, 4(2009): 471~479.
Karpicke, JD, and PJ Grimaldi. "Retrieval-based learning: A perspective for enhancing meaningful learning." *Educational Psychology Review* 24, 3(2012): 401~418.
Karpicke, JD, and HL Roediger. "The critical importance of retrieval for learning." *Science* 319, 5865(2008): 966~968.
Kaufman, AB, et al. "The neurobiological foundation of creative cognition." *Cambridge Handbook of Creativity*(2010): 216~232.
Kell, HJ, et al. "Creativity and technical innovation: Spatial ability's unique role." *Psychological Science* 24, 9(2013): 1831~1836.
Keller, EF. *A Feeling for the Organism, 10th Aniversary Edition: The Life and Work of Barbara McClintock*. Times Books, 1984. 한국어판은 『생명의 느낌』, 김재희 옮김, 양문, 2001.
Keresztes, A, et al. "Testing promotes long-term learning via stabilizing activation patterns in a large network of brain areas." *Cerebral Cortex*(advance access, published June 24, 2013).
Kinsbourne, M, and M Hiscock. "Asymmetries of dual-task performance." In

Cerebral Hemisphere Asymmetry, edited by JB Hellige, 255~334. Praeger, 1983.
Klein, G. *Sources of Power*. MIT Press, 1999. 한국어판은 『의사결정의 가이드맵』, 은하랑 옮김, 제우미디어, 2005.
Klein, H, and G Klein. "Perceptual/cognitive analysis of proficient cardiopulmonary resuscitation (CPR) performance." Midwestern Psychological Association Conference, Detroit, MI, 1981.
Klingberg, T. *The Overflowing Brain*. Oxford University Press, 2008.
Kornell, N, et al. "Unsuccessful retrieval attempts enhance subsequent learning." *Journal of Experimental Psychology: Learning, Memory, and Cognition* 35, 4(2009): 989.
Kounios, J, and M Beeman. "The Aha! moment: The cognitive neuroscience of insight." *Current Directions in Psychological Science* 18, 4(2009): 210~216.
Kruger, J, and D Dunning. "Unskilled and unaware of it: How difficulties in one's own incompetence lead to inflated self-assessments." *Journal of Personality and Social Psychology* 77, 6(1999): 1121~1134.
Leonard, G. *Mastery*. Plume, 1991.
Leutner, D, et al. "Cognitive load and science text comprehension: Effects of drawing and mentally imaging text content." *Computers in Human Behavior* 25(2009): 284~289.
Levin, JR, et al. "Mnemonic vocabulary instruction: Additional effectiveness evidence." *Contemporary Educational Psychology* 17, 2(1992): 156~174.
Longcamp, M, et al. "Learning through hand- or typewriting influences visual recognition of new graphic shapes: Behavioral and functional imaging evidence." *Journal of Cognitive Neuroscience* 20, 5(2008): 802~815.
Luria, AR. *The Mind of a Mnemonist*. Translated by L Solotaroff. Basic Books, 1968. 한국어판은 『모든 것을 기억하는 남자』, 박중서 옮김, 갈라파고스, 2007.
Lutz, A, et al. "Attention regulation and monitoring in meditation." *Trends in Cognitive Sciences* 12, 4(2008): 163.
Lützen, J. *Mechanistic Images in Geometric Form*. Oxford University Press, 2005.
Lyons, IM, and SL Beilock. "When math hurts: Math anxiety predicts pain network activation in anticipation of doing math." *PLOS ONE* 7, 10(2012):

e48076.
Maguire, EA, et al. "Routes to remembering: The brains behind superior memory." *Nature Neuroscience* 6, 1(2003): 90~95.
Mangan, BB. "Taking phenomenology seriously: The 'fringe' and its implications for cognitive research." *Consciousness and Cognition* 2, 2(1993): 89~108.
Mastascusa, EJ, et al. *Effective Instruction for STEM Disciplines*. Jossey-Bass, 2011.
McClain, DL. "Harnessing the brain's right hemisphere to capture many kings." *New York Times*, January 24(2011).
McCord, J. "A thirty-year follow-up of treatment effects." *American Psychologist* 33, 3(1978): 284.
McDaniel, MA, and AA Callender. "Cognition, memory, and education." In *Cognitive Psychology of Memory, Vol. 2 of Learning and Memory*, edited by HL Roediger, 819~843. Elsevier, 2008.
McGilchrist, I. *The Master and His Emissary*. Yale University Press, 2010. 한국어판은 『주인과 심부름꾼』, 김병화 옮김, 뮤진트리, 2014.
Mihov, KM, et al. "Hemispheric specialization and creative thinking: A meta-analytic review of lateralization of creativity." *Brain and Cognition* 72, 3(2010): 442~448.
Mitra, S, et al. "Acquisition of computing literacy on shared public computers: Children and the 'hole in the wall.'" *Australasian Journal of Educational Technology* 21, 3(2005): 407.
Morris, PE, et al. "Strategies for learning proper names: Expanding retrieval practice, meaning and imagery." *Applied Cognitive Psychology* 19, 6(2005): 779~798.
Moussa, MN, et al. "Consistency of network modules in resting-state fMRI connectome data." *PLOS ONE* 7, 8(2012): e49428.
Mrazek, M, et al. "Mindfulness training improves working memory capacity and GRE performance while reducing mind wandering." *Psychological Science* 24, 5(2013): 776~781.
Nagamatsu, LS, et al. "Physical activity improves verbal and spatial memory in adults with probable mild cognitive impairment: A 6-month randomized controlled trial." *Journal of Aging Research* (2013): 861893.

Nakano, T, et al. "Blink-related momentary activation of the default mode network while viewing videos." *Proceedings of the National Academy of Sciences* 110, 2(2012): 702~706.

National Survey of Student Engagement. *Promoting Student Learning and Institutional Improvement: Lessons from NSSE at 13*. Bloomington: Indiana University Center for Postsecondary Research, 2012.

Newport, C. *How to Become a Straight-A Student*. Random House, 2006.

_______. *So Good They Can't Ignore You*. Business Plus, 2012. 한국어판은 『대학성적 올에이 지침서』, 김정아 옮김, 롱테일북스, 2011.

Niebauer, CL, and K Garvey. "Gödel, Escher, and degree of handedness: Differences in interhemispheric interaction predict differences in understanding self-reference." *Laterality: Asymmetries of Body, Brain and Cognition* 9, 1(2004): 19~34.

Nielsen, JA, et al. "An evaluation of the left-brain vs. right-brain hypothesis with resting state functional connectivity magnetic resonance imaging." *PLOS ONE* 8, 8(2013).

Noesner, G. *Stalling for Time*. Random House, 2010. 한국어판은 『이기는 사람은 악마도 설득한다』, 류초롱 옮김, 라이프맵, 2012.

Noice, H, and T Noice. "What studies of actors and acting can tell us about memory and cognitive functioning." *Current Directions in Psychological Science* 15, 1(2006): 14~18.

Nyhus, E, and T Curran. "Functional role of gamma and theta oscillations in episodic memory." *Neuroscience and Biobehavioral Reviews* 34, 7(2010): 1023~1035.

Oakley, BA. "Concepts and implications of altruism bias and pathological altruism." *Proceedings of the National Academy of Sciences* 110, Supplement 2(2013): 10408~10415.

Oakley, B, et al. "Turning student groups into effective teams." *Journal of Student Centered Learning* 2, 1(2003): 9~34.

Oaten, M, and K Cheng. "Improved self-control: The benefits of a regular program of academic study." *Basic and Applied Social Psychology* 28, 1(2006): 1~16.

Oaten, M, and K Cheng. "Improvements in self-control from financial monitoring." *Journal of Economic Psychology* 28, 4(2007): 487~501.

Oettingen, G, et al. "Turning fantasies about positive and negative futures into self-improvement goals." *Motivation and Emotion* 29, 4(2005): 236~266.

Oettingen, G, and J Thorpe. "Fantasy realization and the bridging of time." In *Judgments over Time: The Interplay of Thoughts, Feelings, and Behaviors*, edited by Sanna, LA and EC Chang, 120~142. Oxford University Press, 2006.

Oudiette, D, et al. "Evidence for the re-enactment of a recently learned behavior during sleepwalking." *PLOS ONE* 6, 3(2011): e18056.

Pachman, M, et al. "Levels of knowledge and deliberate practice." *Journal of Experimental Psychology* 19, 2(2013): 108~119.

Partnoy, F. *Wait*. Public Affairs, 2012. 한국어판은 『속도의 배신』, 강수희 옮김, 추수밭, 2013.

Pashler, H, et al. "When does feedback facilitate learning of words?" *Journal of Experimental Psychology: Learning, Memory, and Cognition* 31, 1 (2005): 3~8.

Paul, AM. "The machines are taking over." *New York Times*, September 14 (2012).

_______. "You'll never learn! Students can't resist multitasking, and it's impairing their memory." *Slate*, May 3(2013).

Pennebaker, JW, et al. "Daily online testing in large classes: Boosting college performance while reducing achievement gaps." *PLOS ONE* 8, 11(2013): e79774.

Pert, CB. *Molecules of Emotion*. Scribner, 1997.

Pesenti, M, et al. "Mental calculation in a prodigy is sustained by right prefrontal and medial temporal areas." *Nature Neuroscience* 4, 1(2001): 103~108.

Pintrich, PR, et al. "Beyond cold conceptual change: The role of motivational beliefs and classroom contextual factors in the process of conceptual change." *Review of Educational Research* 63, 2(1993): 167~199.

Plath, S. *The Bell Jar*. Harper Perennial, 1971. 한국어판은 『벨 자』.

Prentis, JJ. "Equation poems." *American Journal of Physics* 64, 5(1996): 532~538.

President's Council of Advisors on Science and Technology. *Engage to Excel:*

Producing One Million Additional College Graduates with Degrees in Science, Technology, Engineering, and Mathematics. 2012.

Pyc, MA, and KA Rawson. "Why testing improves memory: Mediator effectiveness hypothesis." *Science* 330, 6002(2010): 335~335.

Raichle, ME, and AZ Snyder. "A default mode of brain function: A brief history of an evolving idea." *NeuroImage* 37, 4(2007): 1083~1090.

Ramachandran, VS. *Phantoms in the Brain*. Harper Perennial, 1999. 한국어판은 『라마찬드란 박사의 두뇌 실험실』, 신상규 옮김, 바다출판사, 2015.

Ramón y Cajal, S. *Advice for a Young Investigator*. Translated by N Swanson and LW Swanson. MIT Press, 1999[1897]. 한국어판은 『과학자를 꿈꾸는 젊은이에게』, 김성준 옮김, 지식의풍경, 2002.

_______. *Recollections of My Life*. MIT Press, 1937. Originally published as *Recuerdos de Mi Vida*, translated by EH Craigie(Madrid, 1901~1917).

Rawson, KA, and J Dunlosky. "Optimizing schedules of retrieval practice for durable and efficient learning: How much is enough?" *Journal of Experimental Psychology: General* 140, 3(2011): 283~302.

Rivard, LP, and SB Straw. "The effect of talk and writing on learning science: An exploratory study." *Science Education* 84, 5(2000): 566~593.

Rocke, AJ. *Image and Reality*. University of Chicago Press, 2010.

Roediger, HL, and AC Butler. "The critical role of retrieval practice in long-term retention." *Trends in Cognitive Sciences* 15, 1(2011): 20~27.

Roediger, HL, and JD Karpicke. "The power of testing memory: Basic research and implications for educational practice." *Perspectives on Psychological Science* 1, 3(2006): 181~210.

Roediger, HL, and MA Pyc. "Inexpensive techniques to improve education: Applying cognitive psychology to enhance educational practice." *Journal of Applied Research in Memory and Cognition* 1, 4(2012): 242~248.

Rohrer, D., Dedrick, R. F., & Burgess, K.(in press). The benefit of interleaved mathematics practice is not limited to superficially similar kinds of problems. *Psychonomic Bulletin&Review*.

Rohrer, D, and H Pashler. "Increasing retention without increasing study time." *Current Directions in Psychological Science* 16, 4(2007): 183~186.

_______. "Recent research on human learning challenges conventional instructional strategies." *Educational Researcher* 39, 5(2010): 406~412.

Root-Bernstein, RS, and MM Root-Bernstein. *Sparks of Genius*. Houghton Mifflin, 1999. 한국어판은 『생각의 탄생』, 박종성 옮김, 에코의서재, 2007.

Ross, J, and KA Lawrence. "Some observations on memory artifice." Psychonomic *Science* 13, 2(1968): 107~108.

Schoenfeld, AH. "Learning to think mathematically: Problem solving, metacognition, and sense-making in mathematics." In *Handbook for Research on Mathematics Teaching and Learning*, edited by D Grouws. 334~370, Macmillan, 1992.

Schutz, LE. "Broad-perspective perceptual disorder of the right hemisphere." *Neuropsychology Review* 15, 1(2005): 11~27.

Scullin, MK, and MA McDaniel. "Remembering to execute a goal: Sleep on it!" *Psychological Science* 21, 7(2010): 1028~1035.

Shannon, BJ, et al. "Premotor functional connectivity predicts impulsivity in juvenile offenders." *Proceedings of the National Academy of Sciences* 108, 27(2011): 11241~11245.

Shaw, CA, and JC McEachern, eds. *Toward a Theory of Neuroplasticity*. Psychology Press, 2001.

Silverman, L. *Giftedness* 101. Springer, 2012.

Simon, HA. "How big is a chunk?" *Science* 183, 4124(1974): 482~488.

Simonton, DK. *Creativity in Science*. Cambridge University Press, 2004.

_______. *Scientific Genius*. Cambridge University Press, 2009.

Sklar, AY, et al. "Reading and doing arithmetic nonconsciously." *Proceedings of the National Academy of Sciences* 109, 48(2012): 19614~19619.

Smoker, TJ, et al. "Comparing memory for handwriting versus typing." In *Proceedings of the Human Factors and Ergonomics Society Annual Meeting*, 53(2009): 1744~1747.

Solomon, I. "Analogical transfer and 'functional fixedness' in the science classroom." *Journal of Educational Research* 87, 6(1994): 371~377.

Spear, LP. "Adolescent neurodevelopment." *Journal of Adolescent Health* 52, 2(2013): S7~S13.

Steel, P. "The nature of procrastination: A meta-analytic and theoretical review of quintessential self-regulatory failure." *Psychological Bulletin* 133, 1(2007): 65~94.

_______. *The Procrastination Equation*. Random House, 2010. 한국어판은 『결

심의 재발견』, 구계원 옮김, 민음사, 2013.
Stickgold, R, and JM Ellenbogen. "Quiet! Sleeping brain at work." *Scientific American Mind* 19, 4(2008): 22~29.
Sweller, J, et al. *Cognitive Load Theory*. Springer, 2011.
Takeuchi, H, et al. "The association between resting functional connectivity and creativity." *Cerebral Cortex* 22, 12(2012): 2921~2929.
_______. "Failing to deactivate: The association between brain activity during a working memory task and creativity." *NeuroImage* 55, 2(2011): 681~687.
Taylor, K, and D Rohrer. "The effects of interleaved practice." *Applied Cognitive Psychology* 24, 6(2010): 837~848.
Thomas, C, and CI Baker. "Teaching an adult brain new tricks: A critical review of evidence for training-dependent structural plasticity in humans." *NeuroImage* 73(2013): 225~236.
Thompson-Schill, SL, et al. "Cognition without control: When a little frontal lobe goes a long way." *Current Directions in Psychological Science* 18, 5(2009): 259~263.
Tice, DM, and RF Baumeister. "Longitudinal study of procrastination, performance, stress, and health: The costs and benefits of dawdling." *Psychological Science* 8, 6(1997): 454~458.
Thurston, W. P. (1990). "Mathematical education." *Notices of the American Mathematical Society*, 37(7), 844~850.
University of Utah Health Care Office of Public Affairs. "Researchers debunk myth of 'right-brain' and 'left-brain' personality traits." 2013.
Van Praag, H, et al. "Running increases cell proliferation and neurogenesis in the adult mouse dentate gyrus." *Nature Neuroscience* 2, 3(1999): 266~270.
Velay, J-L, and M Longcamp. "Handwriting versus typewriting: Behavioural and cerebral consequences in letter recognition." In *Learning to Write Effectively*, edited by M Torrance et al. Emerald Group, 2012: 371~373.
Wamsley, EJ, et al. "Dreaming of a learning task is associated with enhanced sleep-dependent memory consolidation." *Current Biology* 20, 9(2010): 850~855.
Wan, X, et al. "The neural basis of intuitive best next-move generation in

board game experts." *Science* 331, 6015(2011): 341~346.

Weick, KE. "Small wins: Redefining the scale of social problems." *American Psychologist* 39, 1(1984): 40~49.

White, HA, and P Shah. "Creative style and achievement in adults with attention-deficit/hyperactivity disorder." *Personality and Individual Differences* 50, 5(2011): 673~677.

_______. "Uninhibited imaginations: Creativity in adults with attention-deficit/hyperactivity disorder." *Personality and Individual Differences* 40, 6(2006): 1121~1131.

Wilson, T. *Redirect*. Little, Brown, 2011. 한국어판은 『스토리』, 강유리 옮김, 웅진지식하우스, 2012.

Wissman, KT, et al. "How and when do students use flashcards?" *Memory* 20, 6 (2012): 568~579.

Xie, L, et al. "Sleep drives metabolite clearance from the adult brain." *Science* 342, 6156(2013): 373~377.

사진 및 도판 저작권

1 열 살 때 얼과 함께(1966년 9월). 사진 제공: 저자.
2 망누스 칼센과 가리 카스파로프. 사진 제공: CBS News.
3 전전두엽 피질. © 2014 Kevin Mendez.
4 핀볼 머신. © 2014 Kevin Mendez.
5 집중모드 사고와 분산모드 사고. © 2014 Kevin Mendez.
6 삼각형, 사진 제공 저자, 『드 보노의 수평적 사고』에 나온 드 보노의 아이디어에 기초해 만들었다.
7 탁구 경기. © 2014 Kevin Mendez.
8 동전으로 만든 피라미드. 자료 제공: 저자.
9 나디아 노우이메히디. 사진 제공: 케빈 멘데스.
10 토머스 에디슨. 사진 제공: 미국 내무부 국립공원 서비스부의 토머스 에디슨 국립 역사공원.
11 살바도르 달리와 오셀롯, 지팡이 1965; http://en.wikipedia.org/wiki/File:Salvador_Dali_NYWTS.jpg 미국의회도서관 뉴욕월드텔레그램&선 컬렉션. http://hdl.loc.gov/loc.pnp/cph.3c14985; 작가: 월드텔레그램 사진 기자 로저 히긴스. 저작권 제한 없음. 의회도서관으로 월드텔레그램 사진 기자의 저작권이 이전됨.
12 벽돌로 만든 벽. © 2014 Kevin Mendez.
13 작업 기억 내의 네 개의 항목. 그림 제공: 저자.
14 로버트 빌더. © Chad Ebesutani, 사진 제공: 로버트 빌더.
15 집중모드에서의 문어와 분산모드에서의 거칠게 섞인 문어. © 2014 Kevin Mendez.

16 신경 패턴. © 2014 Kevin Mendez.
17 남자의 얼굴로 구성된 퍼즐. © 2014 Kevin Mendez and Philip Oakley.
18 상향식 학습과 하향식 학습 그림. 그림 제공: 저자.
19 부분적으로 맞춘 자동차에 탄 남자 사진 퍼즐. © 2014 Kevin Mendez and Philip Oakley.
20 대부분 맞춘 자동차에 탄 남자 사진 퍼즐. © 2014 Kevin Mendez and Philip Oakley.
21 개념을 가닥으로 덩어리 짓기. 그림 제공: 저자.
22 올바른 해결책으로 건너뛰기. © 2014 Kevin Mendez.
23 연습하면 영구해진다. © 2014 Kevin Mendez.
24 희미하고 부분적으로 조립된 자동차 사진 퍼즐. © 2014 Kevin Mendez.
25 신경 고리 그림. © 2014 Kevin Mendez.
26 폴 그루치코와 그의 가족. 사진 제공: 폴 크루치코.
27 미루기 습관의 패턴. © 2014 Kevin Mendez.
28 노먼 포텐베리. © 2011, American Society for Engineering Education; photo by Lung-I Lo
29 여러 조그만 성취들. 그림 제공: 저자.
30 포모도로 타이머, Francesco Cirillo rilasciata a Erato nelle sottostanti licenze seguirá OTRS, http://en.wikipedia.org/wiki/File:Il_pomodoro.jpg
31 서핑중인 물리학자 개릿 리시. 사진 촬영: Cjean42. http://en.wikipedia.org/wiki/File:Garrett_Lisi_surfing.jpg
32 오랄도 '버디' 소시도. 사진 제공: 본인.
33 닐 선더레산. 사진 제공: 토비 버딧.
34 할 일 목록 좀비. © 2014 Kevin Mendez.
35 메리 차. 사진 제공: 본인.
36 웃는 좀비 그림. © 2014 Kevin Mendez.
37 조슈아 포어 사진. © Christopher Lane.
38 날고 있는 노새 그림. © 2014 Kevin Mendez.

39 좀비 손을 통해 연상하기. © 2014 Kevin Mendez.
40 기억의 궁전 그림. © 2014 Kevin Mendez.
41 셰릴 소비 사진. 사진 촬영: Brockit, Inc., 사진 제공: 본인.
42 둥글게 모인 원숭이 그림. 『독일화학협회 보고서』(1886), p. 3536; 벤젠 고리 형태. http://en.wikipedia.org/wiki/File:Benzene-2D-full.svg.
43 대사 뱀파이어. © 2014 Kevin Mendez.
44 좀비 야구 선수 그림. © 2014 Kevin Mendez.
45 닉 애플야드 사진. 사진 제공: 본인.
46 산티아고 라몬 이 카할 사진. 산티아고 라몬 이 카할의 상속인의 친절한 허가를 통해 마리아 엔젤레스 라몬 이 카할에게 제공받음.
47 물결치는 신경세포 리본. 그림 제공: 작가.
48 광자. 일러스트 제공: 이탈리아 국립광학연구소의 마르코 벨리니.
49 바버라 매클린톡 사진. 사진 제공: 스미스소니언협회 #SIA2008-5609.
50 벤 카슨. 사진 제공: 존스홉킨스 대학병원.
51 니컬러스 웨이드. 사진 제공: 본인.
52 허혈성 뇌졸중 환자의 뇌 CT. 촬영자 뤼시앵 몽필스. http://en.wikipedia.org/wiki/File:MCA_Territory_Infarct.svg
53 1925년 앨버트 아인슈타인과 함께 느긋하게 누워 있는 닐스 보어. 사진 촬영자 폴 에렌페스트. http://en.wikipedia.org/wiki/File:Niels_Bohr_Albert_Einstein_by_Ehrenfest.jpg
54 브래드 로스. 사진 촬영: 양 시아. 사진 제공: 본인.
55 리처드 펠더. 사진 제공: 본인.
56 사이언 베일락. 사진 제공: 시카고대.
57 동전으로 만든 피라미드 정답. 사진 제공: 저자.

옮긴이 **김아림**
서울대학교에서 생물학을 공부했고 과학사 및 과학철학 협동과정에서 석사학위를 받았다. 현재 출판 번역가로 활동중이다. 옮긴 책으로 『동물과 함께하는 삶』 『꽃은 알고 있다』 『베아트릭스 포터의 정원』 『랜드 오브 스토리』 외 다수가 있다. thaiqool@gmail.com

이과형 두뇌 활용법

1판 1쇄 2021년 3월 2일
1판 4쇄 2023년 3월 2일

지은이 바버라 오클리 | 옮긴이 김아림
기획·책임편집 임혜지 | 편집 이희연 임혜원
디자인 엄자영 최미영
마케팅 정민호 이숙재 김도윤 한민아 이민경 안남영 김수현 왕지경 황승현 김혜원
브랜딩 함유지 함근아 박민재 김희숙 고보미 정승민 | 저작권 박지영 형소진 이영은
제작 강신은 김동욱 임현식 | 제작처 상지사

펴낸곳 (주)문학동네 | 펴낸이 김소영
출판등록 1993년 10월 22일 제2003-000045호
주소 10881 경기도 파주시 회동길 210
전자우편 editor@munhak.com
대표전화 031) 955-8888 | 팩스 031) 955-8855
문의전화 031) 955-2696(마케팅) 031) 955-2672(편집)
문학동네카페 http://cafe.naver.com/mhdn
인스타그램 @munhakdongne | 트위터 @munhakdongne
북클럽문학동네 http://bookclubmunhak.com

ISBN 978-89-546-7754-7 03400